普通高等教育"十三五"规划教材

应用数学分析基础(第一册)
一元函数微分学

主　编　叶仲泉

副主编　曹术存

科学出版社

北　京

内 容 简 介

应用数学分析基础是在重庆大学"高等数学"课程教材体系改革试点工作的配套讲义的基础上历经 20 多年修订而成的,与传统高等数学教材相比,本书不仅注重让学生理解、掌握高等数学的内容,同时也强调培养学生实事求是的科学态度、严谨踏实的科学作风和追根究底的科学精神.

全书共分四册,本册为一元函数微分学,主要内容包括函数与极限、导数与微分、导数的应用三章,各节均配有习题,各章末配有总习题.

本书可供普通高等院校工科各专业学生作为教材使用,也可供相关科技人员作为参考资料.

图书在版编目(CIP)数据

应用数学分析基础. 第一册, 一元函数微分学 / 叶仲泉主编. —北京:科学出版社,2019.9

普通高等教育"十三五"规划教材

ISBN 978-7-03-062285-3

Ⅰ. ①应… Ⅱ. ①叶… Ⅲ. ①微分学–高等学校–教材 Ⅳ. ①O17

中国版本图书馆 CIP 数据核字(2019)第 193801 号

责任编辑:王胡权 / 责任校对:杨聪敏
责任印制:张 伟 / 封面设计:陈 敬

科 学 出 版 社 出版

北京东黄城根北街 16 号
邮政编码:100717
http://www.sciencep.com

北京建宏印刷有限公司 印刷

科学出版社发行 各地新华书店经销

*

2019 年 9 月第 一 版 开本:720×1000 1/16
2021 年 8 月第三次印刷 印张:13
字数:267 000

定价:39.00 元
(如有印装质量问题,我社负责调换)

前　言

　　高等数学的教学是大学教育十分重要的组成部分, 是大部分专业必修的先期课程. 虽然当下已有很多不同的高等数学教材, 但经过多年高等数学的教学工作, 我们仍然感到, 关于高等数学的教材, 应该做一些新的努力.

　　我们认为: 教育是通过授业、解惑、传道来塑造人的, 从而使受教育者获得服务社会的愿望与能力, 并具备尽可能完整的人格. 授业是指使受教育者获得服务社会的技术与技巧(而不是增强与他人竞争的能力); 解惑是指启发受教育者发现新事物并追究事物的真相(而不仅仅是理解前人对事物的认知); 传道是指使受教育者理解自然的法则、社会的法则、生命的真谛、做人的道理及如何才能拥有一个幸福的人生. 孟子在《大学》的开篇就说: "大学之道, 在明明德, 在亲民, 在止于至善. ""明明德"就是具有光明正大的品德, "止于至善"就是具有完整的人格. "古之欲明明德于天下者, 先治其国; 欲治其国者, 先齐其家; 欲齐其家者, 先修其身; 欲修其身者, 先正其心; 欲正其心者, 先诚其意; 欲诚其意者, 先致其知, 致知在格物. "简单地说, 就是: 格物以致知, 致知后心正, 心正才能修身, 从而完善自己的人格.

　　我们认为: 授业、解惑、传道三者之间是相互关联的, 而其中的关键在于解惑. 科学的任务就是发现新事物并追究事物的真相, 即解惑, 是授业、传道的基础. 科学教育的任务则是让受教育者了解前人对事物真相的认知, 并培养其实事求是的科学态度、严谨踏实的科学作风、追根究底的科学精神, 使其在前人的基础上能够不断创新. 科学态度、科学作风、科学精神三者之间相互影响、相互促进, 它们的培养可以养成受教育者终身学习、向一切事物学习的习惯, 既读有字之书, 也读无处不在的无字之"书", 从而形成科学的世界观、人生观及价值观, 对事物有真知灼见, 不被假象迷惑、不为谣言左右. 所以通过科学的学习培养起学习者实事求是的科学态度、严谨踏实的科学作风、追根究底的科学精神比学习知识本身更加重要.

　　高斯说过: "数学是科学的皇后. "众所周知, 数学是其他科学的基础, 而且高等数学是大多数大学生都必须学习的课程, 从这个意义上说高等数学的教育最能够实现"授业、解惑、传道"的目标. 至少, 编者作为数学教育工作者的看法是这样的.

高等数学作为应用数学的基础, 首先要培养的是学习者掌握数学作为科学语言的功能, 即微积分学, 这是这套《应用数学分析基础》教材第一册到第三册的内容. 同时我们也希望在这套《应用数学分析基础》教材里展示数学解决实际问题的整个过程, 所以在第四册里介绍了数学模型及数学模型的求解问题.

第一册主要内容为一元函数的微分学, 首先介绍研究的对象——函数, 然后介绍研究函数的主要工具——极限理论, 最后利用极限理论来研究函数的性质, 即一元函数的微分学.

第二册研究如何表达及计算分布在一个闭区间上的量, 即一元函数积分学的内容. 另外研究了利用一元函数的微分学建立数学模型并求解的一些例题, 即常微分方程的内容.

第三册为多元函数的微积分学, 前半部分利用多元函数的极限理论来研究多元函数的性质, 即多元函数的微分学. 后半部分研究如何表达及计算分布在比闭区间更复杂的几何体上的量, 即多元函数的积分学.

第四册包括场论、建立数学模型的基本原理、建模的过程、数学模型解的存在范围及求解数学模型的基本思想和方法.

我们编写这套《应用数学分析基础》, 作为高等数学的教材, 是希望实现以下目标的一种尝试.

1. 强调培养学生实事求是的科学态度、严谨踏实的科学作风、追根究底的科学精神, 使学生更好地掌握数学知识, 扩大视野, 进而影响其世界观、人生观、价值观, 真正使数学教育达到育人的目的.

2. 希望学生通过这套教材的学习, 能够了解数学学科在科学研究中的地位、"高等数学" 在数学学科中的地位, 了解他们现在学习 "高等数学" 对今后的学习及工作有极其重要的意义. 让教材与现代数学内容有更好的连接, 使学生有更加广阔的科学视野.

3. 在编写教材的过程中不追求对每一个概念都有严格的定义, 也不追求对每个定理的严格证明, 但对没有严格定义的概念要有交代, 对没有严格证明的定理要指出, 使学生尽量避免 "理所当然" 的惯性思维, 培养他们追根究底的科学精神. 对于没有证明的定理和没有解决的问题, 适当地介绍相关的书籍, 给对自己有更高要求的学生以引导.

4. 让学生了解数学科学的功能在科学研究中实现的过程, 使学生在以后的工作中敢用数学、会用数学.

5. 将几何、代数、分析学尽量统一起来编写，让学生更好地了解不同数学分支之间的内在联系，加深他们对数学概念的理解，提高教学效率.

由于编者水平有限，加之时间仓促，不当及疏漏之处在所难免，恳请同行及读者不吝赐教！

编　者

2019 年 3 月于重庆大学

目　　录

第一章 函数与极限

微积分的产生是人类科学史上的一件大事, 它是科学发明史上最精彩的篇章之一, 是科学思想的宝库. 300 多年前, 受力学、天文学的启发, 牛顿(Newton)和莱布尼茨(Leibniz)发明了微积分, 到 19 世纪微积分已经成为天体力学、弹性力学、电磁学和统计物理学强有力的工具. 到目前, 微积分在数学、物理学、工程学以及生物学等方面已经显示出了强大的威力.

高等数学以经典微积分为主要内容. 如果将整个数学知识比作一棵大树, 则初等数学是树根, 名目繁多的数学分支是树枝, 而高等数学就是树干. 高等数学是一门基础理论课, 许多数学分支是在它的基础上发展起来的, 学好这门课程, 对以后学习其他数学分支以及专业课都会起重要的作用; 高等数学的方法和概念来源于物理现实和直观几何, 是应用的重要工具, 它对工程技术的重要性就像望远镜之于天文学, 显微镜之于生物学一样.

微积分是研究函数的行为、性质和应用的数学学科, 它的基本内容为: 极限论、微分学和积分学. 微分学研究函数的性质, 积分学可以用来表达及计算几何体上的非均匀分布量, 而极限论是整个微积分的基础, 也是研究函数的基本手段和方法. 正确理解微积分的基本概念以及由此产生的极其丰富的成果, 学好微积分首先需要对函数的概念和极限的概念有深刻的认识.

第一节 集合与映射

一、集合的意义与概念

数学是研究现实世界的空间形式和数量关系的学科. 一个量可能有不同的状态, 比如自由落体这一事物, 时间为与其相关的一个量, 而时间有 1 秒、3 秒、4.5 秒等不同的状态. 一个量的不同状态称为一个对象, 将具有某些共同特定性质的对象全体称为一个**集合**, 这些对象称为该集合的元素. 在 20 世纪 20 年代就已确立了集合论在现代数学理论中的基础地位, 现代数学的各个分支的几乎所有结果都建立在严格的集合理论上.

通常用大写字母 $A,B,C,\cdots$ 表示集合, 用小写字母 $a,b,c,\cdots$ 表示集合的元素. 若 a 是集合 A 的元素, 就说 a 属于 A, 记作 $a \in A$; 若 a 不是集合 A 的元素, 就说 a

不属于 A, 记作 $a \notin A$. 如果一个集合的元素只有有限多个, 则称该集合为有限集, 否则称为无限集.

全体实数构成的集合记为 **R**, 全体正实数构成的集合记为 **R**$^+$, 全体自然数(即非负整数)构成的集合记为 **N**, 全体整数的集合记为 **Z**, 全体正整数的集合记为 **N**$^+$(或者 **N***), 全体复数的集合记为 **C**.

表示集合的方法有两种: 枚举法和描述法.

枚举法就是将集合中的元素一一列出, 如 $A = \{a, b, c, d\}$.

描述法就是用集合所有元素的共同属性来表示集合. 假设 S 是具有性质 P 的元素构成的集合, 则可以采用 $S = \{x | x$具有性质$P\}$ 这样的方法来表示集合. 如有理数集 **Q** 可以表示为 $\mathbf{Q} = \left\{x \middle| x = \dfrac{q}{p}, \text{其中} p \in \mathbf{N}^+ \text{并且} q \in \mathbf{Z}\right\}$; 正实数集 **R**$^+$ 可以表示为 $\mathbf{R}^+ = \{x | x \in \mathbf{R}, \text{并且} x > 0\}$.

值得注意的是, 集合中的元素之间没有次序关系.

不含任何元素的集合称为空集, 记为 $\varnothing$.

如果集合 A 中的每一个元素都是集合 B 中的元素, 则称集合 A 为集合 B 的子集, 记为 $A \subset B$, 规定空集是任何集合的子集. 如果集合 A 为集合 B 的子集, 且集合 B 为集合 A 的子集, 则称 A 与 B 相等, 记为 $A = B$. 可以证明 n 个元素构成的集合 $T = \{a_1, a_2, \cdots, a_n\}$ 共有 2^n 个子集.

二、集合的运算

集合的基本运算包括并、交、差、补四种.

两个集合 A 与 B 的**并**是由 A 与 B 的所有元素组成的集合, 记为 $A \cup B$, 即
$$A \cup B = \{x | x \in A \text{或} x \in B\}.$$

两个集合 A 与 B 的**交**是由 A 与 B 的所有公共元素组成的集合, 记为 $A \cap B$, 即
$$A \cap B = \{x | x \in A \text{且} x \in B\}.$$

两个集合 A 与 B 的**差**是由所有属于 A 而不属于 B 的元素组成的集合, 记为 $A \setminus B$, 即
$$A \setminus B = \{x | x \in A \text{且} x \notin B\}.$$

我们将研究某一问题时所考虑对象的全体称为全集, 并用 I 表示, 设 $A \subset I$, 集合 A 关于集合 I 的**补集** A^c 定义为 $A^c = I \setminus A$.

集合的并、交、差、补运算具有如下性质:

交换律　$A \cup B = B \cup A, A \cap B = B \cap A$;

结合律　$(A \cup B) \cup C = A \cup (B \cup C), (A \cap B) \cap C = A \cap (B \cap C);$

分配律　$A \cap (B \cup C) = (A \cap B) \cup (A \cap C), A \cup (B \cap C) = (A \cup B) \cap (A \cup C);$

对偶律　$(A \cup B)^c = A^c \cap B^c, (A \cap B)^c = A^c \cup B^c.$

以上这些性质都可以根据集合相等的定义验证.

三、笛卡儿乘积集合

集合 A 与 B 的**笛卡儿(Descartes)乘积集合** $A \times B$ 定义为

$$A \times B = \{(x, y) | x \in A \text{ 且 } y \in B\}.$$

当 A 与 B 都是实数集 $\mathbf{R}$ 时，$\mathbf{R} \times \mathbf{R} = \{(x, y) | x \in \mathbf{R}, y \in \mathbf{R}\}$ 表示 xOy 平面上全体点的集合，$\mathbf{R} \times \mathbf{R}$ 常记作 $\mathbf{R}^2$; 同理可知 $\mathbf{R}^3 = \mathbf{R} \times \mathbf{R} \times \mathbf{R}$ 表示的是空间直角坐标系.

例 1.1　设

$$A = \{x | x \in \mathbf{R}, \text{ 且 } a \leqslant x \leqslant b\},$$

$$B = \{y | y \in \mathbf{R}, \text{ 且 } c \leqslant y \leqslant d\}, \quad C = \{z | z \in \mathbf{R}, \text{ 且 } e \leqslant z \leqslant f\}.$$

则 $A \times B$ 表示平面上一个闭矩形，$A \times B \times C$ 表示空间中的一个闭长方体.

四、映射的意义与概念

映射是两个集合的元素与元素之间的联系方式，是现代数学中非常重要和基本的概念.

定义 1.1 (映射)　设 A 与 B 为两个非空集合. 如果对每个 $x \in A$, 按照某种确定的法则 f, 有唯一确定的 $y \in B$ 与它对应，则称 f 为从 A 到 B 的一个**映射**，记作

$$f: A \to B \text{ 或 } f: x \to y = f(x),$$

其中，称 y 为 x 在映射 f 下的**象**，称 x 为在映射 f 下的一个**原象(逆象)**，集合 A 称为映射 f 的定义域，记为 $D(f)$ 或 D_f. 集合 A 中所有元素 x 的象构成的集合称为映射 f 的值域，记为 $R(f)$ 或 R_f, 即

$$R(f) = R_f = \{y | y = f(x), x \in A\}.$$

映射的定义中有两个基本要素：定义域和对应法则. 定义域限制映射存在的范围，对应法则是 A 中元素确定 $R(f)$ 中对应元素 y 的方法.

映射也称为**算子**. 若 $B \subset \mathbf{R}$, 则称映射 $f: A \to B$ 为**泛函**; 若 $A, B \subset \mathbf{R}$, 则称映射 $f: A \to B$ 为后面要研究的**函数**. 若映射将 A 中的每个元素都映射为自身，则称它为 A 上的恒等映射或单位映射，记作 I_A 或 I, 即对任意 $x \in A, Ix = x$.

有两点值得注意：映射要求元素的象必须是唯一的；映射并不要求原象具有

唯一性.

　　若 $R(f) = B$, 则称 f 是**满射**; 若对每个 $y \in R(f)$ 都存在唯一的原象 $x \in A$, 则称 f 是**单射**; 若 f 既是满射又是单射, 则称 f 是从 A 到 B 的**一一映射**.

　　例 1.2　设 $A = \mathbf{N}^+ = \{1, 2, \cdots, n, \cdots\}$, $B = \{2, 4, \cdots, 2n, \cdots\}$, 令
$$f : n \to 2n, \quad n \in A,$$
则 f 是从 A 到 B 的一一映射, 即偶数集与正整数集是一一对应的, 这是一件很神奇的事情, 因为表面上看感觉偶数比正整数要少得多. 能与自己的真子集建立一一对应的关系是无限集的一个重要特性, 而一一映射是研究无限集元素的个数的多少以及比较两个无限集所含元素多少的基本工具.

第二节　实数集与函数

一、实数集的意义与实数集的完备性

　　微积分讨论实变量之间的函数关系, 即自变量和因变量的取值范围都是限制在实数范围内的, 实数集的一个基本性质——实数集的完备性(或者连续性)是数学分析的基础.

1. 数系的发展

　　实分析中用到的各种数系有: 自然数系 $\mathbf{N}$、整数系 $\mathbf{Z}$、有理数系 $\mathbf{Q}$、实数系 $\mathbf{R}$.

　　人类对数的认识是从自然数开始的, 自然数系对加法运算和乘法运算是封闭的, 即任何两个自然数相加和相乘都是自然数, 但对减法运算和除法运算不封闭, 即两个自然数之差或之商不一定是自然数.

　　当自然数系扩充到整数系后, 对加法、减法和乘法运算都是封闭的, 但对除法运算不封闭, 即两个整数之商不一定是整数. 于是将整数系扩充到有理数系
$$\mathbf{Q} = \left\{ x \,\middle|\, x = \frac{q}{p}, \text{其中} p \in \mathbf{N}^+ \text{并且} q \in \mathbf{Z} \right\},$$
显然有理数系对加法、减法、乘法和除法(除数不为零)都是封闭的.

　　我们从几何直观来分析一下. 一条规定了原点和单位长度的有向直线, 称为**坐标轴**. 在坐标轴上, 整数集的每一个元素都能找到自己对应的位置, 这些点称为整数点, 整数点之间的距离至少为 1, 所以称整数系具有"离散性". 同样, 有理数集的每一个元素也能在坐标轴上找到对应的点, 称为**有理点**.

　　命题 2.1 (有理数被有理数隔开)　设 x 和 y 是两个有理数, 且 $x < y$, 则存在有

理数 z, 使得 $x < z < y$.

证明　令 $z = \dfrac{x+y}{2}$ 即得证.

该命题说明任何两个有理数之间至少有一个有理数, 从而容易知道任何两个有理数之间有无限多个有理数, 这就说明有理数在坐标轴上的分布是密密麻麻的, 它的这种特性称为"稠密性". 表面上看来, 有理数集已经很完美了.

但是有理数集并不完美, 它并没有填满整条直线, 其中留有许多"空隙"或"洞", 虽然这种稠密性保证在一定意义上这些洞是无限小的. 如图 1.1, 用 c 表示边长为 1 的正方形的对角线的长度, 则 $c^2 = 2$, 即 $c = \sqrt{2}$, 容易证明 $\sqrt{2}$ 不是一个有理数. 所以 $\sqrt{2}$ 就位于有理数点留下的"空隙"中.

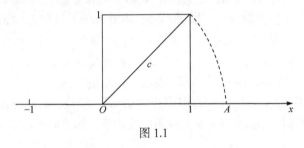

图 1.1

另一方面, 我们可以得到任意接近 $\sqrt{2}$ 的有理数.

命题 2.2　对于每个有理数 $\varepsilon > 0$, 都存在一个非负的有理数 x, 使得
$$x^2 < 2 < (x+\varepsilon)^2.$$

证明　假设不存在非负的有理数 x 满足 $x^2 < 2 < (x+\varepsilon)^2$, 这说明只要 x 不是负的且 $x^2 < 2$, 必定也有 $(x+\varepsilon)^2 < 2$, 由此推出 $(x+2\varepsilon)^2 < 2, \cdots, (x+n\varepsilon)^2 < 2, \cdots$, 其中 $n \in \mathbf{N}^+$, 从而 $\varepsilon^2 < 2, (2\varepsilon)^2 < 2, \cdots, (n\varepsilon)^2 < 2, \cdots$, 即对一切正整数 n, 都有 $(n\varepsilon)^2 < 2$, 但这不可能. 这个矛盾完成了证明.

例 2.1　对于命题 2.2, 若 $\varepsilon = 0.001$, 则可取 $x = 1.414$, 因为 $x^2 = 1.999396$, $(x+\varepsilon)^2 = 2.002225$.

于是我们好像可以用有理数序列的"极限"来逼近 $\sqrt{2}$, 如
$$1.4, \quad 1.41, \quad 1.414, \quad 1.4142, \quad 1.41421, \quad \cdots.$$
这其实是构造实数的一种思想.

2. 实数集的完备性

注意到有理数一定能表示成有限小数或者无限循环小数, 扩充有理数集合 $\mathbf{Q}$ 的最自然的方式是将无限不循环小数(称为**无理数**)添加进来. 我们将全体有理数

和全体无理数所构成的集合称为实数集 **R**:
$$\mathbf{R} = \{x \,|\, x\text{是有理数或者无理数}\}.$$

实数"布满"了坐标轴, 即实数集 **R** 与坐标轴上的所有点是一一对应的. 实数集的这种特性称为实数集的**完备性**或实数集的**连续性**. 实数集的连续性是实分析的坚实基础.

实数集的连续性有多种等价的表达方式, 本节将要介绍的"确界存在定理"就是实数集的连续性的表述之一.

3. 最大数与最小数

为表述方便, 引入两个记号: 用"$\forall$"表示"对任意的", "$\exists$"表示"存在".

设 S 是一个非空实数集, 如果 $\exists M \in S$, 使得 $\forall x \in S$, 都有 $x \leqslant M$, 则称 M 是数集 S 的最大数, 记为 $M = \max S$; 如果 $\exists m \in S$, 使得对 $\forall x \in S$, 都有 $x \geqslant m$, 则称 m 是数集 S 的最小数, 记为 $m = \min S$. ("max"是 maximize 的缩写, 表示"最大的"; 类似地, "min"是 minimize 的缩写, 表示"最小的".)

当 S 为有限集(S 中只包含有限多个实数)时, 显然 $\max S$ 与 $\min S$ 一定存在; 但当 S 为无限集时, $\max S$ 或 $\min S$ 就不一定存在, 如 $S = [0,1)$ 有最小数 0, 但无最大数.

4. 上确界与下确界

定义 2.1 (集合的有界性)　设 S 是一个非空实数集, 如果 $\exists L \in \mathbf{R}$, 使得对 $\forall x \in S$, 都有 $x \leqslant L$, 则称 L 是数集 S 的一个上界; 如果 $\exists l \in \mathbf{R}$, 使得对 $\forall x \in S$, 都有 $x \geqslant l$, 则称 l 是数集 S 的一个下界. 若数集 S 既有下界又有上界, 则称 S 为有界集.

容易证明, S 为有界集 $\Leftrightarrow \exists M \in \mathbf{R}, M > 0$, 使得 $\forall x \in S$, 都有 $|x| \leqslant M$.

例 2.2　$S = \{x \,|\, x = \cos t, 0 \leqslant t \leqslant \pi\}$ 是一个有界数集, $L = 1$ 是它的一个上界, 且任何大于 1 的实数都是它的上界, 从而它有无穷多个上界; $l = -1$ 是它的一个下界, 且任何小于 -1 的实数都是它的下界, 从而它有无穷多个下界.

例 2.3　$S = \left\{ \dfrac{1}{2}, \dfrac{1}{4}, \dfrac{1}{8}, \cdots, \dfrac{1}{2^n}, \cdots \right\}$ 是一个有界集, $L = \dfrac{1}{2}$ 是它的一个上界, $l = 0$ 是它的一个下界, 且它的上界和下界都有无穷多个.

一个很自然的问题是: 在有上界的数集的无穷多个上界中, 有没有最小的上界? 在有下界的数集的无穷多个下界中, 有没有最大的下界? 如果有, 则最小的上界或最大的下界就特别重要.

定义 2.2 (上确界)　设 S 是一个非空实数集, 如果实数 β 满足:

(1) β 是数集 S 的一个上界, 即对 $\forall x \in S$, 都有 $x \leqslant \beta$;

(2) 任何小于 β 的实数都不是数集 S 的上界: $\forall \varepsilon > 0, \exists x \in S$, 使得 $x > \beta - \varepsilon$,
则称 β 为数集 S 的**上确界**(最小的上界), 记为 $\beta = \sup S$.

定义 2.3 (下确界) 设 S 是一个非空实数集, 如果实数 α 满足:

(1) α 是数集 S 的一个下界, 即对 $\forall x \in S$, 都有 $x \geqslant \alpha$;

(2) 任何大于 α 的实数都不是数集 S 的下界: $\forall \varepsilon > 0, \exists x \in S$, 使得 $x < \alpha + \varepsilon$,
则称 α 为数集 S 的**下确界**(最大的下界), 记为 $\alpha = \inf S$.

定理 2.1 (确界存在定理——实数系连续性定理) 非空有上界的实数集必有
上确界, 并且其上确界是唯一的; 非空有下界的实数集必有下确界, 并且其下确
界是唯一的.

证明 任何一个实数都可以表示为
$$x = [x] + (x),$$
其中 $[x]$ 表示 x 的整数部分, (x) 表示 x 的非负小数部分. 我们可以将 (x) 表示为无
限小数的形式
$$(x) = 0.\alpha_1\alpha_2\cdots\alpha_n\cdots,$$
其中 $\alpha_i \in \{0,1,2,3,\cdots,9\}, i = 1, 2, \cdots$. 若 (x) 是有限小数, 则在后面接上无限个零.

设 S 为非空有上界的实数集, 则 S 中元素的整数部分的最大值一定存在(否则
与 S 有上界矛盾), 设为 α_0, 记
$$S_0 = \{x \mid [x] = \alpha_0 \text{ 且 } x \in S\},$$
显然 S_0 为非空集合, 而且 $\forall x \in S$, 只要 $x \notin S_0$, 就有 $x < \alpha_0$.

又设 S_0 中元素的第一位小数数字中的最大值为 α_1, 且记
$$S_1 = \{x \mid x \in S_0, \text{ 且 } x \text{ 的第一位小数为 } \alpha_1\},$$
同样 S_1 为非空集合, 而且 $\forall x \in S$, 只要 $x \notin S_1$, 就有 $x < \alpha_0 + 0.\alpha_1$.

一般地, 设 S_{n-1} 中元素的第 n 位小数数字中的最大值为 α_n, 且记
$$S_n = \{x \mid x \in S_{n-1}, \text{ 且 } x \text{ 的第 } n \text{ 位小数为 } \alpha_n\},$$
同样 S_n 为非空集合, 而且 $\forall x \in S$, 只要 $x \notin S_n$, 就有 $x < \alpha_0 + 0.\alpha_1\alpha_2\cdots\alpha_n$.

这样一直下去, 我们得到一列非空数集 $S \supset S_0 \supset S_1 \supset \cdots \supset S_n \cdots$ 和一列数
$\alpha_0, \alpha_1, \alpha_2, \cdots, \alpha_n, \cdots$ 满足
$$\alpha_0 \in \mathbf{Z};$$
$$\alpha_i \in \{0, 1, 2, 3, \cdots, 9\}, \quad i = 1, 2, \cdots.$$

令 $\beta = \alpha_0 + 0.\alpha_1\alpha_2\cdots\alpha_n\cdots$, 下面证明 β 即非空实数集 S 的上确界.

(1) $\forall x \in S$, 要么存在非负整数 n_0, 使得 $x \notin S_{n_0}$, 此时 $x < \alpha_0 + 0.\alpha_1\alpha_2\cdots\alpha_{n_0} \leqslant$
β; 要么对任何非负整数 n, 有 $x \in S_n$, 由 S_n 的定义知此时 $x = \beta$. 所以 $\forall x \in S$, 有

$x \leqslant \beta$, 即 β 为非空实数集 S 的上界.

(2) $\forall \varepsilon > 0$, 可以将正整数 n_0 取得充分大, 便有

$$\frac{1}{10^{n_0}} < \varepsilon.$$

取 $x_0 \in S_{n_0}$, 则 β 与 x_0 的整数部分及前 n 位小数是相同的, 故有

$$\beta - x_0 \leqslant \frac{1}{10^{n_0}} < \varepsilon,$$

即 $x_0 > \beta - \varepsilon$. 这就证明了任何小于 β 的数 $\beta - \varepsilon$ 都不是数集 S 的上界.

同理可证非空有下界的实数集必有下确界.

上(下)确界的唯一性是显然的.

确界存在定理——实数系连续性定理从几何的角度可以解释得较清楚: 如果实数集的全体没有填满数轴而留有"空隙", 则"空隙"左边的数集就没有上确界, "空隙"右边的数集就没有下确界. 由于有理数集 **Q** 在数轴上留有"空隙", 所以它就不具备实数集的"确界存在定理".

二、函数的定义与概念

函数是用数学语言来研究现实世界的主要工具, 也是微积分研究的基本对象, 它研究变量和变量之间的关系.

圆的面积是其半径的函数; 理想气体的压力是密度和温度的函数; 运动着的物体的位置是时间的函数; 圆柱体的体积是其半径和高的函数; 足球比赛的票价是观众所在位置的函数.

上述例子表达了这样一种基本思想: 通过某一事实的信息去推知另一事实, 换句话说, 从一个或者几个变量的值去推知另一变量的值.

定义 2.4　设有两个变量 x 和 y, 变量 x 的变化范围为 $D \subset \mathbf{R}$. 如果对于 D 中的每一个 x 值, 按照某一确定的对应关系, 都可以唯一确定变量 y 的一个相应值, 我们就说变量 y 是变量 x 的一个函数, 记为

$$y = f(x), \quad x \in D,$$

其中, x 称为**自变量**; y 称为**因变量**; 集合 D 称为函数的**定义域**; $f(x)$ 称为 f 在 x 的值, 或者称为 x 在映射 f 下的象; $f(x)$ 的所有可能取值称为 f 的**值域**, 即 $\{f(x) \mid x \in D\}$.

函数可以看成一种特殊的映射, 即从实数集到实数集的映射. 确定函数的要素有两个: 函数的定义域与对应关系 f.

如果将函数看成一台机器(图 1.2), 而将自变量 x 的取值看成输入, 输入通过机器产生一个输出 $f(x)$. 这样我们可以将定义域看作所有可能输入的集合, 而值

域为所有可能输出的集合.

描述函数的另一种方法是用如图 1.3 所示的箭头图.

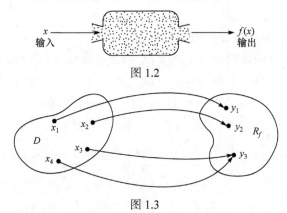

图 1.2

图 1.3

假设函数 f 的定义域为 D, 则 f 的图像为有序对

$$\{(x, f(x))|x \in D\}$$

构成的集合. 换句话说, f 的图像由平面直角坐标系上所有满足 $y = f(x)$ 的点 (x, y) 构成(图 1.4).

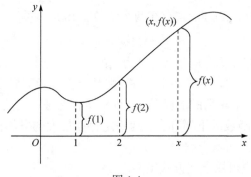

图 1.4

用图像表示函数, 使我们可以用几何方法来研究函数的性质. 应该指出的是: 微积分的源泉除了物理直观外, 还有几何直观, 几何直观对于理解微积分的概念、方法和结论是很有用的.

三、函数的基本性质

1. 单调性

设有函数 $y = f(x), x \in D$, 若对任意的 $x_1, x_2 \in D$, 当 $x_1 < x_2$ 时, 有 $f(x_1) \leqslant f(x_2)$,

则称 $f(x)$ 在 D 上是单调增加的；若对任意的 $x_1, x_2 \in D$, 当 $x_1 < x_2$ 时，有 $f(x_1) \geqslant f(x_2)$, 则称 $f(x)$ 在 D 上是单调减少的. (如果等号恒不成立, 则称 $f(x)$ 为严格单调增加或严格单调减少.)

函数的单调性也可用如下的方式来定义:

$f(x)$ 在 D 上单调增加 $\Leftrightarrow \forall x_1, x_2 \in D, x_1 \neq x_2$, 有 $(x_1 - x_2)(f(x_1) - f(x_2)) \geqslant 0$;

$f(x)$ 在 D 上单调减少 $\Leftrightarrow \forall x_1, x_2 \in D, x_1 \neq x_2$, 有 $(x_1 - x_2)(f(x_1) - f(x_2)) \leqslant 0$.

例如, 函数 $y = x^3, y = a^x \,(a > 0$ 且 $a \neq 1), y = \arctan x$ 等在定义域中都是单调的. 有许多函数在整个定义域中并不是单调函数, 但在其定义域中的某个子区间上却是单调的, 如 $y = \sin x$ 在 $\left[-\dfrac{\pi}{2}, \dfrac{\pi}{2}\right]$ 上是单调增加的, $y = \cos x$ 在 $[0, \pi]$ 上是单调减少的.

函数的单调性是函数非常重要的性质. 它在研究反函数的存在性、函数的极值问题和方程根的个数等方面起着关键的作用. 但值得注意的是, 按照单调性的定义来判断函数的单调性是非常困难的, 以后我们将学习简便有效的方法来判断函数的单调性, 即利用导数的符号来判断.

2. 有界性

设有函数 $y = f(x), x \in D$, 若存在两个常数 A 和 B, 使得
$$A \leqslant f(x) \leqslant B, \quad x \in D,$$
则称函数 f 有界, 称 A 为它的下界, B 为它的上界.

一个函数的上界或者下界如果存在, 则其上界或者下界不是唯一的. 根据确界存在定理, 如果一个函数的上界存在, 则一定存在最小的上界(称为上确界), 记为 $\sup f$; 如果一个函数的下界存在, 则一定存在最大的下界(称为下确界), 记为 $\inf f$.

函数的有界性也可用下述方式定义:

$f(x)$ 在其定义域 D 上有界 $\Leftrightarrow$ 存在正常数 $M > 0$, 使得 $|f(x)| \leqslant M, \forall x \in D$.

其几何解释如图 1.5 所示.

很容易证明, 这两个定义是等价的. 事实上, 若存在常数 A 和 B, 使得
$$A \leqslant f(x) \leqslant B, \quad x \in D,$$
这时取 $M = \max\{|A|, |B|\}$, 则
$$|f(x)| \leqslant M, \quad \forall x \in D.$$
反之, 若上述不等式成立, 只要取 $A = -M, B = M$, 则得到不等式
$$A \leqslant f(x) \leqslant B, \quad x \in D.$$

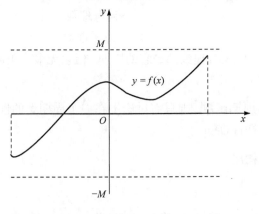

图 1.5

此即有界性的定义.

例如, 由于 $|\sin x| \leqslant 1, \forall x \in (-\infty, +\infty); |\arctan x| < \dfrac{\pi}{2}, \forall x \in (-\infty, +\infty)$, 所以 $y = \sin x$ 与 $y = \arctan x$ 都是有界函数.

又如, 函数 $y = x^2, x \in (-\infty, +\infty)$ 有下界无上界; 而 $y = 1 - x^2, x \in (-\infty, +\infty)$ 有上界无下界. $y = x^3, x \in (-\infty, +\infty)$ 既无上界也无下界.

3. 奇偶性

设 $y = f(x)$ 在一个关于原点对称的数集 D 上有定义, 若函数 $y = f(x)$ 满足
$$f(-x) = -f(x), \quad \forall x \in D,$$
则称 f 为奇函数, 它的图像关于原点是对称的. 相应地, 如果满足
$$f(-x) = f(x), \quad \forall x \in D,$$
则称 f 为偶函数, 它的图像关于 y 轴对称.

如果知道 f 在对称区间 $[-l, l]$ (或 $(-l, l)$)上的奇偶性, 则只需讨论 f 在 $[0, l]$ (或 $[0, l)$)上的性质, 因为 f 在 $[-l, 0]$ (或 $(-l, 0]$)的性质完全可以由对称性得到.

4. 周期性

如果函数 $f(x), x \in D$ 满足: 存在常数 $T > 0$ 使得
$$f(x + T) = f(x), \quad \forall x \in D,$$
则称 f 为周期函数, T 为它的一个周期. 若存在满足上述条件的最小正数 T, 则称它为 f 的**最小正周期**.

如 $y = \sin x$ 是周期函数, $2n\pi(n = 1, 2, 3, \cdots)$ 都是它的周期, 2π 是它的最小正周期. 但并非每一个周期函数都有最小正周期, 例如, 狄利克雷函数

$$D(x) = \begin{cases} 1, & x\text{为有理数}, \\ 0, & x\text{为无理数} \end{cases}$$

是一个周期函数, 任何正有理数都是它的周期, 但它无最小正周期. 另外, 它还是一个偶函数.

如果知道 f 为周期函数, 则只需讨论 f 在一个周期上的性质, 因为 f 在其他范围的性质可由周期性推知.

四、函数的分类与构成

1. 复合函数

设 $y = f(u) = \sqrt{u}, u = 2x^2 + 3$, 将后一函数代入前一函数得

$$y = f(u) = f(g(x)) = \sqrt{2x^2 + 3}.$$

这种将一个函数代入另一个函数的运算就叫函数的"复合"运算.

一般地, 给定两个函数 f 和 g, 设 $x \in D_g$, 若 $g(x) \in D_f$, 则可以计算 $f(g(x))$ 的值. 这样得到的新函数 $h(x) = f(g(x))$ 就称为函数 f 和 g 的复合函数, 记为

$$(f \circ g)(x) = f(g(x)).$$

当构成复合函数时, 关键的问题是中间变量是否能代入, 如 $f(u) = \arcsin u$, $g(x) = x^2 + 2$ 就不能构成复合函数.

实际问题中, 经常将一个复杂的函数分解成若干个简单函数的复合, 例如, $y = e^{\sin^2 x}$ 可以分解为 $y = e^u, u = v^2, v = \sin x$ 这几个函数的复合.

例 2.4　设 $f(x) = \begin{cases} 1, & |x| < 1, \\ 0, & |x| \geqslant 1, \end{cases}$ $g(x) = \begin{cases} 0, & |x| \leqslant 1, \\ 1, & |x| > 1, \end{cases}$ 求 $f(g(x))$.

解　$f(g(x)) = \begin{cases} 1, & |g(x)| < 1, \\ 0, & |g(x)| \geqslant 1 \end{cases} = \begin{cases} 1, & |x| \leqslant 1, \\ 0, & |x| > 1. \end{cases}$

2. 反函数

在函数的定义中, 一个是自变量, 一个是因变量. 但在实际问题中, 谁是自变量, 谁是因变量, 并不是绝对的. 如自由落体运动中, 路程 s 与时间 t 的关系为

$$s = \frac{1}{2} gt^2,$$

知道时间 t 求路程 s, 则用上式即可. 但若已知路程求时间, 则应从上式中将 t 解出

$$t = \sqrt{\frac{2s}{g}},$$

此时 s 成了自变量, t 成了因变量.

这表明函数的自变量与因变量的地位在一定条件下可以相互转换. 这样得到的新函数称为原来那个函数的反函数.

定义 2.5 已给一个函数 $y = f(x)$, 其值域为 R_f. 如果对于 R_f 中的每一个 y 值, 都可以从 $y = f(x)$ 确定唯一的一个 x 值, 则得到一个定义在 R_f 上的以 y 为自变量、x 为因变量的函数 $x = f^{-1}(y) = \varphi(y)$, 称为函数 $y = f(x)$ 的**反函数**.

我们习惯自变量用 x 表示, 因变量用 y 表示, 所以函数 $y = f(x)$ 的反函数习惯上表示为 $y = f^{-1}(x)$ (图 1.6).

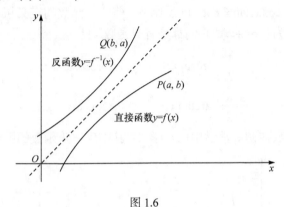

图 1.6

应该注意的是, 并非每一个函数都有反函数.

反函数存在定理 如果函数 $y = f(x)$ 在其定义区域 D 上是单调增加(减少)的, 则它的反函数

$$x = f^{-1}(y), \quad y \in R_f$$

存在, 并且其反函数也是单调增加(减少)的.

3. 初等函数

函数是微积分研究的基本对象, 但微积分主要研究的函数是所谓的初等函数.

基本初等函数

以下五类函数称为基本初等函数.

幂函数 $y = x^{\alpha}$ (α 为任意给定的实数).

指数函数 $y = a^x$ ($a > 0, a \neq 1$ 为一常数).

指数函数的定义域为 $(-\infty, +\infty)$, 值域为 $(0, +\infty)$.

对数函数 $y = \log_a x$ ($a > 0, a \neq 1$ 为一常数).

对数函数的定义域为 $(0,+\infty)$, 值域为 $(-\infty,+\infty)$.

对数函数与指数函数互为反函数. 在微积分中用得最多的是所谓的自然对数函数: $y = \log_e x = \ln x$, 其中 $e = 2.71828\cdots$.

三角函数

$$y = \sin x, \quad y = \cos x, \quad y = \tan x, \quad y = \cot x, \quad y = \sec x, \quad y = \csc x$$

它们都是周期函数.

反三角函数

$$y = \arcsin x, \quad y = \arccos x, \quad y = \arctan x, \quad y = \text{arccot} x.$$

它们分别是 $\sin x, \cos x, \tan x, \cot x$ 的反函数. 前两个函数的定义域为 $[-1,1]$, 而后两个函数的定义域为 $(-\infty,+\infty)$. 它们都是有界函数, 且

$$-\frac{\pi}{2} \leqslant \arcsin x \leqslant \frac{\pi}{2}, \quad 0 \leqslant \arccos x \leqslant \pi,$$

$$-\frac{\pi}{2} < \arctan x < \frac{\pi}{2}, \quad 0 < \text{arccot} x < \pi.$$

以上这些函数在初等数学中已经学过, 其中反三角函数的图形见图 1.7.

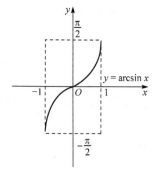

(a) 反正弦函数 $y = \arcsin x$

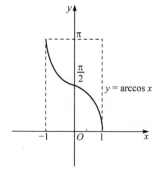

(b) 反余弦函数 $y = \arccos x$

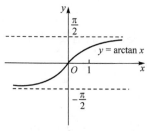

(c) 反正切函数 $y = \arctan x$

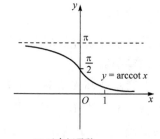

(d) 反余切函数 $y = \text{arccot} x$

图 1.7

初等函数

由常数和基本初等函数经过有限次四则运算或有限次复合运算所构成并可用一个式子表示的函数, 统称为初等函数.

在工程技术中还常用到下面的初等函数, 即所谓的双曲函数与反双曲函数:

双曲正弦函数 $\quad y = \text{sh}x = \dfrac{e^x - e^{-x}}{2}.$

双曲余弦函数 $\quad y = \text{ch}x = \dfrac{e^x + e^{-x}}{2}.$

双曲正切函数 $\quad y = \text{th}x = \dfrac{\text{sh}x}{\text{ch}x} = \dfrac{e^x - e^{-x}}{e^x + e^{-x}}.$

双曲余切函数 $\quad y = \text{cth}x = \dfrac{e^x + e^{-x}}{e^x - e^{-x}}.$

反双曲正弦函数 $\quad y = \text{arsh}x = \ln(x + \sqrt{1 + x^2}).$

反双曲余弦函数 $\quad y = \text{arch}x = \ln(x + \sqrt{x^2 - 1}).$

反双曲正切函数 $\quad y = \text{arth}x = \dfrac{1}{2}\ln\dfrac{1 + x}{1 - x}.$

双曲正弦函数、双曲余弦函数和双曲正切函数的图像见图 1.8 和图 1.9.

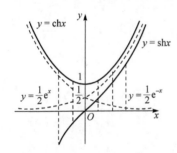

图 1.8 双曲正弦与双曲余弦

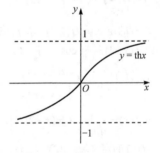

图 1.9 双曲正切函数

五、函数的延拓

考察函数 $f(x) = x^2, x \in (-\infty, +\infty)$ 与 $g(x) = x^2, x \in [0,3]$, 显然有 $D_g \subset D_f$ 且当 $x \in D_g$ 时, $f(x) = g(x)$. 此时称函数 f 是函数 g 的延拓.

一般地, 如果 $D_g \subset D_f$ 且当 $x \in D_g$ 时, $f(x) = g(x)$, 则称函数 f 是函数 g 的延拓.

例 2.5 将函数 $f(x) = x, x \in [0,1]$ 延拓成整个实数轴上周期为 2 的偶函数 (图 1.10).

解　先将 f 进行偶性延拓，得函数

$$g(x) = |x|, \quad x \in [-1,1].$$

再将函数 g 进行周期延拓，得

$$G(x) = \begin{cases} x - 2n, & 2n \leqslant x \leqslant 2n+1, \\ -[x-2(n+1)], & 2n+1 \leqslant x \leqslant 2(n+1), \end{cases} \quad n = 0, \pm 1, \pm 2, \cdots.$$

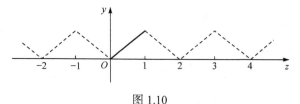

图 1.10

习　题　1.2

1. 确定下列函数的定义域：

(1) $y = \sqrt{3-x} + \arctan \dfrac{1}{x}$; 　　(2) $y = \sqrt{x^2 - 3x + 2}$; 　　(3) $y = \arccos \dfrac{2x}{1+x}$;

(4) $y = \dfrac{1}{1-x^2} + \sqrt{x+2}$; 　　(5) $y = \ln(\sin x)$.

2. $f(x)$ 的定义域为 $[2,3]$，求 $f(\sqrt{9-x^2})$ 的定义域.

3. 设 $f(x+1) = x + \cos x$，求 $f(8)$ 与 $f(x)$.

4. $f(x) = \begin{cases} 1 + x^2, & -\infty < x \leqslant 0, \\ 2^x, & 0 < x < +\infty, \end{cases}$ 求 $f(-2), f(0), f(2)$.

5. 设 $f(x) = \dfrac{1}{\sqrt{3-x}} + \ln(x-2)$，求

(1) $f(x)$ 的定义域; 　　(2) $f(\ln x)$ 的定义域.

6. 求函数 $y = \begin{cases} x, & -\infty < x < 1, \\ x^2, & 1 \leqslant x \leqslant 4, \\ 2^x, & 4 < x < +\infty \end{cases}$ 的反函数及其定义域.

7. 证明函数 $f(x) = x^3$ 在 $(-\infty, +\infty)$ 内单调增加.

8. 判断下列函数的奇偶性：

(1) $y = 3x^3 - 5\sin x$; 　　　　　　(2) $y = (1-x)^{\frac{2}{3}} + (1+x)^{\frac{2}{3}}$;

(3) $y = \cos(\sin x)$; 　　　　　　　(4) $y = x \cdot \sin \dfrac{1}{x}$;

(5) $y = x \dfrac{a^x - 1}{a^x + 1}$ $(a > 0)$.

9. 指出如下的函数是由哪些基本初等函数复合而成的:

(1) $y = \arctan \sqrt{1 + x^2}$;　　　　　(2) $y = \ln \cos x^3$.

10. 设 $f(x) = \begin{cases} \mathrm{e}^x, & x < 1, \\ x, & x \geqslant 1, \end{cases}$　$\varphi(x) = \begin{cases} x + 2, & x < 0, \\ x^2 - 1, & x \geqslant 0, \end{cases}$ 求 $f[\varphi(x)]$.

11. 证明: 定义域 $(-\infty, +\infty)$ 内的任何函数都可以表示为一个奇函数与一个偶函数之和.

12. 煤油在作为喷气发动机燃料之前需要通过黏土以去除其中的污染物. 假设黏土呈管状, 且每米管道可去除进入其中的污染物的 20%, 则煤油通过每米管道后还留 80% 的污染物. 若 P_0 是初始污染物量, 则 $P = f(n)$ 是通过 n 米管道后污染物量, 求 $P = f(n)$ 的表达式.

13. 如图 1.11 所示, 四边形 $OABC$ 是一单位正方形, 另有一条直线, 其方程为 $x + y = t(0 < t < 2)$. 试写出正方形与平面区域 $x + y < t$ 的公共部分(即阴影部分)面积 $S(t)$ 的函数表达式.

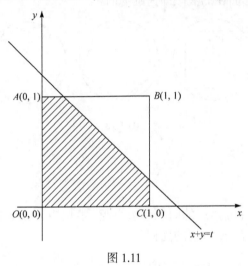

图 1.11

第三节　数列的极限

先看几个例子.

例 3.1 多边形的面积.

在初等数学里, 我们已会求一些规则图形的面积, 如三角形、正方形、矩形和多边形的面积, 这些图形的特征是它们的边界都是由一些线段构成的, 而且多边形的面积都可以转换为三角形的面积来计算.

如图 1.12, 对于正多边形, 我们有面积公式: $A = \dfrac{1}{2} l_n h_n$, 其中 l_n 是多边形的周长, h_n 是边心距.

例 3.2 圆面积, 割圆术.

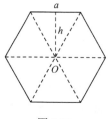

图 1.12

众所周知, 圆的面积公式为 $A = \pi r^2$, 但这个公式是怎么来的或者怎样证明?

多边形的面积之所以好算, 是因为它的边界是一些线段. 而圆的面积之所以难算, 是因为圆的边界是曲线. 另一方面, 尽管整个圆周是曲的, 但每一小段圆弧却可以近似看成直的. 按照这种思路, 我们在圆上取很多很密的分点, 将圆分成许多的小段, 于是可以用多边形的面积近似代替圆的面积. 为简单起见, 用内接正 n 边形来逼近圆. 如图 1.13 所示.

很显然, 正多边形的边数 n 越大, 正多边形的面积与圆的面积越接近, 当 $n \to \infty$ 时, 正多边形面积的极限即为圆的面积.

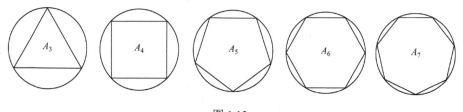

图 1.13

正 n 边形的面积为

$$A_n = \frac{1}{2} l_n h_n,$$

其中 l_n 与 h_n 分别是正 n 边形的周长和边心距. 显然当 $n \to \infty$ 时, l_n 与 h_n 的极限分别为圆的周长与半径, 所以圆的面积

$$A = \lim_{n \to \infty} A_n = \lim_{n \to \infty} \frac{1}{2} l_n h_n = \frac{1}{2} \cdot 2\pi r \cdot r = \pi r^2,$$

其中 "lim" 是极限 "limit" 的缩写.

上述这种用多边形的面积来逼近圆面积的方法, 早在古希腊时代就提出来了. 另外, 我国古代数学家刘徽提出了所谓的 "割圆术", 其基本思想和上述方法是一致的, 刘徽说: "割之弥细, 所失弥少, 割之又割, 以至于不可割, 则与圆周合体而无所失矣."

在上面求圆的面积时采用的以直线段近似代替圆弧的方法, 在微积分中称为局部 "以直代曲", 这是一种非常基本的方法. 下面利用这种方法来研究曲边梯形的面积问题.

例 3.3　求图 1.14 中曲边三角形的面积.

在区间 $[0,1]$ 上取很多很密的分点, 然后过这些分点分别作平行于 y 轴的直线, 从而曲边梯形分成很多很窄的小曲边梯形, 而每一个小曲边梯形都可以近似地看作矩形(图 1.15). 为简单起见, 将 [0,1] 进行 n 等分, 于是将 [0,1] 分成了 n 小段, 每小段的长度为 $\dfrac{1}{n}$, 分点的横坐标分别为 $\dfrac{1}{n}, \dfrac{2}{n}, \cdots, \dfrac{n-1}{n}$. 小矩形共有 n 个, 它们的面积之和为

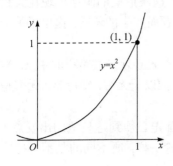

图 1.14　　　　　　　　　　　　图 1.15

$$S_n = \left(\frac{1}{n}\right)^2 \frac{1}{n} + \left(\frac{2}{n}\right)^2 \frac{1}{n} + \cdots + \left(\frac{n-1}{n}\right)^2 \frac{1}{n} + \left(\frac{1}{n}\right)^2 \frac{1}{n}$$

$$= \frac{1}{n^3}[1 + 2^2 + 3^2 + \cdots + (n-1)^2 + n^2]$$

$$= \frac{1}{n^3} \cdot \frac{n(n+1)(2n+1)}{6}$$

$$= \frac{1}{6}\left(1 + \frac{1}{n}\right)\left(2 + \frac{1}{n}\right).$$

很显然, n 越大, 则 S_n 与曲边梯形的面积越接近. 当 n 无限增大时, S_n 的极限即曲边梯形的面积. 故

$$A = \lim_{n \to \infty} S_n = \lim_{n \to \infty} \frac{1}{6}\left(1 + \frac{1}{n}\right)\left(2 + \frac{1}{n}\right) = \frac{1}{3}.$$

上述求曲边梯形的面积的方法可以用来求如图 1.16 所示的一般的曲边梯形的面积. 以后研究定积分时, 还要回到这个问题.

在上述例子中, 我们的目的是要确定某一个量, 为此, 我们用一连串越来越精确的值来逼近它, 然后考察这一串近似值的变化趋势, 把要求的量的精确值确定下来. 这种方法就是微积分中著名的极限方法.

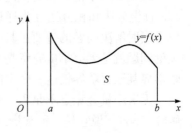

图 1.16

一、第二次数学危机与公理系统的重要性

在数学的历史上，曾发生过三次危机，而以第二次数学危机最严重，影响也最大. 17～18 世纪关于微积分发生了激烈的争论，被称为第二次数学危机. 从历史或逻辑的观点来看，它的发生也带有必然性. 这次危机的萌芽出现在大约公元前 450 年，芝诺注意到由于对无限性的理解问题而产生的矛盾，提出了关于时空的有限与无限的四个悖论.

(1) 两分法: 向着一个目的地运动的物体，首先必须经过路程的中点，然而要经过这点，又必须先经过路程的 1/4 点，如此类推以至无穷. 结论是: 无穷是不可穷尽的过程，运动是不可能的.

(2) 阿基里斯追不上乌龟: 阿基里斯总是首先必须到达乌龟的出发点，因而乌龟必定总是跑在前头. 这个论点同两分法悖论一样，所不同的是不必把所需通过的路程一再平分.

(3) 飞矢不动: 意思是箭在运动过程中的任一瞬时间必在一确定位置上，因而是静止的，所以箭就不能处于运动状态.

(4) 运动场: A, B 两个物体以等速向相反方向运动. 从静止的 C 看来，比如 A, B 都在 1 小时内移动了 2 公里，可是从 A 看来，则 B 在 1 小时内就移动了 4 公里. 运动是矛盾的，所以运动是不可能的.

芝诺揭示的矛盾是深刻而复杂的. 前两个悖论诘难了关于时间和空间无限可分，因而运动是连续的观点，后两个悖论诘难了时间和空间不能无限可分，因而运动是间断的观点. 芝诺悖论的提出可能有更深刻的背景，不一定是专门针对数学的，但是它们在数学王国中却掀起了一场轩然大波. 它们说明了古希腊人已经看到无穷小与很小的矛盾，但他们无法解决这些矛盾. 其后果是，古希腊几何证明中从此排除了无穷小. 经过许多人多年的努力，终于在 17 世纪晚期，形成了无穷小演算——微积分这门学科. 牛顿和莱布尼茨被公认为微积分的奠基者，他们的功绩主要在于把各种有关问题的解法统一成微分法和积分法，有明确的计算步骤，且微分法和积分法互为逆运算. 由于运算的完整性和应用的广泛性，微积分成为当时解决问题的重要工具. 同时，关于微积分严格基础的问题也越来越严重. 关键问题就是无穷小量究竟是不是零? 无穷小及其分析是否合理? 由此而引起了数学界甚至哲学界长达一个半世纪的争论，造成了第二次数学危机.

无穷小量究竟是不是零? 两种答案都会导致矛盾. 牛顿对它曾作过三种不同解释: 1669 年说它是一种常量，1671 年又说它是一个趋于零的变量，1676 年又说它是被两个正在消逝的量的最终比所代替. 但是，他始终无法解决上述矛盾. 莱布尼茨曾试图用和无穷小量成比例的有限量的差分来代替无穷小量，但是他也没有找到从有限量过渡到无穷小量的桥梁.

英国大主教贝克莱就嘲讽牛顿提出的"流数"(导数)"是消失了的量的灵魂". 他调侃说, 用忽略高阶无穷小而消除了原有的错误, "是依靠双重的错误得到了虽然不科学却是正确的结果".

当时一些数学家和其他学者, 也批判过微积分的一些问题, 指出其缺乏必要的逻辑基础. 例如, 罗尔(Rolle)曾说: 微积分是巧妙的谬论的汇集.

18 世纪的数学思想的确是不严密的、直观的, 强调形式的计算而不管基础的可靠. 特别是没有清楚无穷小的概念, 从而导致导数、微分、积分等概念不清楚、无穷大概念不清楚、发散级数求和的任意性等等; 符号的不严格使用; 不考虑连续性就进行微分; 不考虑导数及积分的存在性以及函数能否展成幂级数等等.

在数学上要得到没有漏洞的结论, 依赖于其所涉及的概念的严格定义及其推导过程的严谨性. 如果有一个相关概念不清楚或有歧义, 则得到的结果就会有漏洞, 依其建立的理论就没有坚实的基础. 而一个数学概念的严格定义就是一个公理. 数学理论就是由数学概念(公理)的严格定义及通过严谨的逻辑推演得到的不同概念之间的联系(性质、定理、公式)构成的.

19 世纪 70 年代初, 魏尔斯特拉斯(Weierstrass)、戴德金(Dedekind)、康托尔(Cantor)等建立了实数理论, 在实数理论的基础上, 对极限给出了严格的定义, 在此基础上建立了极限理论, 进而对微积分中相关的概念给出了严格的定义, 从而建立了微积分学的严格基础.

二、数列极限的定义

数列是指按正整数编了号的一串数:
$$x_1, x_2, \cdots, x_n, \cdots,$$
也可以认为数列是一种特殊的函数
$$x = x(n),$$
其定义域为正整数全体 $\mathbf{N}^+$. 从而数列也可以表示成
$$x(1), x(2), \cdots, x(n), \cdots,$$
将它们记为 $x_1, x_2, \cdots, x_n, \cdots$, 以后, 经常将一个数列缩写成 $\{x_n\}$.

我们特别关心的是数列的变化规律, 即数列的极限.

例 3.4　当项数 n 无限增大时, 观察如下数列是否与某一个常数无限接近?

(1)　$0.9, 0.99, 0.999, \cdots, 1 - \dfrac{1}{10^n}, \cdots;$

(2)　$\dfrac{1}{2}, \dfrac{1}{4}, \dfrac{1}{8}, \cdots, \dfrac{1}{2^n}, \cdots;$

(3)　$\dfrac{2}{1}, \dfrac{3}{2}, \dfrac{4}{3}, \cdots, \dfrac{n+1}{n}, \cdots;$

(4) $2, \left(1+\dfrac{1}{2}\right)^2, \left(1+\dfrac{1}{3}\right)^3, \cdots, \left(1+\dfrac{1}{n}\right)^n, \cdots;$

(5) $1, -1, 1, -1, \cdots, (-1)^{n-1}, \cdots;$

(6) $0, 2^2-2, 3^2-3, 4^2-4, \cdots, n^2-n, \cdots.$

前三个数列的变化趋势很明显, 当 n 无限增大时, 它们分别与常数 $1, 0, 1$ 无限接近, 我们就说前三个数列的极限分别为 $1, 0, 1$, 记为

$$\lim_{n\to\infty}\left(1-\frac{1}{10^n}\right)=1, \qquad \lim_{n\to\infty}\frac{1}{2^n}=0, \qquad \lim_{n\to\infty}\frac{n+1}{n}=1.$$

第四个数列的变化趋势不是很明显, 可能有读者会猜想该数列的极限为 1, 但这个猜想是不对的. 事实上, 该数列的极限是微积分中重要的极限之一:

$$\lim_{n\to\infty}\left(1+\frac{1}{n}\right)^n=\mathrm{e}=2.71828\cdots.$$

第五个数列的取值在 -1 与 1 之间摆动, 它不会与任何常数无限接近, 我们就说该数列的极限不存在.

最后一个数列的变化趋势也很明显, 即当 n 无限增大时, $x_n=n^2-n$ 将会趋于无穷大, 记为

$$\lim_{n\to\infty}(n^2-n)=+\infty.$$

注意　无穷大只是一种变化趋势, 而不是一个确定的常数. 所以, 当一个数列趋于无穷大时, 认为该数列的极限不存在.

定义 3.1 (数列极限的初步定义)　当项数 n 无限增大时, 如果数列 $\{x_n\}$ 无限接近于某一个常数 A, 就说 A 是这个数列的极限, 记为

$$\lim_{n\to\infty}x_n=A.$$

为使极限概念易于接受和理解, 上面只作了定性和直观的描述. 由于没有数量的分析和严谨的定义, 我们无法在理论上进行推理和论证. 因此, 必须用定量的数学语言来描述极限的概念.

描述极限的语句中关键的提法 "数列无限接近于 A" 就是 "数列各项与常数 A 的距离无限变小".

"距离无限变小" 意味着: 无论你说出一个怎样小的正数, "距离" 可以变得并保持比你说的更小. 这一改进, 揭示了极限的本质.

例如, 对数列 $2, \dfrac{3}{2}, \dfrac{4}{3}, \cdots, \dfrac{n+1}{n}, \cdots,$

$$\left|\frac{n+1}{n}-1\right|=\frac{1}{n}.$$

(1) 如果你给出一个正数 $\dfrac{1}{10}$，第10项以后的各项与1的距离都比 $\dfrac{1}{10}$ 小;

(2) 如果你给出一个更小的正数 $\dfrac{1}{100}$，第100项以后的各项与1的距离都比 $\dfrac{1}{100}$ 小;

(3) 如果你给出一个任意小的正数 ε，为使 $\left|\dfrac{n+1}{n}-1\right|=\dfrac{1}{n}<\varepsilon$，只需 $n>\dfrac{1}{\varepsilon}$，第 $\left[\dfrac{1}{\varepsilon}\right]$ 项以后的各项与1的距离都比 ε 小，其中 $\left[\dfrac{1}{\varepsilon}\right]$ 表示不超过 $\dfrac{1}{\varepsilon}$ 的最大整数.

这样就可以说: 对于无论怎样小的正数 ε，从第 $\left[\dfrac{1}{\varepsilon}\right]$ 项以后的各项与1的距离都能比 ε 小.

这样，关于 "数列 $\left\{\dfrac{n+1}{n}\right\}$ 以1为极限" 的含义就一步一步地确切起来:

当 n 无限增大时，$\dfrac{n+1}{n}$ 无限地接近于1;

随着 n 无限地增大，差距 $\left|\dfrac{n+1}{n}-1\right|$ 无限地变小;

对于任意给定的正数 ε，总存在正整数 N，当 $n>N$ 时，$\left|\dfrac{n+1}{n}-1\right|<\varepsilon$.

定义 3.2 (数列极限的精确定义) 对于数列 $\{x_n\}$，如果存在一个常数 A，对于无论怎样小的正数 ε，总存在一个正整数 N，当 $n>N$ 时，就有 $|x_n-A|<\varepsilon$，则称常数 A 是数列 $\{x_n\}$ 的极限，或称数列收敛于 A，记为

$$\lim_{n\to\infty}x_n=A \quad 或 \quad x_n\to A(n\to\infty).$$

上述定义可以简述为

$$\forall\varepsilon>0,\exists N>0, \text{当 } n>N \text{ 时，有 } |x_n-A|<\varepsilon.$$

这个定义称为 "ε-N" 定义.

数列极限是微积分的一个基本概念，值得一字一句地加以分析.

注 (1) ε 是任意给定的正数，这意味着 ε 具有两重性.

(a) 任意性: 意即 ε 可以任意选取，因为只有这样，不等式 $|x_n-A|<\varepsilon$ 才能刻画 x_n 无限接近 A.

(b) 相对固定性: ε 一经选取就相对固定下来，这样我们才可以根据 ε 找 N，否则无法进行.

(2) 一般说来 N 与 ε 有关, 记为 $N = N(\varepsilon)$.

(3) 对给定的 ε, 对应的 N 不是唯一的.

一般地, 当 $n > N$ 时, $|x_n - A| < \varepsilon$ 成立, 则当 $n > N_1$ 时 $(N_1 > N)$, $|x_n - A| < \varepsilon$ 也成立.

这一点十分重要, 在以后的论证中常要用到这个结论.

例 3.5　证明 $\lim\limits_{n\to\infty} \dfrac{n+1}{n} = 1$.

分析: $\forall \varepsilon > 0$, 要使 $\left|\dfrac{n+1}{n} - 1\right| = \dfrac{1}{n} < \varepsilon$ 成立, 只要 $n > \dfrac{1}{\varepsilon}$, 所以可以取

$$N = \max\left\{\left[\dfrac{1}{\varepsilon}\right], 1\right\}.$$

证明　$\forall \varepsilon > 0, \exists N = \max\left\{\left[\dfrac{1}{\varepsilon}\right], 1\right\}$, 当 $n > N$ 时, $\left|\dfrac{n+1}{n} - 1\right| < \varepsilon$ 成立, 故

$$\lim_{n\to\infty} \frac{n+1}{n} = 1.$$

例 3.6　证明当 $|q| < 1$ 时, $\lim\limits_{n\to\infty} q^n = 0$.

分析: $\forall \varepsilon > 0$, 要使 $|q^n - 0| = |q|^n < \varepsilon$ 成立, 只要 $n\ln|q| < \ln\varepsilon$, 即 $n > \dfrac{\ln\varepsilon}{\ln|q|}$, 所以可取 $N = \max\left\{\left[\dfrac{\ln\varepsilon}{\ln|q|}\right], 1\right\}$.

证明　当 $q = 0$ 时, 结论显然成立.

当 $0 < |q| < 1$ 时, $\forall \varepsilon > 0, \exists N = \max\left\{\left[\dfrac{\ln\varepsilon}{\ln|q|}\right], 1\right\}$, 当 $n > N$ 时, $|q^n - 0| < \varepsilon$ 成立, 故

$$\lim_{n\to\infty} q^n = 0.$$

例 3.7　证明: $\lim\limits_{n\to\infty} \dfrac{n^3+1}{n^3+2n} = 1$.

分析: $\forall \varepsilon > 0$, 要使 $\left|\dfrac{n^3+1}{n^3+2n} - 1\right| = \dfrac{2n-1}{n^3+2n} < \dfrac{2}{n^2} \leqslant \dfrac{2}{n} < \varepsilon$, 只要 $n > \dfrac{2}{\varepsilon}$, 所以可取

$$N = \max\left\{\left[\dfrac{2}{\varepsilon}\right], 1\right\}.$$

证明　$\forall \varepsilon > 0, \exists N = \max\left\{\left[\dfrac{2}{\varepsilon}\right], 1\right\}$, 当 $n > N$ 时, $\left|\dfrac{n^3+1}{n^3+2n} - 1\right| < \varepsilon$ 成立, 故

$$\lim_{n\to\infty}\frac{n^3+1}{n^3+2n}=1.$$

上述例子中找 N 的方法, 称为放大法.

例 3.8　求 $\lim_{n\to\infty}\sqrt[n]{a}(a>1)$.

分析: 因为 $n\to\infty$ 时, $\frac{1}{n}\to 0$, 所以应有 $\lim_{n\to\infty}a^{\frac{1}{n}}=\lim_{n\to\infty}\sqrt[n]{a}=1$.

证明　当 $a>1$ 时, $\sqrt[n]{a}>1$. 令

$$\sqrt[n]{a}=1+h_n \quad (h_n>0).$$

要证 $\lim_{n\to\infty}a^{\frac{1}{n}}=\lim_{n\to\infty}\sqrt[n]{a}=1$, 只需证 $\lim_{n\to\infty}h_n=0$. 由二项式定理有

$$a=(1+h_n)^n=1+nh_n+\frac{n(n-1)}{2!}h_n^2+\cdots+h_n^n\geqslant 1+nh_n.$$

所以 $0<h_n\leqslant\frac{a-1}{n}$.

$\forall\varepsilon>0$, 取正整数 $N=\max\left\{1,\left[\frac{a-1}{\varepsilon}\right]\right\}$, 则当 $n>N$ 时, 有

$$|h_n-0|=h_n<\varepsilon$$

成立. 故 $\lim_{n\to\infty}h_n=0$, 于是 $\lim_{n\to\infty}a^{\frac{1}{n}}=\lim_{n\to\infty}\sqrt[n]{a}=1(a>1)$.

注意　当 $0<a\leqslant 1$ 时, 结论仍成立.

类似地可以证明 $\lim_{n\to\infty}\sqrt[n]{n}=1$.

例 3.9　设 $\lim_{n\to\infty}x_n=a$, 证明: $\lim_{n\to\infty}\frac{x_1+x_2+\cdots+x_n}{n}=a$.

证明　由于 $\lim_{n\to\infty}x_n=a$, 由数列极限的定义, $\forall\varepsilon>0$, $\exists$ 正整数 K, 当 $n>K$ 时, 恒有

$$|x_n-a|<\varepsilon.$$

现将 K 固定, 则 $x_1+x_2+\cdots+x_K-Ka$ 为某个有限数, 从而有

$$\lim_{n\to\infty}\frac{x_1+x_2+\cdots+x_K-Ka}{n}=0,$$

由定义, 对于上面给定的 $\varepsilon>0$, $\exists$ 正整数 N_1, 当 $n>N_1$ 时, 恒有

$$\left|\frac{x_1+x_2+\cdots+x_K-Ka}{n}\right|<\varepsilon,$$

取 $N = \max\{K, N_1\}$，当 $n > N$ 时，恒有

$$\left| \frac{x_1 + x_2 + \cdots + x_n}{n} - a \right| = \left| \frac{x_1 + x_2 + \cdots + x_K - Ka}{n} + \frac{x_{K+1} + \cdots + x_n - (n-K)a}{n} \right|$$

$$\leqslant \left| \frac{x_1 + x_2 + \cdots + x_K - Ka}{n} \right| + \frac{|x_{K+1} - a| + \cdots + |x_n - a|}{n}$$

$$< \varepsilon + \frac{n-K}{n}\varepsilon < 2\varepsilon,$$

由定义，$\lim\limits_{n \to \infty} \dfrac{x_1 + x_2 + \cdots + x_n}{n} = a$.

"ε-N"定义的几何解释(图 1.17)：如果数列 $\{x_n\}$ 的极限是 A，那么落在 A 的 ε 邻域内的点有无穷多个(即 $x_{N+1}, x_{N+2}, \cdots$)，落在 A 的 ε-邻域外的点至多有有限多项.

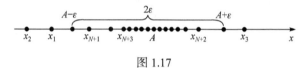

图 1.17

如果落在 A 的 ε-邻域内的点有无穷多个，不能说明 $\lim\limits_{n \to \infty} x_n = A$，如

$$x_n = \begin{cases} \dfrac{1}{n}, & n为奇数, \\[2mm] 2, & n为偶数 \end{cases}$$

落在 0 的任一 ε-邻域内的点有无穷多个，但数列 $\{x_n\}$ 的极限却不存在.

三、收敛数列的性质

由数列极限的定义可以得到数列极限的一些基本性质.

1. 唯一性

定理 3.1 若数列 $\{x_n\}$ 的极限存在，则其极限必唯一.

证明 设 $\lim\limits_{n \to \infty} x_n = A$ 且 $\lim\limits_{n \to \infty} x_n = B$，但 $A \neq B$，不妨设 $A > B$. 取 $\varepsilon = \dfrac{A - B}{2}$，由 $\lim\limits_{n \to \infty} x_n = A$ 知存在正整数 N_1，当 $n > N_1$ 时，有

$$|x_n - A| < \varepsilon,$$

即

$$\frac{A + B}{2} = A - \varepsilon < x_n < A + \varepsilon \tag{1.3.1}$$

成立. 另一方面, 由 $\lim\limits_{n\to\infty} x_n = B$ 知存在正整数 N_2, 当 $n > N_2$ 时,

$$|x_n - B| < \varepsilon,$$

即

$$B - \varepsilon < x_n < B + \varepsilon = \frac{A+B}{2} \tag{1.3.2}$$

成立. 取 $N = \max\{N_1, N_2\}$, 于是当 $n > N$ 时, (1.3.1)式与(1.3.2)式同时成立, 即 $x_n > \dfrac{A+B}{2}$ 与 $x_n < \dfrac{A+B}{2}$ 同时成立, 但这不可能. 同理, 当 $A < B$ 时也会得到矛盾. 故 $A = B$.

2. 有界性

定理 3.2 若数列 $\{x_n\}$ 收敛, 则数列 $\{x_n\}$ 必有界, 即存在常数 $M > 0$, 使得对所有的 $n \in \mathbf{N}^+$, 都有 $|x_n| \leqslant M$ 成立.

证明 设 $\lim\limits_{n\to\infty} x_n = A$, 取 $\varepsilon = 1$, 则存在正整数 N, 使得当 $n > N$ 时, 有

$$|x_n - A| < 1, \text{ 即 } A - 1 < x_n < A + 1.$$

所以, 当 $n = N+1, N+2, \cdots$ 时, 有

$$|x_n| \leqslant |A| + 1.$$

令

$$M = \max\{|A| + 1, |x_1|, |x_2|, \cdots, |x_N|\}.$$

于是对所有的正整数 n, 都有

$$|x_n| \leqslant M.$$

这说明数列 $\{x_n\}$ 为有界数列.

注意 此结论的逆命题不成立, 即有界数列不一定收敛. 例如, $\{1, -1, 1-1, \cdots, (-1)^{n-1}, \cdots\}$ 为有界数列, 但它却是发散的; 无界的数列必发散.

3. 比较性质

定理 3.3 设数列 $\{x_n\}, \{y_n\}$ 都收敛, $\lim\limits_{n\to\infty} x_n = A$, $\lim\limits_{n\to\infty} y_n = B$ 且 $A > B$, 则存在正整数 N, 当 $n > N$ 时, 有 $x_n > y_n$ 成立.

证明 取 $\varepsilon = \dfrac{A-B}{2} > 0$, 由 $\lim\limits_{n\to\infty} x_n = A$ 知, 存在正整数 N_1, 当 $n > N_1$ 时, 有

$$|x_n - A| < \varepsilon = \frac{A-B}{2},$$

所以

$$x_n > A - \varepsilon = \frac{A+B}{2}.$$ 　　(1.3.3)

又由 $\lim\limits_{n\to\infty} y_n = B$ 知, 存在正整数 N_2, 当 $n > N_2$ 时, 有

$$|y_n - B| < \varepsilon = \frac{A-B}{2}.$$

所以

$$y_n < B + \varepsilon = \frac{A+B}{2}.$$ 　　(1.3.4)

令 $N = \max\{N_1, N_2\}$, 则当 $n > N$ 时, (1.3.3)式与(1.3.4)式同时成立, 故当 $n > N$ 时, 有

$$x_n > y_n.$$

推论 1 (保号性)　设极限 $\lim\limits_{n\to\infty} x_n = A$ 存在, 且 $A > 0$, 则存在正整数 N, 当 $n > N$ 时, 有 $x_n > 0$.

事实上, 令 $y_n = 0, n = 1, 2, 3, \cdots$ 即可得结论.

推论 2　设数列 $\{x_n\}, \{y_n\}$ 都收敛, $\lim\limits_{n\to\infty} x_n = A, \lim\limits_{n\to\infty} y_n = B$ 且存在正整数 N, 当 $n > N$ 时, 有 $x_n \geqslant y_n$, 则 $A \geqslant B$.

以上几个性质是数列极限的重要而基本的性质, 这些性质可以推广到函数极限的情形.

四、收敛数列的运算律与收敛性判定定理

数列极限的定义揭示了极限的本质, 但利用极限的定义来计算极限是非常困难的. 计算极限的最常见的方法还是利用极限的运算法则.

定理 3.4　设 $\lim\limits_{n\to\infty} x_n = A, \lim\limits_{n\to\infty} y_n = B$ 都存在, 则

(1)　$\lim\limits_{n\to\infty}(x_n \pm y_n)$ 存在, 且 $\lim\limits_{n\to\infty}(x_n \pm y_n) = \lim\limits_{n\to\infty} x_n \pm \lim\limits_{n\to\infty} y_n = A \pm B$;

(2)　$\lim\limits_{n\to\infty}(x_n y_n)$ 存在, 且 $\lim\limits_{n\to\infty}(x_n y_n) = \left(\lim\limits_{n\to\infty} x_n\right)\left(\lim\limits_{n\to\infty} y_n\right) = AB$;

(3)　当 $\lim\limits_{n\to\infty} y_n = B \neq 0$ 时, $\lim\limits_{n\to\infty} \dfrac{x_n}{y_n}$ 也存在, 且 $\lim\limits_{n\to\infty} \dfrac{x_n}{y_n} = \dfrac{\lim\limits_{n\to\infty} x_n}{\lim\limits_{n\to\infty} y_n} = \dfrac{A}{B}$.

注意　当 $\lim\limits_{n\to\infty} y_n = B = 0$ 时, 就不能用法则 (3) 来求商的极限. 但是, 当 $\lim\limits_{n\to\infty} y_n = B = 0$ 且 $\lim\limits_{n\to\infty} x_n = A = 0$ 时, 极限 $\lim\limits_{n\to\infty} \dfrac{x_n}{y_n}$ 有可能存在. 例如, $\lim\limits_{n\to\infty} \dfrac{1}{n} = 0$,

$$\lim_{n \to \infty} \frac{1}{2n+1} = 0, \ \text{但} \ \lim_{n \to \infty} \frac{\dfrac{1}{n}}{\dfrac{1}{2n+1}} = \lim_{n \to \infty} \frac{2n+1}{n} = 2.$$

证明　这里只给出(2)的证明,其余的性质请读者自证.

由于 $\lim\limits_{n \to \infty} y_n = B$ 存在,因此由收敛数列的有界性知,存在常数 $M > 0$,使得

$$|y_n| \leqslant M, \quad n = 1, 2, 3, \cdots.$$

$\forall \varepsilon > 0$,由 $\lim\limits_{n \to \infty} x_n = A$ 知,存在正整数 N_1,当 $n > N_1$ 时,有

$$|x_n - A| < \varepsilon. \tag{1.3.5}$$

又由 $\lim\limits_{n \to \infty} y_n = B$ 知,存在正整数 N_2,当 $n > N_2$ 时,有

$$|y_n - B| < \varepsilon. \tag{1.3.6}$$

取 $N = \max\{N_1, N_2\}$,则当 $n > N$ 时,(1.3.5)式与(1.3.6)式同时成立,且

$$\begin{aligned}
|x_n y_n - AB| &= |x_n y_n - A y_n + A y_n - AB| \\
&\leqslant |y_n||x_n - A| + |A||y_n - B| \\
&\leqslant M\varepsilon + |A|\varepsilon = (M + |A|)\varepsilon.
\end{aligned}$$

故 $\lim\limits_{n \to \infty}(x_n y_n) = \left(\lim\limits_{n \to \infty} x_n\right)\left(\lim\limits_{n \to \infty} y_n\right) = AB.$

例 3.10　求极限 $\lim\limits_{n \to \infty} \dfrac{n^2 + 3n - 2}{2n^2 - n}$.

解　$\lim\limits_{n \to \infty} \dfrac{n^2 + 3n - 2}{2n^2 - n} = \lim\limits_{n \to \infty} \dfrac{1 + \dfrac{3}{n} - \dfrac{2}{n^2}}{2 - \dfrac{1}{n}} = \dfrac{1}{2}.$

定理 3.5(夹逼准则)　设数列 $\{x_n\}, \{y_n\}, \{z_n\}$ 满足

(1) 存在正整数 N,当 $n > N$ 时,有 $y_n \leqslant x_n \leqslant z_n$;

(2) 极限 $\lim\limits_{n \to \infty} y_n, \lim\limits_{n \to \infty} z_n$ 都存在,且 $\lim\limits_{n \to \infty} y_n = \lim\limits_{n \to \infty} z_n = A$,

则 $\lim\limits_{n \to \infty} x_n$ 也存在,且 $\lim\limits_{n \to \infty} x_n = A$.

此定理的证明请读者自己给出.

利用极限的夹逼准则求极限是一种很有效的方法.

例 3.11　求极限

$$\lim_{n \to \infty} \left(\frac{1}{\sqrt{n^2 + 1}} + \frac{1}{\sqrt{n^2 + 2}} + \cdots + \frac{1}{\sqrt{n^2 + n}} \right).$$

解　由于

$$\frac{n}{\sqrt{n^2+n}} < \frac{1}{\sqrt{n^2+1}} + \frac{1}{\sqrt{n^2+2}} + \cdots + \frac{1}{\sqrt{n^2+n}} < \frac{n}{\sqrt{n^2+1}},$$

而

$$\lim_{n\to\infty}\frac{n}{\sqrt{n^2+n}} = \lim_{n\to\infty}\frac{1}{\sqrt{1+\dfrac{1}{n}}} = 1,$$

$$\lim_{n\to\infty}\frac{n}{\sqrt{n^2+1}} = \lim_{n\to\infty}\frac{1}{\sqrt{1+\dfrac{1}{n^2}}} = 1,$$

故

$$\lim_{n\to\infty}\left(\frac{1}{\sqrt{n^2+1}} + \frac{1}{\sqrt{n^2+2}} + \cdots + \frac{1}{\sqrt{n^2+n}}\right) = 1.$$

五、实数集的完备性

根据数列极限的定义来求极限, 或者利用极限的运算法则求极限, 前提条件是预先要知道一些数列的极限, 或能猜想数列的极限是多少. 但数列的极限往往是很复杂的, 要知道或猜想一个数列的极限是多少常常是非常困难的.

有时候, 我们可以根据数列本身的表达式来判断一个数列的极限是否存在, 不必知道该数列的极限具体是多少.

1. 单调有界准则

定义 3.3 (单调数列)　若数列 $\{x_n\}$ 满足

$$x_1 \leqslant x_2 \leqslant \cdots \leqslant x_n \leqslant x_{n+1}\cdots, \tag{1.3.7}$$

则称该数列是单调增加的; 若数列 $\{x_n\}$ 满足

$$x_1 \geqslant x_2 \geqslant \cdots \geqslant x_n \geqslant x_{n+1}\cdots, \tag{1.3.8}$$

则称该数列是单调减少的. 若将(1.3.7)式或者(1.3.8)式中的"$\leqslant$"或者"$\geqslant$"改为"$<$"或者"$>$", 则称数列 $\{x_n\}$ 是严格单调增加或者严格单调减少的.

定理 3.6 (单调有界准则)　单调有界数列必有极限.

该定理说得具体一点, 即: 单调增加有上界的数列必有极限; 单调减少有下界的数列必有极限.

这个结论在几何直观上看是显然的. 但几何直观不能代替严格的数学证明. 证明该定理, 需要用到实数集的确界存在定理.

　　下面就来证明单调有界数列的收敛性定理. 这里只证明单调增加有上界的情形.

　　证明　数列 $\{x_n\}$ 的所有项构成一个数集 E, 由于数列 $\{x_n\}$ 有上界, 故数集 E 有上界, 所以也存在上确界. 设数集 E 的上确界为 A, 于是 $\forall \varepsilon > 0, \exists x_N \in \{x_n\}$, 使得

$$x_N > A - \varepsilon.$$

又由数列 $\{x_n\}$ 单调增加有上界知, 当 $n > N$ 时, 有

$$A + \varepsilon > A \geqslant x_n \geqslant x_N > A - \varepsilon.$$

故 $\lim\limits_{n \to \infty} x_n = A$.

　　由证明过程可以看出单调增加有上界数列收敛于该数列的最小的上界, 即上确界. 同样地, 单调减少有下界数列收敛于该数列的最大的下界, 即下确界.

　　要注意的是, 收敛的数列不一定单调, 如 $\lim\limits_{n \to \infty} (-1)^n \dfrac{1}{n} = 0$, 但数列 $\left\{(-1)^n \dfrac{1}{n}\right\}$ 并不是单调的.

　　例 3.12　设

$$A > 0, x_0 > 0, x_1 = \frac{1}{2}\left(x_0 + \frac{A}{x_0}\right), x_2 = \frac{1}{2}\left(x_1 + \frac{A}{x_1}\right), \cdots, x_{n+1} = \frac{1}{2}\left(x_n + \frac{A}{x_n}\right), \cdots,$$

讨论数列 $\{x_n\}$ 的收敛性, 若收敛, 求出其极限.

　　解　由 $x_n = \dfrac{1}{2}\left(x_{n-1} + \dfrac{A}{x_{n-1}}\right) \geqslant \sqrt{x_{n-1} \cdot \dfrac{A}{x_{n-1}}} = \sqrt{A}$ 知数列 $\{x_n\}$ 有下界. 又

$$x_{n+1} - x_n = \frac{1}{2}\left(x_n + \frac{A}{x_n}\right) - x_n = \frac{A - x_n^2}{2x_n} \leqslant 0,$$

故数列 $\{x_n\}$ 单调下降. 所以数列 $\{x_n\}$ 收敛.

　　设

$$\lim_{n \to \infty} x_n = a.$$

对等式

$$x_{n+1} = \frac{1}{2}\left(x_n + \frac{A}{x_n}\right),$$

取极限 $n \to \infty$, 得

$$\lim_{n \to \infty} x_{n+1} = \lim_{n \to \infty} \frac{1}{2}\left(x_n + \frac{A}{x_n}\right),$$

即

$$a = \frac{1}{2}\left(a + \frac{A}{a}\right).$$

即 $a^2 = A$, 但因为 $\{x_n\}$ 有下界 $\sqrt{A} > 0$, 所以

$$\lim_{n \to \infty} x_n = a = \sqrt{A}.$$

例 3.13　设数列 $\{x_n\}$ 为由下列各式:

$$x_0 = 1, \quad x_{n+1} = 1 + \frac{x_n}{1 + x_n} \quad (n = 0, 1, 2, \cdots)$$

确定, (1) 证明数列 $\{x_n\}$ 收敛; (2) 求其极限.

解　(1) 因为 $x_{n+1} = 1 + \dfrac{x_n}{1 + x_n} < 2$, 故 $\{x_n\}$ 有上界; 下证数列 $\{x_n\}$ 单调增加, 即

$$x_{n+1} > x_n. \tag{1.3.9}$$

显然 $x_1 > x_0$, 即当 $n = 0$ 时 (1.3.9) 式成立;

假设当 $n = k$ 时, (1.3.9) 式成立, 即 $x_{k+1} > x_k$;

当 $n = k + 1$ 时, 因为

$$x_{k+2} - x_{k+1} = \left(1 + \frac{x_{k+1}}{1 + x_{k+1}}\right) - \left(1 + \frac{x_k}{1 + x_k}\right) = \frac{x_{k+1}}{1 + x_{k+1}} - \frac{x_k}{1 + x_k}$$

$$= \frac{x_{k+1} - x_k}{(1 + x_{k+1})(1 + x_k)} > 0,$$

即当 $n = k + 1$ 时, (1.3.9) 式成立, 故数列 $\{x_n\}$ 单调增加有上界, 所以它收敛.

(2) 设 $\lim\limits_{n \to \infty} x_n = A$, 在等式

$$x_{n+1} = 1 + \frac{x_n}{1 + x_n}$$

两边取极限 $n \to \infty$, 得

$$\lim_{n \to \infty} x_{n+1} = 1 + \frac{\lim\limits_{n \to \infty} x_n}{1 + \lim\limits_{n \to \infty} x_n}.$$

即

$$A = 1 + \frac{A}{1 + A},$$

得

$$A^2 - A - 1 = 0,$$

解得

$$A_1 = \frac{1+\sqrt{5}}{2}, \quad A_2 = \frac{1-\sqrt{5}}{2} < 0 \,(\text{舍去，因为 } A > 0).$$

故

$$\lim_{n \to \infty} x_n = A = \frac{1+\sqrt{5}}{2}.$$

下面利用单调有界准则来讨论一个非常著名的极限，它也是微积分中非常重要的一个极限.

考察数列 $x_n = \left(1 + \dfrac{1}{n}\right)^n$ 的极限，写出此数列的前几项看一看它的规律：

$$2, \quad \frac{9}{4}, \quad \frac{64}{27}, \quad \frac{625}{256}, \quad \cdots,$$

从前几项可以看出该数列是单调增加的，且增加的速度很缓慢. 但其极限肯定大于 2.

下面就来严格证明此数列单调增加且有上界. 由二项式定理得

$$x_n = \left(1+\frac{1}{n}\right)^n = 1 + n \cdot \frac{1}{n} + \frac{n(n-1)}{2!}\left(\frac{1}{n}\right)^2 + \frac{n(n-1)(n-2)}{3!}\left(\frac{1}{n}\right)^3 + \cdots + \frac{n(n-1)\cdots 2 \cdot 1}{n!}\left(\frac{1}{n}\right)^n$$

$$= 1 + 1 + \frac{1}{2!}\left(1-\frac{1}{n}\right) + \frac{1}{3!}\left(1-\frac{1}{n}\right)\left(1-\frac{2}{n}\right) + \cdots + \frac{1}{n!}\left(1-\frac{1}{n}\right)\left(1-\frac{2}{n}\right)\cdots\left(1-\frac{n-1}{n}\right).$$

同理，得

$$x_{n+1} = \left(1+\frac{1}{n+1}\right)^{n+1}$$

$$= 1 + (n+1)\left(\frac{1}{n+1}\right) + \frac{(n+1)n}{2!}\left(\frac{1}{n+1}\right)^2 + \frac{(n+1)n(n-1)}{3!}\left(\frac{1}{n+1}\right)^3 + \cdots$$

$$+ \frac{(n+1)n\cdots 3 \cdot 2}{n!}\left(\frac{1}{n+1}\right)^n + \frac{(n+1)n\cdots 3 \cdot 2 \cdot 1}{(n+1)!}\left(\frac{1}{n+1}\right)^{n+1}$$

$$= 1 + 1 + \frac{1}{2!}\left(1-\frac{1}{n+1}\right) + \frac{1}{3!}\left(1-\frac{1}{n+1}\right)\left(1-\frac{2}{n+2}\right) + \cdots$$

$$+ \frac{1}{n!}\left(1-\frac{1}{n+1}\right)\left(1-\frac{2}{n+1}\right)\cdots\left(1-\frac{n-1}{n+1}\right)$$

$$+ \frac{1}{(n+1)!}\left(1-\frac{1}{n+1}\right)\left(1-\frac{2}{n+1}\right)\cdots\left(1-\frac{n-1}{n+1}\right)\left(1-\frac{n}{n+1}\right).$$

x_{n+1} 比 x_n 多出一项：

$$\frac{1}{(n+1)!}\left(1-\frac{1}{n+1}\right)\left(1-\frac{2}{n+1}\right)\cdots\left(1-\frac{n-1}{n+1}\right)\left(1-\frac{n}{n+1}\right) > 0.$$

另外, 由于

$$1-\frac{1}{n+1}>1-\frac{1}{n}, 1-\frac{2}{n+1}>1-\frac{2}{n}, \cdots, 1-\frac{k-1}{n+1}>1-\frac{k-1}{n}, \quad k=2,3,\cdots,n.$$

故

$$x_n < x_{n+1}, \quad n=1,2,3,\cdots,$$

即数列 $\{x_n\}$ 单调增加.

下面证明这个数列有上界.

$$x_n = 1+1+\frac{1}{2!}\left(1-\frac{1}{n}\right)+\frac{1}{3!}\left(1-\frac{1}{n}\right)\left(1-\frac{2}{n}\right)+\cdots+\frac{1}{n!}\left(1-\frac{1}{n}\right)\left(1-\frac{2}{n}\right)\cdots\left(1-\frac{n-1}{n}\right)$$

$$< 1+1+\frac{1}{2!}+\frac{1}{3!}+\cdots+\frac{1}{n!}$$

$$< 2+\frac{1}{1\cdot 2}+\frac{1}{2\cdot 3}+\frac{1}{3\cdot 4}+\cdots+\frac{1}{(n-1)n}$$

$$= 2+\left(1-\frac{1}{2}\right)+\left(\frac{1}{2}-\frac{1}{3}\right)+\left(\frac{1}{3}-\frac{1}{4}\right)+\cdots+\left(\frac{1}{n-1}-\frac{1}{n}\right)$$

$$= 3-\frac{1}{n}<3.$$

这样就证明了数列 $x_n=\left(1+\dfrac{1}{n}\right)^n$ 单调增加且有上界, 故 $\lim\limits_{n\to\infty}\left(1+\dfrac{1}{n}\right)^n$ 存在. 我们用字母 e 来表示这个极限, 即

$$\lim_{n\to\infty}\left(1+\frac{1}{n}\right)^n = \mathrm{e}.$$

e 是一个无理数, 它就是自然对数的底数, $\mathrm{e}=2.71828\cdots$. 值得注意的是, 在历史上是先有常数 e, 然后才有自然对数.

数 e 和 π 是数学中应用最广泛的超越常数. e 也可表示为

$$\mathrm{e}=\lim_{n\to\infty}\left(1+\frac{1}{1!}+\frac{1}{2!}+\cdots+\frac{1}{n!}\right).$$

2. 闭区间套定理

定义 3.4　如果一列闭区间 $\{[a_n,b_n]\}$ 满足如下条件:

(1) $[a_{n+1},b_{n+1}]\subset[a_n,b_n], n=1,2,3,\cdots$;

(2) $\lim\limits_{n\to\infty}(b_n-a_n)=0$,

则称这列闭区间形成一个闭区间套.

定理 3.7 (闭区间套定理)　如果 $\{[a_n,b_n]\}$ 形成一个闭区间套, 则存在唯一的

ξ 属于所有的闭区间 $[a_n, b_n]$ $\left(\text{即} \xi \in \bigcap_{n=1}^{\infty}[a_n, b_n]\right)$, 且 $\xi = \lim_{n\to\infty} a_n = \lim_{n\to\infty} b_n$.

证明 因为 $\{[a_n, b_n]\}$ 为一个闭区间套, 所以

$$a_1 \leqslant a_2 \leqslant \cdots \leqslant a_{n-1} \leqslant a_n < b_n \leqslant b_{n-1} \leqslant \cdots \leqslant b_1,$$

即左端点构成的数列 $\{a_n\}$ 单调增加有上界 b_1, 右端点构成的数列 $\{b_n\}$ 单调减少有下界 a_1, 从而数列 $\{a_n\}$ 与 $\{b_n\}$ 都收敛. 设 $\lim_{n\to\infty} a_n = \xi$, 则

$$\lim_{n\to\infty} b_n = \lim_{n\to\infty}[a_n + (b_n - a_n)] = \lim_{n\to\infty} a_n + \lim_{n\to\infty}(b_n - a_n) = \xi.$$

又数列 $\{a_n\}$ 单调增加, 数列 $\{b_n\}$ 单调减少, 所以

$$a_n \leqslant \xi \leqslant b_n, \quad n = 1, 2, 3, \cdots,$$

这说明 ξ 属于所有的闭区间 $[a_n, b_n]$ $\left(\text{即} \xi \in \bigcap_{n=1}^{\infty}[a_n, b_n]\right)$.

假设另存在 η 属于所有的闭区间 $[a_n, b_n]$, 且 $\eta = \lim_{n\to\infty} a_n = \lim_{n\to\infty} b_n$, 则

$$0 \leqslant |\xi - \eta| \leqslant b_n - a_n,$$

所以

$$0 \leqslant |\xi - \eta| \leqslant \lim_{n\to\infty}(b_n - a_n) = 0.$$

从而 $\eta = \xi$, 这就说明满足此定理的 ξ 是唯一的.

3. 子数列

下面介绍一下数列的子数列的概念.

定义 3.5 设 $\{x_n\}$ 是一个数列, 而

$$n_1 < n_2 < n_3 < \cdots < n_k < n_{k+1} \cdots$$

是一个严格单调增加的自然数列, 则

$$x_{n_1}, x_{n_2}, \cdots, x_{n_k}, \cdots$$

称为已知数列 $\{x_n\}$ 的一个子数列, 记为 $\{x_{n_k}\}$.

定理 3.8 若 $\lim_{n\to\infty} x_n = A$, 则 $\{x_n\}$ 的任一子数列 $\{x_{n_k}\}$ 都收敛, 且极限也为 A.

该定理的证明请读者自己给出.

由该定理可推出判定数列发散的简单方法:

(1) 若 $\{x_n\}$ 有一个子数列 $\{x_{n_k}\}$ 发散, 则 $\{x_n\}$ 必发散;

(2) 若 $\{x_n\}$ 有两个子数列分别趋于不同的极限, 则数列 $\{x_n\}$ 发散.

定理 3.9 若数列 $\{x_n\}$ 的所有奇数项构成的子数列 $\{x_{2n-1}\}$ 与所有偶数项构成的子数列 $\{x_{2n}\}$ 都收敛, 且 $\lim_{n\to\infty} x_{2n-1} = \lim_{n\to\infty} x_{2n} = A$, 则数列 $\{x_n\}$ 收敛且极限也为 A.

该定理的证明请读者自己给出.

例 3.14　数列 $\left\{\sin\dfrac{n\pi}{2}\right\}$ 发散.

证明　取两个子数列: $\{x_{2k}\}=\{0\}$ 收敛于零, $\{x_{4k+1}\}=\{1\}$ 收敛于 1, 从而该数列发散.

4. 魏尔斯特拉斯定理

前面已经指出, 单调有界准则只是判断数列极限存在的充分条件, 将单调性条件去掉, 不能保证数列的极限存在, 但我们有如下著名的结论.

定理 3.10 (魏尔斯特拉斯定理)　有界数列必有收敛的子数列.

证明　设数列 $\{x_n\}$ 为有界数列, 则存在两个常数 a 与 b, 使得

$$x_n \in [a,b], \quad n=1,2,3,\cdots,$$

将区间 $[a,b]$ 二等分, 得到两个区间 $\left[a,\dfrac{a+b}{2}\right]$ 与 $\left[\dfrac{a+b}{2},b\right]$. 则这两个区间中至少有一个区间包含了数列 $\{x_n\}$ 无限多项, 将此区间记为 $[a_1,b_1]$. 将区间 $[a_1,b_1]$ 二等分, 得到两个区间 $\left[a_1,\dfrac{a_1+b_1}{2}\right]$ 与 $\left[\dfrac{a_1+b_1}{2},b_1\right]$. 则这两个区间中至少有一个区间包含了数列 $\{x_n\}$ 无限多项, 将此区间记为 $[a_2,b_2],\cdots$, 这样的步骤一直进行下去, 就得到一个闭区间套 $\{[a_n,b_n]\}$, 使得每一个闭区间 $[a_n,b_n]$ 都包含了数列 $\{x_n\}$ 的无限多项.

根据闭区间套定理知, 存在唯一的 ξ 属于所有的闭区间 $[a_n,b_n]$, 且 $\xi = \lim\limits_{n\to\infty}a_n = \lim\limits_{n\to\infty}b_n$.

在区间 $[a_1,b_1]$ 中取数列 $\{x_n\}$ 的某一项 x_{n_1}, 由于区间 $[a_2,b_2]$ 中包含了数列 $\{x_n\}$ 的无限多项, 则可在区间 $[a_2,b_2]$ 中取数列 $\{x_n\}$ 的某一项 x_{n_2}, 使得 $n_2 > n_1$. 继续这样做下去, 就得到数列 $\{x_n\}$ 的一个子数列 $\{x_{n_k}\}$, 满足

$$x_{n_k} \in [a_k,b_k], \quad k=1,2,3,\cdots,$$

即

$$a_k \leqslant x_{n_k} \leqslant b_k, \quad k=1,2,3,\cdots.$$

而 $\xi = \lim\limits_{k\to\infty}a_k = \lim\limits_{k\to\infty}b_k$, 故由夹逼准则知 $\lim\limits_{k\to\infty}x_{n_k} = \xi$.

当一个数列为无界时, 有类似的结论.

定理 3.11　如果 $\{x_n\}$ 是一个无界数列, 则存在 $\{x_n\}$ 的一个子数列 $\{x_{n_k}\}$, 使得

$$\lim_{k\to\infty}x_{n_k} = \infty.$$

证明　因为 $\{x_n\}$ 是无界数列, 所以对 $\forall M > 0, \{x_n\}$ 中有无穷多个 x_n, 满足 $|x_n| > M$. 取 $M_1 = 1$, 则存在 $|x_{n_1}| > 1$; 取 $M_2 = 2$, 由于 $\{x_n\}$ 中有无穷多项满足 $|x_n| > 2$, 则可以取到排在 x_{n_1} 之后的 x_{n_2}, 使得 $|x_{n_2}| > 2$; 同理, 可以取到 $x_{n_3}(n_3 > n_2 > n_1)$, 使得 $|x_{n_3}| > 3, \cdots$, 这样一直下去, 就得到数列 $\{x_n\}$ 的一个子数列 $\{x_{n_k}\}$, 使得 $|x_{n_k}| > k$. 故 $\lim\limits_{k \to \infty} x_{n_k} = \infty$.

5. 柯西收敛原理

数列极限的单调有界准则是判断数列收敛的一个充分条件, 它的重要性在于: 它能使我们证明数列极限的存在性而不必预先知道极限值是多少, 并且数列的有界性和单调性通常也比较容易验算.

我们知道收敛数列是有界的, 但不一定是单调的. 于是就需要有一个判断非单调数列是否收敛的准则, 这就是柯西 (Cauchy) 收敛原理, 它是判断一个数列是否收敛的充分必要条件.

定理 3.12 (柯西收敛原理)　数列 $\{x_n\}$ 收敛的充分必要条件是: $\forall \varepsilon > 0, \exists$ 正整数 $N = N(\varepsilon)$, 当 $m > N, n > N$ 时, 有

$$|x_m - x_n| < \varepsilon.$$

换句话说, 一个数列收敛的充分必要条件是: 这个数列中下标充分大的任意两项之差都小于 ε. 我们称满足柯西收敛原理的数列为**基本数列**(或者**柯西数列**).

柯西收敛原理表明由实数系构成的基本数列必收敛, 这一性质称为实数系的**完备性**. 但要注意的是, 有理数集不具备完备性, 如 $\left\{\left(1 + \dfrac{1}{n}\right)^n\right\}$ 是由有理数构成的基本数列, 但它的极限 e 并不是有理数.

注意　初看此原理, 似乎与数列极限的定义非常相似. 但它与极限的定义有着本质的区别. 在数列极限的定义中, 先要知道或者猜想出极限是多少, 然后再按定义来证明; 而在柯西收敛原理中并不需要预先知道或者猜想数列的极限, 只需要从数列本身的结构来判断该数列的极限是否存在.

证明　必要性　设 $\lim\limits_{n \to \infty} x_n = A$ 存在, 则 $\forall \varepsilon > 0, \exists$ 正整数 $N = N(\varepsilon)$, 当 $m > N$, $n > N$ 时, 有

$$|x_m - A| < \frac{\varepsilon}{2}, \quad |x_n - A| < \frac{\varepsilon}{2}$$

成立. 于是

$$|x_m - x_n| = |x_m - A + A - x_n| \leqslant |x_m - A| + |x_n - A| < \frac{\varepsilon}{2} + \frac{\varepsilon}{2} < \varepsilon.$$

充分性　先证明 $\{x_n\}$ 是有界数列. 取 $\varepsilon = 1$, 则存在 $\exists$ 正整数 N_0, 当 $m > N_0$, $n > N_0$ 时, 有 $|x_m - x_n| < 1$.

特别地, 有 $|x_n - x_{N_0+1}| < 1$, 即

$$x_{N_0+1} - 1 < x_n < x_{N_0+1} + 1.$$

令 $M = \max\{|x_1|, |x_2|, \cdots, |x_{N_0}|, |x_{N_0+1}| + 1\}$, 则

$$|x_n| \leqslant M, \quad n = 1, 2, 3, \cdots.$$

由魏尔斯特拉斯定理知, 数列 $\{x_n\}$ 必存在收敛的子数列

$$\lim_{k \to \infty} x_{n_k} = A.$$

于是 $\forall \varepsilon > 0$, $\exists$ 正整数 K, 当 $k > K$ 时, 有

$$\left| x_{n_k} - A \right| < \frac{\varepsilon}{2},$$

又因为 $\{x_n\}$ 是柯西数列, 所以, 对上面给定的 $\varepsilon > 0$, $\exists$ 正整数 N_1, 当 $m > N_1, n > N_1$ 时, 有

$$|x_m - x_n| < \frac{\varepsilon}{2}.$$

令 $N = \max\{K, N_1\}$, 则当 $n > N$ 时,

$$|x_n - A| \leqslant \left| x_n - x_{n_{N+1}} \right| + \left| x_{n_{N+1}} - A \right| < \frac{\varepsilon}{2} + \frac{\varepsilon}{2} = \varepsilon.$$

故 $\lim\limits_{k \to \infty} x_n = A.$

例 3.15　判断极限 $\lim\limits_{n \to \infty} \left(1 + \dfrac{1}{2^2} + \dfrac{1}{3^2} + \cdots + \dfrac{1}{n^2} \right)$ 是否存在.

分析: 令 $x_n = 1 + \dfrac{1}{2^2} + \dfrac{1}{3^2} + \cdots + \dfrac{1}{n^2}$, $\forall \varepsilon > 0$, 设 $m > n$, 要使

$$|x_m - x_n| = \left| \frac{1}{(n+1)^2} + \frac{1}{(n+2)^2} + \cdots + \frac{1}{m^2} \right|$$

$$< \frac{1}{n(n+1)} + \frac{1}{(n+1)(n+2)} + \cdots + \frac{1}{(m-1)m}$$

$$= \frac{1}{n} - \frac{1}{n+1} + \frac{1}{n+1} - \frac{1}{n+2} + \cdots + \frac{1}{m-1} - \frac{1}{m}$$

$$= \frac{1}{n} - \frac{1}{m} < \frac{1}{n} < \varepsilon$$

成立, 只要 $n > \dfrac{1}{\varepsilon}$, 所以可取 $N = \left[\dfrac{1}{\varepsilon} \right]$.

解　$\forall \varepsilon > 0, \exists$ 正整数 $N = \max\left\{1, \left[\dfrac{1}{\varepsilon}\right]\right\}$，当 $m > N, n > N$（不妨设 $m > n$）时，有

$$|x_m - x_n| < \varepsilon$$

成立. 故数列 $\{x_n\}$ 收敛，即

$$\lim_{n \to \infty}\left(1 + \frac{1}{2^2} + \frac{1}{3^2} + \cdots + \frac{1}{n^2}\right)$$

存在.

请读者用柯西收敛原理来判断极限

$$\lim_{n \to \infty}\left(1 + \frac{1}{2} + \frac{1}{3} + \cdots + \frac{1}{n}\right)$$

是否存在.

例 3.16　设数列 $\{x_n\}$ 满足**压缩性条件**：

$$|x_{n+1} - x_n| \leqslant k|x_n - x_{n-1}|, \quad 0 < k < 1, \quad n = 2, 3, \cdots,$$

则 $\{x_n\}$ 收敛.

证明　只需证明 $\{x_n\}$ 是柯西数列即可. 由

$$|x_{n+1} - x_n| \leqslant k|x_n - x_{n-1}| \leqslant k^2|x_{n-1} - x_{n-2}| \leqslant \cdots \leqslant k^{n-1}|x_2 - x_1|$$

知

$$
\begin{aligned}
|x_{n+p} - x_n| &= \left|(x_{n+p} - x_{n+p-1}) + (x_{n+p-1} - x_{n+p-2}) + \cdots + (x_{n+1} - x_n)\right| \\
&\leqslant |x_{n+p} - x_{n+p-1}| + |x_{n+p-1} - x_{n+p-2}| + \cdots + |x_{n+1} - x_n| \\
&\leqslant (k^{n+p-2} + k^{n+p-3} + \cdots + k^{n-1})|x_2 - x_1| \\
&= \frac{1 - k^{p-1}}{1 - k} k^{n-1}|x_2 - x_1| \\
&< \frac{1}{1 - k} k^{n-1}|x_2 - x_1| \to 0 \quad (n \to \infty).
\end{aligned}
$$

因此 $\{x_n\}$ 是柯西数列.

习　题　1.3

1. 下列结论是否正确？若正确，请给出证明；若不正确，请举出反例.

(1) 若 $\lim\limits_{n \to \infty}|x_n| = 0$，则 $\lim\limits_{n \to \infty}x_n = 0$；

(2) 若 $\lim\limits_{n \to \infty}x_n = A$，则 $\lim\limits_{n \to \infty}x_{n+1} = A$；

(3) 若 $\lim\limits_{n \to \infty}x_n = A$，则 $\lim\limits_{n \to \infty}\dfrac{x_{n+1}}{x_n} = 1$；

(4) 若对任何实数 α, $\lim\limits_{n\to\infty}\alpha x_n=\alpha A$, 则 $\lim\limits_{n\to\infty}x_n=A$.

2. 试用 "$\varepsilon\text{-}N$" 语言证明:

(1) $\lim\limits_{n\to\infty}(\sqrt{n+1}-\sqrt{n})=0$;　　　　(2) $\lim\limits_{n\to\infty}\dfrac{\sin n}{n}=0$;

(3) $\lim\limits_{n\to\infty}\dfrac{3n^2+1}{4n^2+2}=\dfrac{3}{4}$;　　　　(4) $\lim\limits_{n\to\infty}(n-\sqrt{n^2-n})=\dfrac{1}{2}$.

3. 证明: 如 $\lim\limits_{n\to\infty}x_n=A$, 则 $\lim\limits_{n\to\infty}|x_n|=|A|$, 试举反例说明其逆命题不成立.

4. 计算下列极限:

(1) $\lim\limits_{n\to\infty}\dfrac{n^2+n-1}{(n-1)^2}$;　　　　(2) $\lim\limits_{n\to\infty}\dfrac{1+a+a^2+\cdots+a^n}{1+b+b^2+\cdots+b^n}$, $|a|<1,|b|<1$;

(3) $\lim\limits_{n\to\infty}\left(\dfrac{1+2+\cdots+n}{n+2}-\dfrac{n}{2}\right)$;　　　　(4) $\lim\limits_{n\to\infty}\dfrac{(n+1)(n+2)(n+3)}{n^4+n^2+1}$;

(5) $\lim\limits_{n\to\infty}\dfrac{3^n+(-2)^n+5n^2}{3^{n+1}+2^{n+1}}$;　　　　(6) $\lim\limits_{n\to\infty}\dfrac{2n+\sin n}{n+\cos n}$;

(7) $\lim\limits_{n\to\infty}\left(1+\dfrac{2}{n}\right)^n$;　　　　(8) $\lim\limits_{n\to\infty}\left(1+\dfrac{1}{n}\right)^{n+5}$;

(9) $\lim\limits_{n\to\infty}\sqrt{n}(\sqrt{n+2}-\sqrt{n})$;　　　　(10) $\lim\limits_{n\to\infty}\left(1-\dfrac{1}{2^2}\right)\left(1-\dfrac{1}{3^2}\right)\cdots\left(1-\dfrac{1}{n^2}\right)$;

(11) $\lim\limits_{n\to\infty}(\sqrt{2}\,\sqrt[4]{2}\,\sqrt[8]{2}\cdots\sqrt[2^n]{2})$.

5. 求下列极限:

(1) $\lim\limits_{n\to\infty}(1+2^n+3^n)^{\frac{1}{n}}$;　　　　(2) $\lim\limits_{n\to\infty}n\left(\dfrac{1}{n^2+1}+\dfrac{1}{n^2+2}+\cdots+\dfrac{1}{n^2+n}\right)$;

(3) $\lim\limits_{n\to\infty}\sqrt[n]{3+\sin^2 n}$;　　　　(4) $\lim\limits_{n\to\infty}\left(\dfrac{1}{n^3+1}+\dfrac{4}{n^3+2}+\cdots+\dfrac{n^2}{n^3+n}\right)$.

6. 证明: $\lim\limits_{n\to\infty}\left(\dfrac{1}{3+1}+\dfrac{1}{3^2+1}+\cdots+\dfrac{1}{3^n+1}\right)$ 存在.

7. 设 $0<x_1<1,x_{n+1}=x_n(1-x_n),n=1,2,3,\cdots$. 证明 $\{x_n\}$ 收敛, 并求它的极限.

8. 设 $x_1=a,x_2=b,x_{n+2}=\dfrac{x_{n+1}+x_n}{2},n=1,2,3,\cdots$, 求 $\lim\limits_{n\to\infty}x_n$.

9. 设数列 $\{a_n\}$ 单调增加, $\{b_n\}$ 单调减少, 且 $\lim\limits_{n\to\infty}(b_n-a_n)=0$. 证明: $\{a_n\}$ 与 $\{b_n\}$ 都收敛, 且有相同的极限.

10. 设 $x_n=1-\dfrac{1}{2}+\dfrac{1}{3}+\dfrac{1}{4}+\cdots+\dfrac{(-1)^{n-1}}{n}$, 证明数列 $\{x_n\}$ 收敛.

11. $x_1=\sqrt{2},x_2=\sqrt{2+\sqrt{2}},\cdots,x_n=\sqrt{2+\sqrt{2+\cdots+\sqrt{2}}},\cdots$, 证明 $\{x_n\}$ 收敛, 并求它的极限.

12. 证明 $\lim\limits_{n\to\infty}\dfrac{n^k}{a^n}=0$ $(a>1,k>0)$.

第四节　函数的极限

前面讨论了数列的极限, 即整变量函数的极限. 然而, 极限的概念经常用来研究定义在某个区间上的连续变量 x 的函数 $f(x)$.

一、函数极限的意义与概念

设函数 $f(x)$ 在 x_0 的某个邻域内(可以不包含 x_0)有定义, 若当 x 与 x_0 无限接近时, $f(x)$ 与常数 A 无限接近, 则称常数 A 为函数 $f(x)$ 的当 $x \to x_0$ 时的极限, 记为

$$\lim_{x \to x_0} f(x) = A.$$

如图 1.18 所示, 对于以下三种情况, 当 x 与 x_0 充分接近时, $f(x)$ 与常数 A 都很接近.

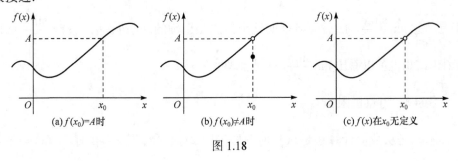

(a) $f(x_0) = A$ 时　　　　　(b) $f(x_0) \neq A$ 时　　　　　(c) $f(x)$ 在 x_0 无定义

图 1.18

下面看一些具体的例子.

例 4.1　考察极限 $\lim\limits_{x \to 1} \dfrac{x^2 - 1}{x - 1}$.

设 $f(x) = \dfrac{x^2 - 1}{x - 1} = x + 1, x \neq 1$, 其图形如图 1.19 所示, 从图中和 $f(x)$ 的表达式

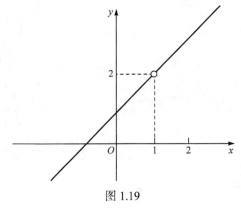

图 1.19

可以看出, 当 $x \to 1$ 时, $f(x)$ 会与常数 2 无限接近, 故 $\lim\limits_{x\to1}\dfrac{x^2-1}{x-1}=2$.

例 4.2　考察 $\lim\limits_{x\to0}\dfrac{\sin x}{x}$.

先看一下在 $x=0$ 的附近, $f(x)=\dfrac{\sin x}{x}$ 的取值情况, 列表 1.1 如下.

表 1.1

x	±0.3	±0.2	±0.1	±0.05	±0.01	±0.005	±0.001
$\dfrac{\sin x}{x}$	0.985067	0.993346	0.998334	0.999583	0.999983	0.999998	0.999999

当 $x=0$ 时, 函数 $f(x)=\dfrac{\sin x}{x}$ 无意义, 但当 x 趋近于 0 时, $f(x)$ 和 1 很接近, 于是猜想 $\lim\limits_{x\to0}\dfrac{\sin x}{x}=1$, 后面将证明这个猜想是正确的. 另外, 从 $f(x)=\dfrac{\sin x}{x}$ 的图形(图 1.20)也可以看出 $\lim\limits_{x\to0}\dfrac{\sin x}{x}=1$ 是合理的.

例 4.3　考察极限 $\lim\limits_{x\to0}\dfrac{1}{x^2}$.

不论是从数值计算还是从几何图形(图 1.21)上看, 当 $x\to0$ 时, $f(x)=\dfrac{1}{x^2}$ 可以变得任意大, 不会趋于任何常数. 所以我们认为 $\lim\limits_{x\to0}\dfrac{1}{x^2}$ 不存在. 但当 $x\to0$ 时, $f(x)=\dfrac{1}{x^2}$ 的变化趋势也很明显, 即它可以变得比任意正数大, 所以称 $x\to0$ 时, $f(x)=\dfrac{1}{x^2}$ 为正无穷大. 记为 $\lim\limits_{x\to0}\dfrac{1}{x^2}=+\infty$.

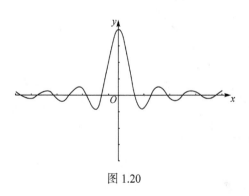

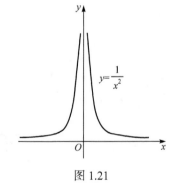

图 1.20　　　　　　　　　　　　　　　　图 1.21

前面通过一些简单的例子直观地引入了函数极限的概念. 在函数极限的直观概念中, 使用了一些比较模糊的语句, 如"接近""无限接近"等等, 这使我们无法进行严格的数学论证和推理, 因而不能保证所进行的推理或者运算的正确性.

为了能严格证明如

$$\lim_{x \to 1} \frac{x^2 - 1}{x - 1} = 2, \quad \lim_{x \to 0} \frac{\sin x}{x} = 1$$

等极限, 需要给出函数极限的严格定义.

1. 自变量趋于有限值时函数的极限

第三节给出了数列极限的"ε-N"定义, 对于函数极限而言, 也有很著名的"ε-δ"定义, 其本质与数列极限的"ε-N"定义完全一样.

设有函数 $f(x) = \begin{cases} 2x + 3, & x \neq 1, \\ 4, & x = 1, \end{cases}$ 试讨论 $\lim\limits_{x \to 1} f(x)$.

直观上看, 当 $x \to 1$ 时, $f(x)$ 与常数 5 无限接近, 所以 $\lim\limits_{x \to 1} f(x) = 5$.

为了准确地说明这个结论, 先提出一些问题:

(1) 要使 $f(x)$ 与 5 之差的绝对值小于 0.1, x 与 1 应接近到什么程度?

从 $|f(x) - 5| = |2x + 3 - 5| = 2|x - 1| < 0.1$ 知, 只要 $|x - 1| < 0.05$ ($x \neq 1$).

(2) 要使 $f(x)$ 与 5 之差的绝对值小于 0.01, x 与 1 应接近到什么程度?

从 $|f(x) - 5| = |2x + 3 - 5| = 2|x - 1| < 0.01$ 知, 只要 $|x - 1| < 0.005$ ($x \neq 1$).

(3) 要使 $f(x)$ 与 5 之差的绝对值小于任意正数 ε, x 与 1 应接近到什么程度?

从 $|f(x) - 5| = |2x + 3 - 5| = 2|x - 1| < \varepsilon$ 知, 只要 $|x - 1| < \delta = \dfrac{\varepsilon}{2}$ ($x \neq 1$).

根据上面的分析方法, 可以得到函数极限的精确定义.

定义 4.1 (函数极限的 ε-δ 定义) 设函数 $f(x)$ 在 x_0 的某一个去心邻域内有定义, 如果存在常数 A 满足: 对于任意的正数 ε, 存在 $\delta = \delta(\varepsilon) > 0$, 使得当 $0 < |x - x_0| < \delta$ 时, 有

$$|f(x) - A| < \varepsilon,$$

即

$$A - \varepsilon < f(x) < A + \varepsilon$$

成立, 则称当 $x \to x_0$ 时函数 $f(x)$ 的极限存在, 常数 A 称为当 $x \to x_0$ 时函数 $f(x)$ 的极限.

将函数极限的"ε-δ"定义与数列极限的"ε-N"定义比较一下, 可以看出, 它们的描述方式本质上是一样的. 在数列极限中, ε 刻画了数列 x_n 与常数 A 的接近

程度，N 描述了 n 的增大程度；而在函数极限中，ε 刻画了函数 $f(x)$ 与常数 A 的接近程度，δ 描述了 x 与 x_0 的接近程度．

注意　一般来说，对于给定的 $\varepsilon > 0$，δ 与 ε 有关，记为 $\delta = \delta(\varepsilon)$，但不能认为 δ 是 ε 的函数，因为对于给定的 $\varepsilon > 0$，δ 并不是唯一的．事实上，当 $0 < |x - x_0| < \delta$ 时有 $|f(x) - A| < \varepsilon$ 成立，则对于任意小于 δ 的正数 δ_1，当 $0 < |x - x_0| < \delta_1$ 时必有 $|f(x) - A| < \varepsilon$ 成立．

函数极限的几何解释见图 1.22．

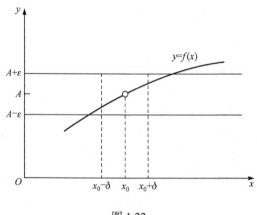

图 1.22

例 4.4　验证 $\lim\limits_{x \to 2}(4x - 1) = 7$．

分析：$\forall \varepsilon > 0$，要使 $|(4x - 1) - 7| = 4|x - 2| < \varepsilon$ 成立，只要 $|x - 2| < \dfrac{\varepsilon}{4}$，所以可取 $\delta = \dfrac{\varepsilon}{4}$．

证明　$\forall \varepsilon > 0, \exists \delta = \dfrac{\varepsilon}{4} > 0$，当 $0 < |x - 2| < \delta$ 时，有 $|(4x - 1) - 7| < \varepsilon$ 成立．故

$$\lim\limits_{x \to 2}(4x - 1) = 7.$$

例 4.5　证明 $\lim\limits_{x \to 0} x \sin \dfrac{1}{x} = 0$．

分析：$\forall \varepsilon > 0$，要使 $\left| x \sin \dfrac{1}{x} - 0 \right| = |x| \left| \sin \dfrac{1}{x} \right| \leqslant |x| < \varepsilon$ 成立，只要 $|x - 0| < \varepsilon$，所以可取 $\delta = \varepsilon$．

证明　$\forall \varepsilon > 0, \exists \delta = \varepsilon > 0$，当 $0 < |x - 0| < \delta$ 时，$\left| x \sin \dfrac{1}{x} - 0 \right| < \varepsilon$ 成立，故

$$\lim_{x \to 0} x \sin \frac{1}{x} = 0.$$

例 4.6　证明 $\lim\limits_{x \to a} \sqrt{x} = \sqrt{a}(a > 0)$.

分析: $\forall \varepsilon > 0$, 要使 $\left| \sqrt{x} - \sqrt{a} \right| = \dfrac{|x-a|}{\sqrt{x}+\sqrt{a}} \leqslant \dfrac{|x-a|}{\sqrt{a}} < \varepsilon$ 成立, 只要 $|x-a| < \sqrt{a}\varepsilon$,

所以可取 $\delta = \sqrt{a}\varepsilon$.

证明　$\forall \varepsilon > 0, \exists \delta = \min\{\sqrt{a}\varepsilon, a\} > 0$, 当 $0 < |x-a| < \delta$ 时, $\left| \sqrt{x} - \sqrt{a} \right| < \varepsilon$ 成立, 故

$$\lim_{x \to a} \sqrt{x} = \sqrt{a}.$$

注意　之所以取 $\delta = \min\{\sqrt{a}\varepsilon, a\}$ 是为了保证 $x \geqslant 0$.

例 4.7　证明 $\lim\limits_{x \to 1} \dfrac{x^3 - 1}{x - 1} = 3$.

分析: 本题找 δ 较困难. 可能会有读者由

$$\left| \frac{x^3 - 1}{x - 1} - 3 \right| = \left| (x^2 + x + 1) - 3 \right| = |x + 2||x - 1| < \varepsilon \quad (x \neq 1) \tag{1.4.1}$$

得到 $|x - 1| < \dfrac{\varepsilon}{|x+2|}$, 所以取 $\delta = \dfrac{\varepsilon}{|x+2|}$, 但这是不对的, 因为 δ 应与 x 无关.

另一方面, 因为 $x \to 1$, 所以可以认为 x 与 1 充分接近, 特别地, 可以将 x 限定

在 $|x - 1| < 1$ 即 $0 < x < 2$ 内, 则由(1.4.1)式, 有

$$\left| \frac{x^3 - 1}{x - 1} - 3 \right| = \left| (x^2 + x + 1) - 3 \right| = |x + 2||x - 1| < 4|x - 1| < \varepsilon,$$

得 $|x - 1| < \dfrac{\varepsilon}{4}$, 所以可取 $\delta = \min\left\{ \dfrac{\varepsilon}{4}, 1 \right\}$.

证明　$\forall \varepsilon > 0, \exists \delta = \min\left\{ \dfrac{\varepsilon}{4}, 1 \right\} > 0$, 当 $0 < |x - 1| < \delta$ 时, $\left| \dfrac{x^3 - 1}{x - 1} - 3 \right| < \varepsilon$ 成立, 故

$$\lim_{x \to 1} \frac{x^3 - 1}{x - 1} = 3.$$

讨论极限 $\lim\limits_{x \to x_0} f(x)$ 时, 要求 $f(x)$ 在 x_0 的某个邻域内有定义(x_0 可以除外). 但

这个要求有时太高了, 例如, 函数 $f(x) = \sqrt{x} + 1$ 只在 $x \geqslant 0$ 时才有意义, 所以讨论

$f(x) = \sqrt{x} + 1$ 在 $x = 0$ 处的极限, 只能讨论当 x 从大于零的方向趋于零的极限, 即

所谓的右极限, 从图 1.23 很容易看出, $\lim\limits_{x \to 0^+} f(x) = \lim\limits_{x \to 0^+} (\sqrt{x} + 1) = 1$.

同样地, 有时也需要讨论一个函数在某点的左极限.

还有一种类型的函数, 即所谓的分段函数, 需要讨论其单侧极限. 如赫维赛德 (Heaviside) 函数 (图 1.24),

$$H(t) = \begin{cases} 0, & t < 0, \\ 1, & t \geqslant 0. \end{cases}$$

因为 $t < 0$ 与 $t \geqslant 0$ 时, $H(t)$ 有不同的表达式, 所以讨论极限 $\lim\limits_{t \to 0} H(t)$ 时, 就需要研究左极限 $\lim\limits_{t \to 0^-} H(t)$ 与右极限 $\lim\limits_{t \to 0^+} H(t)$.

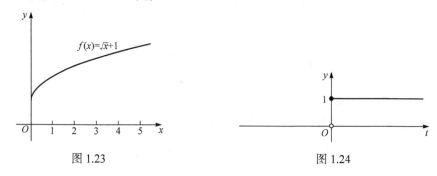

图 1.23　　　　　　　　　　　　　　　图 1.24

定义 4.2　函数 $f(x)$ 在 x_0 处的左极限 $\lim\limits_{x \to x_0^-} f(x) = A \Leftrightarrow \forall \varepsilon > 0, \exists \delta = \delta(\varepsilon) > 0,$ 当 $-\delta < x - x_0 < 0$ 时, 有 $|f(x) - A| < \varepsilon$, 即

$$A - \varepsilon < f(x) < A + \varepsilon$$

成立.

定义 4.3　函数 $f(x)$ 在 x_0 处的右极限 $\lim\limits_{x \to x_0^+} f(x) = A \Leftrightarrow \exists \delta = \delta(\varepsilon) > 0,$ 当 $0 < x - x_0 < \delta$ 时, 有 $|f(x) - A| < \varepsilon$, 即

$$A - \varepsilon < f(x) < A + \varepsilon$$

成立.

有时, 左右极限也可由如下的记号来表示:

$$\lim\limits_{x \to x_0^-} f(x) = f(x_0 - 0) = f(x_0^-), \quad \lim\limits_{x \to x_0^+} f(x) = f(x_0 + 0) = f(x_0^+).$$

$\lim\limits_{x \to x_0} f(x), \lim\limits_{x \to x_0^-} f(x)$ 与 $\lim\limits_{x \to x_0^+} f(x)$ 之间有如下的关系.

定理 4.1　$\lim\limits_{x \to x_0} f(x) = A \Leftrightarrow \lim\limits_{x \to x_0^-} f(x) = A$ 且 $\lim\limits_{x \to x_0^+} f(x) = A.$

该定理可以用来证明 $\lim\limits_{x \to x_0} f(x)$ 存在, 也可以证明 $\lim\limits_{x \to x_0} f(x)$ 不存在.

(1) 若 $\lim\limits_{x \to x_0^-} f(x)$ 与 $\lim\limits_{x \to x_0^+} f(x)$ 中有一个不存在, 则 $\lim\limits_{x \to x_0} f(x)$ 也不存在;

(2) 若 $\lim\limits_{x \to x_0^-} f(x)$ 与 $\lim\limits_{x \to x_0^+} f(x)$ 都存在, 但不相等, 则 $\lim\limits_{x \to x_0} f(x)$ 也不存在.

例 4.8 求 $\lim\limits_{x\to 0}\arctan\dfrac{1}{x}$.

解 因为 $\lim\limits_{x\to 0^+}\arctan\dfrac{1}{x}=\dfrac{\pi}{2}$, $\lim\limits_{x\to 0^-}\arctan\dfrac{1}{x}=-\dfrac{\pi}{2}$, 所以 $\lim\limits_{x\to 0}\arctan\dfrac{1}{x}$ 不存在.

例 4.9 设 $f(x)=\begin{cases}2x+1, & 0\leqslant x\leqslant 2,\\ 7-x, & 2<x<4, \\ x, & 4\leqslant x\leqslant 6.\end{cases}$ 求 $\lim\limits_{x\to 2}f(x),\lim\limits_{x\to 4}f(x)$.

解 因为 $\lim\limits_{x\to 2^-}f(x)=\lim\limits_{x\to 2^-}(2x+1)=5$, $\lim\limits_{x\to 2^+}f(x)=\lim\limits_{x\to 2^+}(7-x)=5$, 所以 $\lim\limits_{x\to 2}f(x)=5$; 又 $\lim\limits_{x\to 4^-}f(x)=\lim\limits_{x\to 4^-}(7-x)=3$, $\lim\limits_{x\to 4^+}f(x)=\lim\limits_{x\to 4^+}x=4$, 所以 $\lim\limits_{x\to 4}f(x)$ 不存在.

2. 自变量趋于无穷大时函数的极限

上面讨论了当自变量趋于有限值时函数的极限. 其实, 还可以将函数极限的概念推广到自变量趋于无限与因变量趋于无限的情形.

一根温度为 200℉ [①] 的金属棒置于一温度恒为 0℉ 的房间里, 每隔一个小时, 金属棒的温度下降一半, 问: 金属棒的温度能否达到 0℉?

很显然, 随着时间的无限增加, 金属棒的温度会无限接近于零.

一般地, 当自变量 x 的绝对值无限增大时, 如果函数 $f(x)$ 与常数 A 无限接近, 则称 $x\to\infty$ 时, $f(x)$ 的极限为 A, 记为 $\lim\limits_{x\to\infty}f(x)=A$.

例如, $\lim\limits_{x\to\infty}\dfrac{1}{x}=0$, $\lim\limits_{x\to\infty}\dfrac{x+1}{x}=1$.

定义 4.4 设 $f(x)$ 在 $(-\infty,a)\bigcup(b,+\infty)$ 内有定义, a,b 为有限数, 设 A 为一个常数, 如果 $\forall\varepsilon>0$, 存在 $X=X(\varepsilon)>0$, 当 $|x|>X$ 时, 有 $|f(x)-A|<\varepsilon$, 即 $A-\varepsilon<f(x)<A+\varepsilon$ 成立, 则称常数 A 为当 $x\to\infty$ 时 $f(x)$ 的极限, 记为 $\lim\limits_{x\to\infty}f(x)=A$.

$\lim\limits_{x\to\infty}f(x)=A$ 的几何解释如图 1.25 所示.

对于有些函数来说, 当 $x\to+\infty$ 与 $x\to-\infty$ 时的极限无任何差别, 如 $f(x)=\dfrac{x+1}{x}$, $\lim\limits_{x\to+\infty}\dfrac{x+1}{x}=\lim\limits_{x\to-\infty}\dfrac{x+1}{x}=1$; 但对很多函数而言, $\lim\limits_{x\to+\infty}f(x)$ 与 $\lim\limits_{x\to-\infty}f(x)$ 往往有很大的差别, 如函数 $f(x)=\arctan x$,

$$\lim\limits_{x\to+\infty}f(x)=\lim\limits_{x\to+\infty}\arctan x=\dfrac{\pi}{2}, \quad \lim\limits_{x\to-\infty}f(x)=\lim\limits_{x\to-\infty}\arctan x=-\dfrac{\pi}{2}.$$

所以有必要专门讨论 $\lim\limits_{x\to+\infty}f(x)$ 与 $\lim\limits_{x\to-\infty}f(x)$.

---

① 1℉≈−17.22℃.

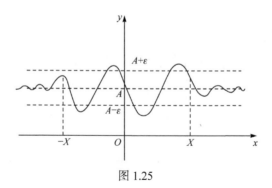

图 1.25

定义 4.5　$\lim\limits_{x\to+\infty}f(x)=A\Leftrightarrow\forall\varepsilon>0,\exists X=X(\varepsilon)>0,$ 当 $x>X$ 时, 有 $|f(x)-A|$ $<\varepsilon,$ 即 $A-\varepsilon<f(x)<A+\varepsilon.$

定义 4.6　$\lim\limits_{x\to-\infty}f(x)=A\Leftrightarrow\forall\varepsilon>0,\exists X=X(\varepsilon)>0,$ 当 $x<-X$ 时, 有 $|f(x)-A|$ $<\varepsilon,$ 即 $A-\varepsilon<f(x)<A+\varepsilon.$

很显然, $\lim\limits_{x\to\infty}f(x),\ \lim\limits_{x\to+\infty}f(x)$ 与 $\lim\limits_{x\to-\infty}f(x)$ 之间有如下的关系.

定理 4.2　$\lim\limits_{x\to\infty}f(x)=A\Leftrightarrow\lim\limits_{x\to+\infty}f(x)=A$ 且 $\lim\limits_{x\to-\infty}f(x)=A.$

注意　如果 $\lim\limits_{x\to+\infty}f(x)$ 与 $\lim\limits_{x\to-\infty}f(x)$ 有一个不存在, 则 $\lim\limits_{x\to\infty}f(x)$ 不存在; 如果 $\lim\limits_{x\to+\infty}f(x)$ 与 $\lim\limits_{x\to-\infty}f(x)$ 都存在但不相等, 则 $\lim\limits_{x\to\infty}f(x)$ 也不存在.

从图 1.25 可以看出, 若极限 $\lim\limits_{x\to\infty}f(x)=A,$ 则在无限远处, 曲线 $y=f(x)$ 将与直线 $y=A$ 无限接近.

定义 4.7　若 $\lim\limits_{x\to+\infty}f(x)=A$ 或 $\lim\limits_{x\to-\infty}f(x)=A$ 有一个存在, 则称直线 $y=A$ 为曲线 $y=f(x)$ 的水平渐近线.

例 4.10　证明 $\lim\limits_{x\to\infty}\dfrac{x+1}{x}=1.$

分析　由 $\left|\dfrac{x+1}{x}-1\right|=\dfrac{1}{|x|}<\varepsilon$ 得 $|x|>\dfrac{1}{\varepsilon},$ 所以可取 $X=\dfrac{1}{\varepsilon}.$

证明　$\forall\varepsilon>0,\exists X=\dfrac{1}{\varepsilon}>0,$ 当 $|x|>X$ 时, $\left|\dfrac{x+1}{x}-1\right|=\dfrac{1}{|x|}<\varepsilon$ 成立, 故

$$\lim\limits_{x\to\infty}\frac{x+1}{x}=1.$$

例 4.11　讨论极限 $\lim\limits_{x\to\infty}e^x.$

解　由于 $\lim\limits_{x\to+\infty}e^x=+\infty,\ \lim\limits_{x\to-\infty}e^x=0,$ 所以极限 $\lim\limits_{x\to\infty}e^x$ 不存在.

二、函数极限的性质

由于数列是一种特殊的函数, 所以函数极限与数列的极限有很多相似的性质.

1. 唯一性

定理 4.3 如果 $\lim\limits_{x \to x_0} f(x)$ 存在, 则其极限唯一.

证明 设 $\lim\limits_{x \to x_0} f(x) = A, \lim\limits_{x \to x_0} f(x) = B$. 若 $A \neq B$, 不妨设 $A > B$, 取 $\varepsilon = \dfrac{A - B}{2}$ > 0. 由 $\lim\limits_{x \to x_0} f(x) = A$ 知, 存在 $\delta_1 > 0$, 当 $0 < |x - x_0| < \delta_1$ 时, 有 $|f(x) - A| < \varepsilon$, 即

$$\frac{A + B}{2} = A - \varepsilon < f(x) < A + \varepsilon \tag{1.4.2}$$

成立. 又由 $\lim\limits_{x \to x_0} f(x) = B$ 知, 存在 $\delta_2 > 0$, 当 $0 < |x - x_0| < \delta_2$ 时, 有 $|f(x) - B| < \varepsilon$, 即

$$B - \varepsilon < f(x) < B + \varepsilon = \frac{A + B}{2} \tag{1.4.3}$$

成立. 取 $\delta = \min\{\delta_1, \delta_2\}$, 则当 $0 < |x - x_0| < \delta$ 时, (1.4.2)式与(1.4.3)式同时成立, 这样就得到矛盾. 故 $A = B$.

2. 局部有界性

定理 4.4 设 $\lim\limits_{x \to x_0} f(x)$ 存在, 则 $f(x)$ 在 x_0 的某一邻域内有界.

这在几何上看是显然的.

证明 设 $\lim\limits_{x \to x_0} f(x) = A$, 取 $\varepsilon = 1$, 则存在 $\delta > 0$, 当 $0 < |x - x_0| < \delta$ 时, 有 $|f(x) - A| < \varepsilon = 1$, 即

$$A - 1 = A - \varepsilon < f(x) < A + \varepsilon = A + 1.$$

令 $M = |A| + 1$, 则

$$|f(x)| < M.$$

这样就证明了当 $x \in (x_0 - \delta, x_0) \bigcup (x_0, x_0 + \delta)$ 时, $|f(x)| < M$, 即 $f(x)$ 在 x_0 的 δ-邻域内有界.

注意 函数在一点的极限只描述了函数在该点附近的性质, 所以函数在一点的极限只与函数在该点附近的值有关, 这样函数在某点的极限存在, 只能说明函数在该点的附近有界, 而不能说函数在整个定义域内有界. 这与数列的极限不一样.

3. 夹逼准则

数列极限的夹逼准则对于函数极限来说也成立.

定理 4.5　设存在 x_0 的某个去心邻域：$0 < |x - x_0| < \delta_0$，满足

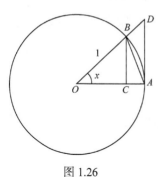

(1) $g(x) \leqslant f(x) \leqslant h(x)$;

(2) $\lim\limits_{x \to x_0} h(x) = \lim\limits_{x \to x_0} g(x) = A$,

则 $\lim\limits_{x \to x_0} f(x) = A$.

该定理的证明与数列极限的夹逼准则完全类似.

下面利用夹逼准则来证明如下的重要极限.

重要极限　$\lim\limits_{x \to 0} \dfrac{\sin x}{x} = 1$.

图 1.26

证明　从图 1.26 看出：

$\triangle AOB$ 面积 $<$ 扇形 AOB 面积 $< \triangle AOD$ 面积，即

$$\sin x < x < \tan x, \quad x \in \left(0, \frac{\pi}{2}\right).$$

所以

$$\cos x < \frac{\sin x}{x} < 1.$$

因为 $\dfrac{\sin x}{x}$ 是偶函数，所以上式对于 $x \in \left(-\dfrac{\pi}{2}, 0\right)$ 也成立，从而 $|\sin x| < |x|\,(x \neq 0)$.

又 $1 - \cos x = 2\sin^2 \dfrac{x}{2} \leqslant \dfrac{x^2}{2}$，所以，$\forall \varepsilon > 0$，取 $\delta = \sqrt{2\varepsilon} > 0$，当 $0 < |x - 0| < \delta$ 时，有

$$|1 - \cos x| = 2\sin^2 \frac{x}{2} \leqslant \frac{x^2}{2} < \varepsilon$$

成立，故 $\lim\limits_{x \to 0} \cos x = 1$. 所以由夹逼准则知

$$\lim\limits_{x \to 0} \frac{\sin x}{x} = 1.$$

下面我们要证明另一个著名的极限 $\lim\limits_{x \to \infty} \left(1 + \dfrac{1}{x}\right)^x = \mathrm{e}$.

这个结论是数列极限 $\lim\limits_{n \to \infty} \left(1 + \dfrac{1}{n}\right)^n = \mathrm{e}$ 的推广.

先证 $\lim\limits_{x \to +\infty} \left(1 + \dfrac{1}{x}\right)^x = \mathrm{e}$. 对于任何实数 x 都有 $[x] \leqslant x < [x] + 1$，其中 $[x]$ 不超过 x 的最大整数. 令 $n = [x]$，则 $n \leqslant x < n + 1$. 所以当 $x \geqslant 1$ 时，有

$$1 + \frac{1}{n+1} < 1 + \frac{1}{x} \leqslant 1 + \frac{1}{n}.$$

从而有

$$\left(1+\frac{1}{n+1}\right)^n < \left(1+\frac{1}{x}\right)^x < \left(1+\frac{1}{n}\right)^{n+1}.$$

显然, 当 $x \to +\infty$ 时, 有 $n \to +\infty$. 而

$$\lim_{n \to +\infty}\left(1+\frac{1}{n+1}\right)^n = \lim_{n \to +\infty}\left(1+\frac{1}{n+1}\right)^{(n+1)\frac{n}{(n+1)}} = \mathrm{e}.$$

$$\lim_{n \to +\infty}\left(1+\frac{1}{n}\right)^{n+1} = \lim_{n \to +\infty}\left(1+\frac{1}{n}\right)^n \left(1+\frac{1}{n}\right) = \mathrm{e}.$$

故由夹逼定理知

$$\lim_{x \to +\infty}\left(1+\frac{1}{x}\right)^x = \mathrm{e}. \tag{1.4.4}$$

再证 $\lim\limits_{x \to -\infty}\left(1+\dfrac{1}{x}\right)^x = \mathrm{e}$. 令 $y = -x$, 则当 $x \to -\infty$ 时 $y \to +\infty$, 于是

$$\lim_{x \to -\infty}\left(1+\frac{1}{x}\right)^x = \lim_{y \to +\infty}\left(1-\frac{1}{y}\right)^{-y} = \lim_{y \to +\infty}\left(\frac{y-1}{y}\right)^{-y}$$

$$= \lim_{y \to +\infty}\left(1+\frac{1}{y-1}\right)^y = \lim_{y \to +\infty}\left(1+\frac{1}{y-1}\right)^{y-1}\left(1+\frac{1}{y-1}\right) = \mathrm{e}. \tag{1.4.5}$$

故由(1.4.4)式与(1.4.5)式得

$$\lim_{x \to \infty}\left(1+\frac{1}{x}\right)^x = \mathrm{e}. \tag{1.4.6}$$

在(1.4.6)式中将 $\dfrac{1}{x}$ 看成一个整体, 则当 $x \to \infty$ 时 $\dfrac{1}{x} \to 0$, 于是得

$$\lim_{x \to 0}(1+x)^{\frac{1}{x}} = \mathrm{e}.$$

4. 局部比较性质

定理 4.6 (局部保号性质)　设 $\lim\limits_{x \to x_0} f(x) = A > 0$, 则存在 $\delta > 0$, 当 $0 < |x - x_0| < \delta$ 时, 有 $f(x) > \dfrac{A}{2} > 0$.

定理 4.7 (局部保序性)　设 $\lim\limits_{x \to x_0} f(x) = A, \lim\limits_{x \to x_0} g(x) = B$, 且 $A > B$, 则存在 $\delta > 0$, 当 $0 < |x - x_0| < \delta$ 时, 有 $f(x) > g(x)$.

此结论的证明与数列极限的比较性质的证明完全类似.

推论 1 设在 x_0 的某个去心邻域内, $f(x) \geqslant g(x)$, 且 $\lim\limits_{x \to x_0} f(x) = A, \lim\limits_{x \to x_0} g(x) = B$, 则 $A \geqslant B$.

该结论是上述定理的逆否命题.

5. 函数极限与数列极限的关系

因为数列是一种特殊的函数, 所以函数极限与数列极限有着密切的关系.

定理 4.8 (海涅定理) $\lim\limits_{x \to x_0} f(x) = A \Leftrightarrow$ 对任何以 x_0 为极限的数列 $\{x_n\}$ ($x_n \neq x_0$), 有 $\lim\limits_{n \to \infty} f(x_n) = A$.

证明 必要性 由 $\lim\limits_{x \to x_0} f(x) = A$ 得, $\forall \varepsilon > 0, \exists \delta > 0$, 当 $0 < |x - x_0| < \delta$ 时, 有

$$|f(x) - f(x_0)| < \varepsilon.$$

设 $\lim\limits_{n \to \infty} x_n = x_0 (x_n \neq x_0)$, 则对于上述的 $\delta > 0$, 存在正整数 N, 当 $n > N$ 时, 有 $0 < |x_n - x_0| < \delta$. 于是对数列 $\{f(x_n)\}$, 当 $n > N$ 时, 成立 $|f(x_n) - A| < \varepsilon$. 故 $\lim\limits_{n \to \infty} f(x_n) = A$.

充分性 反证法. 即从 $f(x)$ 在 x_0 的极限不为 A 出发, 推出矛盾. 设 $f(x)$ 在 x_0 的极限不为 A, 用 " $\varepsilon\text{-}\delta$ " 语言描述为: $\exists \varepsilon_0 > 0$, 对于任意的 $\delta > 0$, 都存在满足 $0 < |x - x_0| < \delta$ 的 x, 使得 $|f(x) - A| \geqslant \varepsilon_0$.

取一系列的 $\delta_n = \dfrac{1}{n}$, 则存在满足 $0 < |x_n - x_0| < \dfrac{1}{n}$ 的 x_n 使得

$$|f(x_n) - A| \geqslant \varepsilon_0. \tag{1.4.7}$$

由 $0 < |x_n - x_0| < \dfrac{1}{n}$ 可知 $\lim\limits_{n \to \infty} x_n = x_0$, 数列 $\{x_n\} (x_n \neq x_0)$ 以 x_0 为极限, 但从 (1.4.7) 知 $\lim\limits_{n \to \infty} f(x_n) \neq A$, 这样就得到矛盾.

注意 因为以 x_0 为极限的数列有无限多, 所以用此定理来证明函数在 x_0 的极限存在没有什么意义. 但该定理在证明函数在 x_0 的极限不存在却很有效. 事实上, 以下两种情形都能说明函数 $f(x)$ 在 x_0 的极限不存在:

(1) 若存在以 x_0 为极限的数列 $\{x_n\}$, 使得 $\lim\limits_{n \to \infty} f(x_n)$ 不存在, 则 $f(x)$ 在 x_0 的极限不存在;

(2) 若存在以 x_0 为极限的两个数列 $\{x_n\}$ 与 $\{y_n\}$, 使得 $\lim\limits_{n \to \infty} f(x_n)$ 与 $\lim\limits_{n \to \infty} f(y_n)$ 都存在, 但 $\lim\limits_{n \to \infty} f(x_n) \neq \lim\limits_{n \to \infty} f(y_n)$, 则 $f(x)$ 在 x_0 的极限不存在.

例 4.12 证明极限 $\lim\limits_{x \to 0} \sin \dfrac{1}{x}$ 不存在.

证明　如图 1.27, 令 $f(x) = \sin\dfrac{1}{x}$, 取

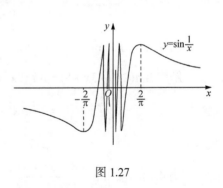

图 1.27

$x_n = \dfrac{1}{n\pi}, n = 1,2,3,\cdots, y_n = \dfrac{1}{2n\pi + \dfrac{\pi}{2}}, n = 1,2,$

$3,\cdots,$ 则

$$\lim_{n\to\infty} f(x_n) = \lim_{n\to\infty} \sin n\pi = 0,$$

$$\lim_{n\to\infty} f(y_n) = \lim_{n\to\infty} \sin\left(2n\pi + \frac{\pi}{2}\right) = 1.$$

故 $\lim\limits_{x\to 0} \sin\dfrac{1}{x}$ 不存在.

三、函数极限的运算规律

前面在讨论数列的极限时就说明过, 根据极限的定义来计算极限是非常困难的. 计算极限最常用的方法还是利用极限的运算法则. 函数极限的运算法则与数列极限的运算法则是非常相似的, 其证明过程也差不多.

定理 4.9　设 $\lim\limits_{x\to x_0} f(x) = A$ 与 $\lim\limits_{x\to x_0} g(x) = B$ 都存在, 则

(1) 对任意常数 k_1, k_2, 极限 $\lim\limits_{x\to x_0}(k_1 f(x) \pm k_2 g(x))$ 存在, 且

$$\lim_{x\to x_0}(k_1 f(x) \pm k_2 g(x)) = k_1 \lim_{x\to x_0} f(x) \pm k_2 \lim_{x\to x_0} g(x) = k_1 A \pm k_2 B.$$

(2) $\lim\limits_{x\to x_0} f(x)g(x)$ 存在, 且

$$\lim_{x\to x_0} f(x)g(x) = \left[\lim_{x\to x_0} f(x)\right]\left[\lim_{x\to x_0} g(x)\right] = AB.$$

特别地, 当 $f(x) \equiv c$ (常数)时, 有 $\lim\limits_{x\to x_0} cg(x) = c \lim\limits_{x\to x_0} g(x)$.

(3) $\lim\limits_{x\to x_0} \dfrac{f(x)}{g(x)} = \dfrac{\lim\limits_{x\to x_0} f(x)}{\lim\limits_{x\to x_0} g(x)} = \dfrac{A}{B}\left(\lim\limits_{x\to x_0} g(x) = B \neq 0\right).$

利用上面这些基本的运算法则, 可以得到一些常用的结论.

(a) $\lim\limits_{x\to x_0}[f(x)]^n = \left[\lim\limits_{x\to x_0} f(x)\right]^n$ (n 为自然数).

(b) $\lim\limits_{x\to x_0} x^n = x_0^n$ (n 为自然数).

(c) 设 $f(x) = a_0 x^n + a_1 x^{n-1} + \cdots + a_{n-1}x + a_n (a_0 \neq 0)$ 为 n 次多项式, 则

$$\lim_{x \to c} f(x) = f(c).$$

例 4.13　求 $\lim\limits_{x \to 2}(2x^2 - 3x + 5)$.

解　$\lim\limits_{x \to 2}(2x^2 - 3x + 5) = \lim\limits_{x \to 2}(2x^2) - \lim\limits_{x \to 2}(3x) + \lim\limits_{x \to 2} 5$

$$= 2\lim_{x \to 2} x^2 - 3\lim_{x \to 2} x + 5$$

$$= 2 \cdot 2^2 - 3 \cdot 2 + 5 = 7.$$

例 4.14　求 $\lim\limits_{x \to -3} \dfrac{2x^3 - x^2 + 3}{4 - 2x}$.

解　$\lim\limits_{x \to -3} \dfrac{2x^3 - x^2 + 3}{4 - 2x} = \dfrac{\lim\limits_{x \to -3}(2x^3 - x^2 + 3)}{\lim\limits_{x \to -3}(4 - 2x)}$

$$= \frac{2\lim\limits_{x \to -3} x^3 - \lim\limits_{x \to -3} x^2 + 3}{4 - 2\lim\limits_{x \to -3} x}$$

$$= \frac{2 \cdot (-3)^3 - (-3)^2 + 3}{4 - 2 \cdot (-3)} = -6.$$

例 4.15　求 $\lim\limits_{h \to 0} \dfrac{(3 + h)^2 - 9}{h}$.

解　由于 $\lim\limits_{h \to 0} h = 0$, 即分母的极限为零, 所以不能直接用极限的商的运算法则. 此题是属于所谓的 $\dfrac{0}{0}$ 型极限.

$$\lim_{h \to 0} \frac{(3 + h)^2 - 9}{h} = \lim_{h \to 0} \frac{9 + 6h + h^2 - 9}{h} = \lim_{h \to 0}(6 + h) = 6.$$

例 4.16　求 $\lim\limits_{x \to 0} \dfrac{\sqrt{1 + x} - 1}{x}$.

解　这个极限也不能直接应用极限的商的运算法则. 它也是属于 $\dfrac{0}{0}$ 型的极限.

$$\lim_{x \to 0} \frac{\sqrt{1 + x} - 1}{x} = \lim_{x \to 0} \frac{(1 + x) - 1}{x(\sqrt{1 + x} + 1)} = \lim_{x \to 0} \frac{1}{\sqrt{1 + x} + 1} = \frac{1}{2}.$$

例 4.17　设 $f(x) = x^3$, 求 $\lim\limits_{h \to 0} \dfrac{f(x + h) - f(x)}{h}$.

解　因为

$$\frac{f(x+h)-f(x)}{h}=\frac{(x+h)^3-x^3}{h}$$

$$=\frac{x^3+3x^2h+3xh^2+h^3-x^3}{h}$$

$$=3x^2+3xh+h^2,$$

所以 $\lim\limits_{h\to0}\dfrac{f(x+h)-f(x)}{h}=\lim\limits_{h\to0}(3x^2+3xh+h^2)=3x^2.$

例 4.18　求极限:

(1) $\lim\limits_{x\to\infty}\dfrac{x^2-2x-4}{3x^2+4x-1};$　　　(2) $\lim\limits_{x\to\infty}\dfrac{x^2-2x-4}{4x^3+4x-2};$　　　(3) $\lim\limits_{x\to\infty}\dfrac{x^2-2x-4}{3x+4}.$

解　(1) $\lim\limits_{x\to\infty}\dfrac{x^2-2x-4}{3x^2+4x-1}=\lim\limits_{x\to\infty}\dfrac{1-\dfrac{2}{x}-\dfrac{4}{x^2}}{3+\dfrac{4}{x}-\dfrac{1}{x^2}}=\dfrac{1}{3}.$

(2) $\lim\limits_{x\to\infty}\dfrac{x^2-2x-4}{4x^3+4x-2}=\lim\limits_{x\to\infty}\dfrac{\dfrac{1}{x}-\dfrac{2}{x^2}-\dfrac{4}{x^3}}{4+\dfrac{4}{x^2}-\dfrac{2}{x^3}}=0.$

(3) $\lim\limits_{x\to\infty}\dfrac{x^2-2x-4}{3x+4}=\lim\limits_{x\to\infty}\dfrac{1-\dfrac{2}{x}-\dfrac{4}{x^2}}{\dfrac{3}{x}+\dfrac{4}{x^2}}=\infty.$

关于函数值趋于无限大的概念, 我们在后面还要专门讨论.

一般地, 有如下的重要结论:

$$\lim\limits_{x\to\infty}\frac{a_0x^m+a_1x^{m-1}+\cdots+a_{m-1}x+a_m}{b_0x^n+b_1x^{n-1}+\cdots+b_{n-1}x+b_n}=\begin{cases}\dfrac{a_0}{b_0}, & m=n,\\[2mm]0, & m<n,\\[2mm]\infty, & m>n.\end{cases}$$

例 4.19　求函数 $f(x)=\dfrac{x}{\sqrt{x^2+1}}$ 的水平渐近线.

解　因为

$$\lim\limits_{x\to+\infty}f(x)=\lim\limits_{x\to+\infty}\frac{1}{\sqrt{1+\dfrac{1}{x^2}}}=1,$$

所以 $y=1$ 是曲线 $f(x)=\dfrac{x}{\sqrt{x^2+1}}$ 的一条水平渐近线.

又因为

$$\lim_{x \to -\infty} f(x) = \lim_{x \to -\infty} \frac{-1}{\sqrt{1 + \dfrac{1}{x^2}}} = -1,$$

所以 $y = -1$ 也是曲线 $f(x) = \dfrac{x}{\sqrt{x^2 + 1}}$ 的一条水平渐近线.

注意　一条曲线的水平渐近线至多可以有两条.

习　题　1.4

1. 试用 "ε-δ" 语言证明:

(1) $\lim\limits_{x \to 3} \dfrac{x^2 - 6x + 5}{x - 5} = -4$;　　　(2) $\lim\limits_{x \to 3} x^3 = 27$.

2. 设 $f(x) = \begin{cases} x^2 + 2x - 3, & x \leqslant 1, \\ x, & 1 < x < 2, \\ 2x - 2, & 2 \leqslant x, \end{cases}$ 求 $\lim\limits_{x \to -5} f(x), \lim\limits_{x \to 1} f(x), \lim\limits_{x \to 2} f(x), \lim\limits_{x \to 3} f(x)$.

3. 设 $f(x) = \begin{cases} x\sin\dfrac{1}{x}, & -\infty < x < 0, \\ \sin\dfrac{1}{x}, & 0 < x < +\infty. \end{cases}$ 求 $\lim\limits_{x \to 0^-} f(x)$, 并利用海涅定理说明 $\lim\limits_{x \to 0^+} f(x)$ 不存在.

4. 计算下列极限:

(1) $\lim\limits_{h \to 0} \dfrac{(x+h)^3 - x^3}{h}$;　　　(2) $\lim\limits_{x \to \infty} \dfrac{x^3 + x}{x^4 - 3x^2 + 1}$;

(3) $\lim\limits_{x \to 16} \dfrac{\sqrt[4]{x} - 2}{\sqrt{x} - 4}$;　　　(4) $\lim\limits_{x \to 0} \dfrac{(1+x)(1+2x)(1+3x) - 1}{x}$;

(5) $\lim\limits_{x \to 1} \dfrac{x^{n+1} - (n+1)x + n}{(x-1)^2}$;　　　(6) $\lim\limits_{x \to 0} x \cot 2x$;

(7) $\lim\limits_{x \to \infty} \dfrac{\sin x}{x - n\pi} \ (n \in \mathbf{N}^+)$.

5. 若 $\lim\limits_{x \to \infty} \left(\dfrac{x^2 + 1}{x + 1} - ax - b \right) = 0$, 求 a, b 的值.

6. 已知 $\lim\limits_{x \to +\infty} \left(3x - \sqrt{ax^2 + bx + 2} \right) = -4$, 求 a, b 的值.

7. 已知 $\lim\limits_{x \to a} \dfrac{x^2 + bx + 3b}{x - a} = 8$, 求 a, b 的值.

8. 若 $\lim\limits_{x \to 3} \dfrac{x^2 - 2x + k}{x - 3} = 4$, 求 k 的值.

第五节　无穷小量与无穷大量

一、无穷小量的意义与概念

在极限存在的函数中有一类非常特殊的情形, 即极限为零的情形. 我们称极限为零的变量为无穷小量.

由 $\lim\limits_{x\to 0}\sin x = 0$ 知 $f(x) = \sin x$ 是当 $x \to 0$ 时的无穷小量; 由 $\lim\limits_{x\to 2}(x^2 - 4) = 0$ 知 $f(x) = x^2 - 4$ 是当 $x \to 2$ 时的无穷小量; 由 $\lim\limits_{n\to\infty}\dfrac{1}{n} = 0$ 知 $x_n = \dfrac{1}{n}$ 是当 $n \to \infty$ 时的无穷小量.

说某一个函数是无穷小量, 一定要指明其极限过程. 因为一个函数在某一个极限过程中是无穷小量, 但在另一极限过程中完全可能不是无穷小量. 如: 当 $x \to 1$ 时 $f(x) = 2x - 2$ 是无穷小量, 但当 $x \to 3$ 时 $f(x) = 2x - 2$ 就不是无穷小量.

用 "$\varepsilon\text{-}\delta$" 或者 "$\varepsilon\text{-}N$" 语言来描述无穷小量, 即为如下定义.

定义 5.1　如果 $\forall \varepsilon > 0, \exists \delta = \delta(\varepsilon) > 0$, 当 $0 < |x - a| < \delta$ 时, 有 $|f(x)| < \varepsilon$ 成立, 则称 $f(x)$ 是 $x \to a$ 时的无穷小量, 简称无穷小, 即 $\lim\limits_{x\to a} f(x) = 0$.

定义 5.2　如果 $\forall \varepsilon > 0, \exists X = X(\varepsilon) > 0$, 当 $|x| > X$ 时, 有 $|f(x)| < \varepsilon$ 成立, 则称 $f(x)$ 是 $x \to \infty$ 时的无穷小量, 即 $\lim\limits_{x\to\infty} f(x) = 0$.

定义 5.3　如果 $\forall \varepsilon > 0, \exists$ 正整数 $N = N(\varepsilon)$, 当 $n > N$ 时, 有 $|x_n| < \varepsilon$ 成立, 则称数列 $\{x_n\}$ 是无穷小量, 即 $\lim\limits_{n\to\infty} x_n = 0$.

说得直观一点, 所谓无穷小量, 就是在某一极限过程中绝对值可以无限变小的变量. 常值函数零是无穷小量, 但其余的任何非零常数都不是无穷小量.

由于无穷小量是极限存在(为零)的一种特殊情况, 所以凡是函数极限或者是数列极限满足的性质, 对于无穷小量来说也成立.

定理 5.1　$\lim\limits_{x\to x_0} f(x) = A \Leftrightarrow f(x) = A + \alpha(x)$, 其中 $\alpha(x)$ 是 $x \to x_0$ 时的无穷小, 即 $\lim\limits_{x\to x_0} \alpha(x) = 0$.

此定理阐明了函数极限与无穷小量的密切关系, 可以通过无穷小量来定义极限, 进而建立极限理论. 所以, 我们也可以将微积分称为无穷小分析.

二、无穷小量的性质

无穷小量有如下一些运算性质:

(1) 有限个无穷小的代数和仍是无穷小;

(2) 有限个无穷小的乘积仍是无穷小;

(3) 有界变量与无穷小量的乘积仍是无穷小.

前两个性质是极限性质的特殊情况. 后一个结论, 我们仅对数列情形证明, 即要证: 设 $|y_n| \leqslant M, n = 1, 2, 3, \cdots, \lim\limits_{n \to \infty} x_n = 0$, 则 $\lim\limits_{n \to \infty} x_n y_n = 0$.

证明　$\forall \varepsilon > 0$, 由 $\lim\limits_{n \to \infty} x_n = 0$ 知, 存在正整数 N, 当 $n > N$ 时, $|x_n| < \dfrac{\varepsilon}{M}$ 成立. 于是当 $n > N$ 时, 有

$$|x_n y_n| = |x_n||y_n| < \frac{\varepsilon}{M} \cdot M = \varepsilon.$$

故 $\lim\limits_{n \to \infty} x_n y_n = 0$.

例 5.1　验证: $\lim\limits_{x \to 0} x \cos \dfrac{1}{x} = 0$.

证明　因为 $\lim\limits_{x \to 0} x = 0$, 且 $\left| \cos \dfrac{1}{x} \right| \leqslant 1$, 所以 $\lim\limits_{x \to 0} x \cos \dfrac{1}{x} = 0$.

三、无穷小量的比较、无穷小量的阶及其比较

无穷小量是极限为零的变量. 但同是无穷小量, 它们趋近于零的速度却可能有很大的差别. 例如, 当 $n \to \infty$ 时, $\dfrac{1}{n}$ 与 $\dfrac{1}{n^2}$ 的极限都为零, 但是, 它们趋近于零的速度相差很大, 请看表 1.2.

表 1.2

n	10	100	1000	10000
$\dfrac{1}{n}$	0.1	0.01	0.001	0.0001
$\dfrac{1}{n^2}$	0.01	0.0001	0.000001	0.00000001

在前面所遇到的极限中, 有一类很重要的极限, 即分子与分母的极限都为零, 即 $\dfrac{0}{0}$ 型极限. 事实上, 微积分中最重要的概念之一的导数, 其实就是一个 $\dfrac{0}{0}$ 型极限:

$$f'(x_0) = \lim_{\Delta x \to 0} \frac{f(x_0 + \Delta x) - f(x_0)}{\Delta x}.$$

讨论 $\dfrac{0}{0}$ 型极限, 实际上就是研究或者比较无穷小量趋近于零的速度. 当分子与分母的极限都为零时, 商的极限有各种可能性, 所以称 $\dfrac{0}{0}$ 型极限为未定型. 请看下面的例子:

(a) 当 $x \to 0$ 时, $f(x) = \sin^2 x$ 与 $g(x) = x$ 都是无穷小量,

$$\lim_{x \to 0} \frac{f(x)}{g(x)} = \lim_{x \to 0} \frac{\sin^2 x}{x} = \lim_{x \to 0} \frac{\sin x}{x} \cdot \sin x = 0;$$

(b) 当 $x \to 0$ 时, $f(x) = 1 - \cos x$ 与 $g(x) = x^2$ 都是无穷小量,

$$\lim_{x \to 0} \frac{f(x)}{g(x)} = \lim_{x \to 0} \frac{1 - \cos x}{x^2} = \lim_{x \to 0} \frac{2\sin^2 \dfrac{x}{2}}{x^2} = \lim_{x \to 0} \left(\frac{\sin \dfrac{x}{2}}{\dfrac{x}{2}} \right)^2 \cdot \frac{1}{2} = \frac{1}{2};$$

(c) 当 $x \to 1$ 时, $f(x) = 1 - x$ 与 $g(x) = (1-x)^2$ 都是无穷小量,

$$\lim_{x \to 1} \frac{f(x)}{g(x)} = \lim_{x \to 1} \frac{1 - x}{(1-x)^2} = \lim_{x \to 1} \frac{1}{1-x} = \infty;$$

(d) 当 $x \to 0$ 时, $f(x) = x\sin\dfrac{1}{x}$ 与 $g(x) = x$ 都是无穷小量,

$$\lim_{x \to 0} \frac{f(x)}{g(x)} = \lim_{x \to 0} \frac{x\sin\dfrac{1}{x}}{x} = \lim_{x \to 0} \sin\frac{1}{x} \ \text{不存在}.$$

定义 5.4 设 $x \to x_0$ 时, $f(x)$ 与 $g(x)$ 都是无穷小量, 且在 x_0 的某一去心邻域内, $g(x) \neq 0$,

(a) 若 $\lim\limits_{x \to x_0} \dfrac{f(x)}{g(x)} = 0$, 则称 $f(x)$ 是比 $g(x)$ 高阶的无穷小量, 记作 $f(x) = o[g(x)]$ (这时认为 $f(x)$ 趋近于零的速度较 $g(x)$ 快);

(b) 若 $\lim\limits_{x \to x_0} \dfrac{f(x)}{g(x)} = c \neq 0$, 则称 $f(x)$ 与 $g(x)$ 是同阶无穷小量;

(c) 若 $\lim\limits_{x \to x_0} \dfrac{f(x)}{g(x)} = 1$, 则称 $f(x)$ 与 $g(x)$ 是等价无穷小量, 记为 $f(x) \sim g(x)$;

(d) 若 $\lim\limits_{x \to x_0} \dfrac{f(x)}{g(x)} = \infty$, 则称 $f(x)$ 是比 $g(x)$ 低阶的无穷小量.

若 $f(x)$ 是比 $g(x)$ 低阶的无穷小量, 反过来说, $g(x)$ 是比 $f(x)$ 高阶的无穷小量.

(e) 如果 $f(x)$ 与 $[g(x)]^k$ 是同阶无穷小量, 即 $\lim\limits_{x \to x_0} \dfrac{f(x)}{[g(x)]^k} = C \neq 0$, 则称 $f(x)$ 是 $g(x)$ 的 k 阶的无穷小量.

注意　上述定义中的极限过程是 $x \to x_0$, 当极限过程是 $x \to \infty$ 或 $n \to \infty$ 或者是单侧极限时, 有完全类似的定义.

由前面的例子知, 当 $x \to 0$ 时 $1 - \cos x$ 与 x^2 是同阶无穷小量, 或者说 $1 - \cos x$ 是 x 的二阶无穷小量.

等价无穷小量是一个很有用的概念, 我们常利用如下的等价无穷小量的替换定理来求极限.

定理 5.2 (等价无穷小量替换定理)　设在某一极限过程中, $f(x), f_1(x), g(x),$ $g_1(x)$ 都是无穷小量, 且 $f(x) \sim f_1(x), g(x) \sim g_1(x)$, 如果 $\lim \dfrac{f(x)}{g(x)}$ 存在, 则 $\lim \dfrac{f_1(x)}{g_1(x)}$ 也存在, 且 $\lim \dfrac{f_1(x)}{g_1(x)} = \lim \dfrac{f(x)}{g(x)}$.

注意到 $\lim \dfrac{f(x)}{f_1(x)} = 1, \lim \dfrac{g(x)}{g_1(x)} = 1$, 所以

$$\lim \frac{f_1(x)}{g_1(x)} = \lim \frac{f_1(x)}{f(x)} \cdot \frac{g(x)}{g_1(x)} \cdot \frac{f(x)}{g(x)} = \lim \frac{f(x)}{g(x)}.$$

当 $x \to 0$ 时, 有如下常见的等价无穷小量:

$$\sin x \sim x, \quad \tan x \sim x, \quad 1 - \cos x \sim \frac{1}{2}x^2, \quad \arcsin x \sim x,$$

$$\ln(1+x) \sim x, \quad e^x - 1 \sim x, \quad (1+x)^\alpha - 1 \sim \alpha x \,(\alpha \text{ 为任意实数}).$$

这里只证明最后一个结论:

$$\lim_{x \to 0} \frac{(1+x)^\alpha - 1}{\alpha x} = \lim_{x \to 0} \frac{e^{\alpha \ln(1+x)} - 1}{\alpha x} = \lim_{x \to 0} \frac{\alpha \ln(1+x)}{\alpha x} = \lim_{x \to 0} \frac{\ln(1+x)}{x} = 1.$$

例 5.2　求极限 $\lim\limits_{x \to 0} \dfrac{\tan x - \sin x}{x^3}$.

解　$\lim\limits_{x \to 0} \dfrac{\tan x - \sin x}{x^3} = \lim\limits_{x \to 0} \dfrac{\sin x(1 - \cos x)}{x^3 \cos x} = \lim\limits_{x \to 0} \dfrac{x \cdot \dfrac{1}{2}x^2}{x^3 \cdot \cos x} = \dfrac{1}{2}$.

应该注意, 下列做法是错误的:

$$\lim_{x \to 0} \frac{\tan x - \sin x}{x^3} = \lim_{x \to 0} \frac{x - x}{x^3} = 0.$$

例 5.3　求极限 $\lim\limits_{x \to 0} \dfrac{\sqrt{1 + \tan x} - \sqrt{1 - \tan x}}{e^x - 1}$.

解　$\lim\limits_{x\to 0}\dfrac{\sqrt{1+\tan x}-\sqrt{1-\tan x}}{e^{x}-1}=\lim\limits_{x\to 0}\dfrac{2\tan x}{(\sqrt{1+\tan x}+\sqrt{1-\tan x})(e^{x}-1)}.$

由于当 $x\to 0$ 时 $\tan x\sim x,\ e^{x}-1\sim x$，所以

$$原式=\lim\limits_{x\to 0}\dfrac{2x}{(\sqrt{1+\tan x}+\sqrt{1-\tan x})x}=1.$$

例 5.4　当 $x\to 1^{+}$ 时，$\sqrt{3x^{2}-2x-1}\cdot\ln x$ 是 $x-1$ 的几阶无穷小量？

解　因为

$$\sqrt{3x^{2}-2x-1}\cdot\ln x=\sqrt{3x+1}\cdot\sqrt{x-1}\cdot\ln[1+(x-1)],$$

而当 $x\to 1^{+}$ 时 $\ln[1+(x-1)]\sim x-1$，所以

$$\lim\limits_{x\to 1^{+}}\dfrac{\sqrt{3x^{2}-2x-1}\cdot\ln x}{(x-1)^{\frac{3}{2}}}=\lim\limits_{x\to 1^{+}}\dfrac{\sqrt{3x+1}\cdot\sqrt{x-1}\cdot\ln[1+(x-1)]}{(x-1)^{\frac{3}{2}}}=2.$$

故 $\sqrt{3x^{2}-2x-1}\cdot\ln x$ 是 $x-1$ 的 $\dfrac{3}{2}$ 阶无穷小量.

四、无穷大量及其与无穷小量的关系

与无穷小量刚好相反，在某一极限过程中，绝对值无限变大的变量称为无穷大量.

如函数 $f(x)=\dfrac{1}{x-1}$，当 $x\to 1$ 时，其绝对值无限变大. 所以当 $x\to 1$ 时，$f(x)=\dfrac{1}{x-1}$ 为无穷大量. 如图 1.28 所示.

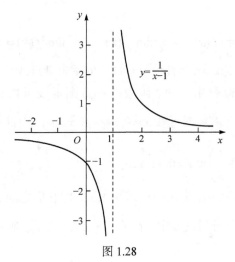

图 1.28

定义 5.5　如果对于任意给定的正数 M, 存在 $\delta > 0$, 当 $0 < |x - a| < \delta$ 时, 有 $|f(x)| > M$, 则称 $f(x)$ 是 $x \to a$ 时的无穷大量, 记为 $\lim\limits_{x \to a} f(x) = \infty$.

同样可定义: $\lim\limits_{x \to \infty} f(x) = \infty$ 与 $\lim\limits_{n \to \infty} x_n = \infty$.

注意　(1) 无穷大量是没有极限的变量, 但无极限的变量不一定是无穷大量, 如 $\lim\limits_{x \to \infty} \sin x$ 不存在, 但 $x \to \infty$ 时 $\sin x$ 不是无穷大量;

(2) 无穷大量是变量, 它在某一极限过程中绝对值可以无限变大, 任何常数, 如 10^{10000} 都不是无穷大量.

例 5.5　验证: $\lim\limits_{x \to 3} \dfrac{1}{x - 3} = \infty$.

分析: $\forall M > 0$, 要使 $\left| \dfrac{1}{x - 3} \right| > M$, 只要 $|x - 3| < \dfrac{1}{M}$, 所以可取 $\delta = \dfrac{1}{M}$.

证明　$\forall M > 0$, 取 $\delta = \dfrac{1}{M}$, 则当 $0 < |x - 3| < \delta = \dfrac{1}{M}$ 时, $\left| \dfrac{1}{x - 3} \right| > M$ 成立. 故 $\lim\limits_{x \to 3} \dfrac{1}{x - 3} = \infty$.

类似可定义单侧情形下的无穷大量, 比如 $\lim\limits_{x \to a^-} f(x) = \infty$, $\lim\limits_{x \to a^+} f(x) = \infty$, 还有 $\lim\limits_{x \to a} f(x) = +\infty$, $\lim\limits_{x \to a} f(x) = -\infty$ 等, 留给读者作为练习.

从图 1.28 可以看出, $\lim\limits_{x \to 1} \dfrac{1}{x - 1} = \infty$ 在几何上表示当 $x \to 1$ 时, 曲线 $y = \dfrac{1}{x - 1}$ 与直线 $x = 1$ 无限接近, 我们称直线 $x = 1$ 为曲线 $y = \dfrac{1}{x - 1}$ 的垂直渐近线. 一般地, 有如下定义.

定义 5.6　若 $\lim\limits_{x \to a^+} f(x) = +\infty$, $\lim\limits_{x \to a^+} f(x) = -\infty$, $\lim\limits_{x \to a^-} f(x) = +\infty$ 与 $\lim\limits_{x \to a^-} f(x) = -\infty$ 有一个成立, 则称直线 $x = a$ 为曲线 $y = f(x)$ 的垂直渐近线.

从图 1.29 中可以看出, 一个函数的垂直渐近线可以有不止两条. 如函数 $y = \dfrac{1}{x(x^2 - 1)}$ 就有三条垂直渐近线 $x = 0, x = 1$ 和 $x = -1$; 而曲线 $y = \tan x$ 有无限多条垂直渐近线 $x = \left(n + \dfrac{1}{2} \right) \pi, n = 0, \pm 1, \pm 2, \cdots$.

尽管无穷大量与无穷小量之间的差别很大, 但它们之间也有密切的联系.

定理 5.3　在同一极限过程中, 若 $f(x)$ 是无穷大量, 则 $\dfrac{1}{f(x)}$ 是无穷小量; 若

$f(x)$ 是无穷小量, 且 $f(x) \neq 0$, 则 $\dfrac{1}{f(x)}$ 是无穷大量.

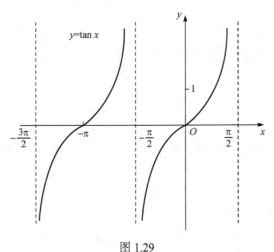

图 1.29

该结论的证明, 请读者自己完成.

有了这个结论后, 要证明一个变量是无穷大量, 只需证明这个变量的倒数是无穷小量.

例 5.6　证明: $\lim\limits_{x \to \infty} \dfrac{x^3 - 2x^2 + 1}{3x^2 - 4x} = \infty$.

证明　因为

$$\lim_{x \to \infty} \frac{3x^2 - 4x}{x^3 - 2x^2 + 1} = \lim_{x \to \infty} \frac{\dfrac{3}{x} - \dfrac{4}{x^2}}{1 - \dfrac{2}{x} + \dfrac{1}{x^3}} = \frac{0}{1} = 0,$$

所以 $\lim\limits_{x \to \infty} \dfrac{x^3 - 2x^2 + 1}{3x^2 - 4x} = \infty$.

例 5.7　求 $\lim\limits_{x \to -1} \left(\dfrac{1}{x+1} - \dfrac{3}{x^3+1} \right)$.

分析: 由于 $\lim\limits_{x \to -1} \dfrac{1}{x+1} = \infty$ 且 $\lim\limits_{x \to -1} \dfrac{3}{x^3+1} = \infty$, 此极限属 $\infty - \infty$ 未定型极限, 所以不能简单地用极限的差的运算法则来计算, 即

$$\lim_{x \to -1} \left(\frac{1}{x+1} - \frac{3}{x^3+1} \right) = \lim_{x \to -1} \frac{1}{x+1} - \lim_{x \to -1} \frac{3}{x^3+1}$$

是错误的.

解 因为

$$\frac{1}{x+1} - \frac{3}{x^3+1} = \frac{(x+1)(x-2)}{(x+1)(x^2-x+1)} = \frac{x-2}{x^2-x+1},$$

所以 $\displaystyle\lim_{x\to-1}\left(\frac{1}{x+1} - \frac{3}{x^3+1}\right) = \lim_{x\to-1}\frac{x-2}{x^2-x+1} = -1.$

习　题　1.5

1. 函数 $y = x\sin x$ 在 $(-\infty, +\infty)$ 上是否有界？又当 $x \to \infty$ 时，这个函数是否为无穷大？为什么？

2. 证明：

(1) $y = \dfrac{x}{1+x}$ 当 $x \to 0$ 时为无穷小量；

(2) $y = \mathrm{e}^{\frac{1}{x}}$ 当 $x \to 0$ 时既非无穷大量，又非无穷小量.

3. 计算下列极限：

(1) $\displaystyle\lim_{x\to\infty}\left(\frac{x^3}{2x^2-1} - \frac{x^2}{2x+1}\right)$；

(2) $\displaystyle\lim_{x\to\infty}\frac{\arctan x}{x}$；

(3) $\displaystyle\lim_{x\to 0}\frac{\tan 2x}{\sin 5x}$；

(4) $\displaystyle\lim_{x\to\frac{\pi}{3}}\frac{1-2\cos x}{\sin\left(x-\frac{\pi}{3}\right)}$；

(5) $\displaystyle\lim_{x\to\frac{1}{2}}\frac{\arcsin(1-2x)}{4x^2-1}$；

(6) $\displaystyle\lim_{x\to\frac{\pi}{2}}\left(\frac{\sin x}{\cos^2 x} - \tan^2 x\right)$；

(7) $\displaystyle\lim_{x\to 0^-}\frac{\sqrt{1-\cos 2x}}{x}$；

(8) $\displaystyle\lim_{x\to 0^+}\frac{\sqrt{1-\cos 2x}}{x}$；

(9) $\displaystyle\lim_{x\to 0}\frac{\cos x-\cos 3x}{x^2}$；

(10) $\displaystyle\lim_{x\to 1}\frac{\sin^2(1-x)}{(x^2-1)^2}$；

(11) $\displaystyle\lim_{x\to 0}\left(\frac{\pi+\mathrm{e}^{\frac{1}{x}}}{\dfrac{4}{1+\mathrm{e}^{\frac{1}{x}}}} + \arctan\frac{1}{x}\right)$；

(12) $\displaystyle\lim_{x\to 0}\frac{(x^{10}+3)(\cos x^2-1)}{(\mathrm{e}^x-1)^2\sin x\cdot\tan x}$；

(13) $\displaystyle\lim_{x\to 0}\frac{\sqrt[3]{1-2x}-\sqrt[4]{1+2x}}{\tan 2x}$；

(14) $\displaystyle\lim_{n\to\infty}2^n\sin\frac{x}{2^n}\ (x\neq 0)$；

(15) $\displaystyle\lim_{h\to 0}\frac{\cos(x+h)-\cos x}{h}$；

(16) $\displaystyle\lim_{x\to 0}\frac{\sqrt{1+\sin^2 x}-1}{x\sin x}$；

(17) $\displaystyle\lim_{x\to 0}\frac{5x^2-2(1-\cos^2 x)}{3x^2+4\tan^2 x}$；

(18) $\displaystyle\lim_{x\to 0}\frac{(\sqrt[3]{1+\tan x}-1)(\sqrt{1+2x^2}-1)}{\tan x-\sin x}$；

(19) $\lim\limits_{x\to 1}\dfrac{\arctan(1-x)}{\ln x}$;

(20) $\lim\limits_{x\to 1}\dfrac{1+\cos \pi x}{(x-1)^2}$;

(21) $\lim\limits_{x\to 0}\left(\cot x-\dfrac{\mathrm{e}^{2x}}{\sin x}\right)$;

(22) $\lim\limits_{x\to 0}\dfrac{3x+\sin^2 x-2x^2}{\tan x+5x^2}$;

(23) $\lim\limits_{x\to 0}\dfrac{\sqrt{1+x\sin x}-\cos x}{\sin x^2}$;

(24) $\lim\limits_{x\to 0}\dfrac{\ln(1+x+x^2)+\ln(1-x+x^2)}{\sec x-\cos x}$;

(25) $\lim\limits_{x\to +\infty}(\sin\sqrt{x+1}-\sin\sqrt{x})$.

第六节　函数的连续性

自然界中有许多量的变化是连续的, 如时间的变化、温度的变化、流体的流动等. 微积分中研究的函数多是连续函数, 可以说微积分是连续性数学.

由于如此多的物理过程都是连续变化的行为, 所以 18 世纪和 19 世纪很少有人去寻找和研究其他类型的行为. 当 20 世纪 20 年代物理学家发现光进入粒子和受热的原子以离散的频率发射光线时, 人们十分惊讶. 随着现代科学的发展, 在计算机科学、统计学、混沌理论和数学建模中大量出现间断函数, 研究连续性和间断的问题就具有重大的理论和实际意义. "连续性"一词指的是连绵不断, 或不间断. 一个函数是连续的, 是指它的图像(如果能画出来)表达的曲线是不间断的, 或者说是可以"一笔画"的. 但有些函数的图形不一定能画出来, 如著名的黎曼(Riemann)函数

$$R(x)=\begin{cases} \dfrac{1}{q}, & x=\dfrac{p}{q}(p,q互质,q>0),\\[2mm] 0, & x为无理数 \end{cases}$$

就不能画出其图形来. 所以单凭几何直观来讨论或判断一个函数是否是连续的, 是远远不够的. 因此还需要从数量关系上来刻画函数的连续性, 而极限的概念是研究连续性的基础.

一、连续函数的意义与概念

考察如图 1.30 所示的曲线 $y=f(x)$ 上的两点 $(x_0,f(x_0))$ 与 $(x_1,f(x_1))$. 曲线在前一点处没有断开, 称函数 $y=f(x)$ 在 $x=x_0$ 是连续的; 曲线在后一点处断开了, 从而函数值有一个跳跃, 称函数 $y=f(x)$ 在 $x=x_1$ 是间断的(或者是不连续的).

在连续点 x_0 处, 当自变量在 x_0 附近只作微小的改变时, 对应的函数值也改变很小; 而在间断点 x_1 则不同, 当自变量在 x_1 附近作微小的变化时, 对应的函数值

会发生明显的变化. 所以可以这样说, 连续的本质是渐变, 而间断的本质是突变.

从图 1.30 可以看出, 在 x_0 附近, 当自变量的改变量 $\Delta x \to 0$ 时, 函数的改变量 $\Delta y \to 0$, 即 $\lim\limits_{\Delta x \to 0} \Delta y = 0$, 这就是函数在一点连续的本质.

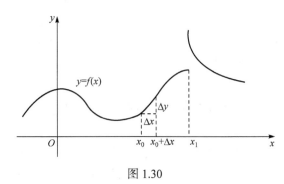

图 1.30

定义 6.1   设函数 $f(x)$ 在点 $x = x_0$ 的附近有定义, 如果当自变量的改变量 $\Delta x \to 0$ 时, 函数的改变量 $\Delta y = f(x_0 + \Delta x) - f(x_0) \to 0$, 即

$$\lim_{\Delta x \to 0} \Delta y = 0, \tag{1.6.1}$$

则称函数 $f(x)$ 在点 $x = x_0$ 连续.

由(1.6.1)式得

$$\lim_{\Delta x \to 0}(f(x_0 + \Delta x) - f(x_0)) = \lim_{\Delta x \to 0} f(x_0 + \Delta x) - f(x_0) = 0,$$

所以

$$\lim_{\Delta x \to 0} f(x_0 + \Delta x) = f(x_0). \tag{1.6.2}$$

令 $x = x_0 + \Delta x$, 则 $\Delta x = x - x_0$, 于是当 $\Delta x \to 0$ 时 $x \to x_0$, 所以(1.6.2)式变为

$$\lim_{x \to x_0} f(x) = f(x_0). \tag{1.6.3}$$

这样就得到函数在一点连续的等价定义.

定义 6.2   函数 $f(x)$ 在点 $x = x_0$ 连续 $\Leftrightarrow \lim\limits_{x \to x_0} f(x) = f(x_0) \Leftrightarrow \forall \varepsilon > 0, \exists \delta = \delta(\varepsilon) > 0$, 使得当 $|x - x_0| < \delta$ 时, 有 $|f(x) - f(x_0)| < \varepsilon$.

函数 $f(x)$ 在点 $x = x_0$ 连续意味着:

(a) $f(x)$ 在点 $x = x_0$ 处有定义;

(b) 极限 $\lim\limits_{x \to x_0} f(x)$ 存在;

(c) $\lim\limits_{x \to x_0} f(x) = f(x_0)$ 成立.

若以上三个条件中有一个不成立, 则函数 $f(x)$ 在点 $x = x_0$ 不连续, 或者说函数 $f(x)$ 在点 $x = x_0$ 处是间断的.

例 6.1 函数 $f(x) = \dfrac{x^2 - x - 2}{x - 2}$ 在 $x = 2$ 处无定义, 所以 $f(x)$ 在 $x = 2$ 处是不连续的(图 1.31(a)).

例 6.2 函数 $f(x) = \begin{cases} \dfrac{x^2 - x - 2}{x - 2}, & x \neq 2, \\ 1, & x = 2 \end{cases}$ 在 $x = 2$ 处有定义, 且 $f(2) = 1$, 但因

$$\lim_{x \to 2} f(x) = \lim_{x \to 2} \frac{x^2 - x - 2}{x - 2} = \lim_{x \to 2} \frac{(x - 2)(x + 1)}{x - 2} = \lim_{x \to 2} (x + 1) = 3,$$

即 $\lim\limits_{x \to 2} f(x) \neq f(2)$, 所以 $f(x)$ 在 $x = 2$ 处是不连续的(图 1.31(b)), 从这个例子可以看出, 当定义 $f(2) = 3$ 时, 则函数 $f(x)$ 在 $x = 2$ 处就变成是连续的了.

例 6.3 考察取整函数 $f(x) = [x]$ 的连续性, 其中 $[x]$ 表示不超过 x 的最大整数.

$f(x) = [x]$ 的图像如图 1.32 所示, 是一条阶梯曲线, 对任何整数 n, 有

$$\lim_{x \to n^-} [x] = n - 1, \quad \lim_{x \to n^+} [x] = n \quad \left(\text{如} \lim_{x \to 2^-} [x] = 1, \lim_{x \to 2^+} [x] = 2 \right),$$

所以 $\lim\limits_{x \to n^-} [x] \neq \lim\limits_{x \to n^+} [x]$, 即 $\lim\limits_{x \to n} [x]$ 不存在, 故 $f(x) = [x]$ 在整数点处不连续.

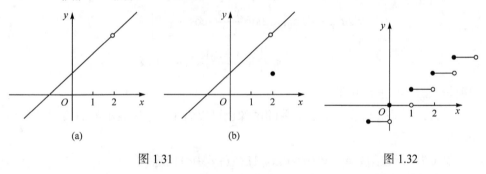

图 1.31   图 1.32

尽管 $f(x) = [x]$ 在整数点处不连续, 但有 $\lim\limits_{x \to n^+} [x] = n = f(n)$ 成立, 此时称函数 $f(x)$ 在点 $x = n$ 处右连续.

一般地, 有如下的定义.

定义 6.3 函数 $f(x)$ 在点 $x = x_0$ 处左连续 $\Leftrightarrow \lim\limits_{x \to x_0^-} f(x) = f(x_0)$;

函数 $f(x)$ 在点 $x = x_0$ 处右连续 $\Leftrightarrow \lim\limits_{x \to x_0^+} f(x) = f(x_0)$.

在微积分中所遇到的函数, 多数函数的连续点的集合往往是一个区间, 因此需要研究函数在一个区间连续的概念.

定义 6.4 如果函数 $f(x)$ 在开区间 (a, b) 内的每一点都连续, 则称函数 $f(x)$

在开区间 (a,b) 内连续.

定义 6.5　如果函数 $f(x)$ 在区间 $(-\infty,+\infty)$ 内的每一点都连续, 则称函数 $f(x)$ 在区间 $(-\infty,+\infty)$ 内连续.

定义 6.6　如果函数 $f(x)$ 在开区间 (a,b) 内的每一点都连续, 且在左端点右连续 $\left(\text{即} \lim\limits_{x \to a^+} f(x) = f(a)\right)$, 在右端点左连续 $\left(\text{即} \lim\limits_{x \to b^-} f(x) = f(b)\right)$, 则称函数 $f(x)$ 在闭区间 $[a,b]$ 上连续.

表面上看起来, 一个函数在开区间 (a,b) 内连续与一个函数在闭区间 $[a,b]$ 上连续的唯一差别只是在两个端点的连续性, 但这种差别往往是本质的. 后面要讨论的闭区间上连续函数的性质, 对于开区间内的连续函数来说就不一定成立了.

例 6.4　常数函数 $f(x) \equiv c$ 在 $(-\infty,+\infty)$ 内连续.

例 6.5　$f(x) = x^2$ 在 $(-\infty,+\infty)$ 内连续.

事实上, 对任意的 $x_0 \in (-\infty,+\infty)$, 显然有 $\lim\limits_{x \to x_0} x^2 = x_0^2$.

例 6.6　正弦函数 $f(x) = \sin x$ 在 $(-\infty,+\infty)$ 内连续, 余弦函数 $f(x) = \cos x$ 在 $(-\infty,+\infty)$ 内连续.

这里只证明正弦函数的连续性. $\forall \varepsilon > 0$, 要使

$$\left|\sin x - \sin x_0\right| = \left|2\sin\frac{x - x_0}{2}\cos\frac{x + x_0}{2}\right|$$

$$\leqslant 2\left|\sin\frac{x - x_0}{2}\right| \leqslant \left|x - x_0\right| < \varepsilon,$$

只要 $|x - x_0| < \varepsilon$, 所以可取 $\delta = \varepsilon$.

另外, 从正弦函数与余弦函数的图像也可以看出, 它们表示的曲线都是连绵不断的.

例 6.7　指数函数 $y = a^x (a > 0, a \neq 1)$ 在 $(-\infty,+\infty)$ 内连续.

这从指数函数的图像上来看也是显然的.

证明　先证 $a > 1$ 时的情形.

$\forall x_0 \in (-\infty,+\infty)$, 由于 $a^x - a^{x_0} = a^{x_0}(a^{x - x_0} - 1)$, 所以要证 $\lim\limits_{x \to x_0} a^x = a^{x_0}$, 只要证 $\lim\limits_{x - x_0 \to 0} a^{x - x_0} = 1$, 即

$$\lim_{t \to 0} a^t = 1.$$

由于

$$1 < a^t \leqslant a^{1/\left[\frac{1}{t}\right]} \quad (t > 0),$$

在第三节中已证明了结论 $\lim\limits_{n\to\infty} a^{\frac{1}{n}}=1$，所以由夹逼定理知

$$\lim_{t\to 0^+} a^t = 1.$$

令 $t=-u$，则 $\lim\limits_{t\to 0^-} a^t = \lim\limits_{u\to 0^+} a^{-u} = \lim\limits_{u\to 0^+} \dfrac{1}{a^u} = 1.$

再证 $0<a<1$ 的情形.

当 $0<a<1$ 时，$\dfrac{1}{a}>1$，由 $\lim\limits_{x\to x_0} a^x = \lim\limits_{x\to x_0} \dfrac{1}{\left(\dfrac{1}{a}\right)^x} = \dfrac{1}{\left(\dfrac{1}{a}\right)^{x_0}} = a^{x_0}$ 知函数 $f(x)$ 在点

$x=x_0 \in (-\infty, +\infty)$ 连续.

1. 间断点的分类

函数的间断点即是函数的不连续点. 深入地分析间断的情况，可以更好地理解连续的本质.

$f(x)$ 在 x_0 点连续的充分必要条件是

$$\lim_{x\to x_0^-} f(x) = \lim_{x\to x_0^+} f(x) = f(x_0) \quad \text{或者} \quad f(x_0-0) = f(x_0+0) = f(x_0).$$

$f(x)$ 在 x_0 点连续意味着：

(a) $f(x)$ 在 x_0 点有定义；

(b) $f(x)$ 在 x_0 点左连续，即 $f(x_0-0) = f(x_0)$；

(c) $f(x)$ 在 x_0 点右连续，即 $f(x_0+0) = f(x_0)$.

若以上三个条件中有一个不满足，则 $f(x)$ 在 x_0 点不连续.

第一类间断点 设 x_0 为函数 $f(x)$ 的间断点，若 $f(x_0-0)$ 与 $f(x_0+0)$ 都存在，则称 x_0 为函数 $f(x)$ 的第一类间断点.

第一类间断点的几何解释如图 1.33 所示中的点 x_1, x_5, x_6, x_7.

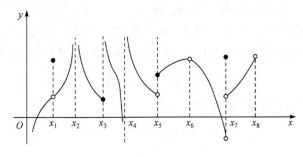

图 1.33

第一类间断点又可以分成两类:

若 $f(x_0-0) \neq f(x_0+0)$, 则称 x_0 为函数 $f(x)$ 的**跳跃性间断点**, 如图 1.33 中的 x_5, x_7 点都是跳跃性间断点;

若 $f(x_0-0) = f(x_0+0)$, 即 $\lim\limits_{x \to x_0} f(x)$ 存在, 但 $f(x_0-0) = f(x_0+0) \neq f(x_0)$, 或者 $f(x_0)$ 无意义, 则称 x_0 为函数 $f(x)$ 的**可去间断点**, 如图 1.33 中的 x_1, x_6 点是可去间断点.

当 x_0 为函数 $f(x)$ 的可去间断点时, 只要补充(或修改)定义 $f(x_0)$ 为极限值 $\lim\limits_{x \to x_0} f(x)$, 则 $f(x)$ 在 x_0 点就是连续的. 即有如下的结论:

若 x_0 为函数 $f(x)$ 的可去间断点, 则函数

$$F(x) = \begin{cases} f(x), & x \neq x_0, \\ \lim\limits_{x \to x_0} f(x), & x = x_0 \end{cases}$$

在 x_0 点连续.

例 6.8　对于函数 $f(x) = \dfrac{x^2-1}{x-1}$, 只要定义 $f(1) = 2 = \lim\limits_{x \to 1} f(x)$, 就能使 $f(x)$ 在 $x=1$ 点连续, 从而在 $(-\infty, +\infty)$ 内连续.

第二类间断点　若 $f(x_0-0)$ 与 $f(x_0+0)$ 中有一个不存在, 则称 x_0 为函数 $f(x)$ 的第二类间断点.

例 6.9　考察函数 $f(x) = e^{\frac{1}{x}}$, 显然 $x=0$ 为其间断点, 因为 $\lim\limits_{x \to 0^+} e^{\frac{1}{x}} = +\infty$, 所以 $x=0$ 为 $f(x)$ 的第二类间断点, 此时也称 $x=0$ 为 $f(x)$ 的无穷间断点.

例 6.10　考察函数 $f(x) = \sin\dfrac{1}{x}$, 显然 $x=0$ 也为其间断点, 因为 $f(x)$ 在 $x=0$ 点的左右极限都不存在, 且不为无穷大, 所以 $x=0$ 为 $f(x)$ 的第二类间断点, 此时也称 $x=0$ 为 $f(x)$ 的振荡间断点(图 1.34).

例 6.11　区间 (a,b) 内的单调函数的间断点必为第一类间断点.

证明　不妨设函数 $f(x)$ 在 (a,b) 内单调增加. $\forall x_0 \in (a,b)$, 则集合

$$\left\{ f(x) \middle| x \in (a, x_0) \right\}$$

有上界, 从而有上确界, 记为 α:

$$\alpha = \sup\left\{ f(x) \middle| x \in (a, x_0) \right\}.$$

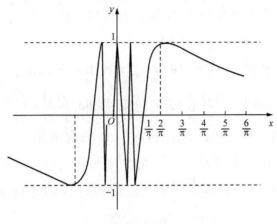

图 1.34

由上确界的定义知: $\forall x \in (a, x_0)$, 有 $f(x) \leqslant \alpha$; $\forall \varepsilon > 0, \exists x_1 \in (a, x_0)$, 使得 $f(x_1) > \alpha - \varepsilon$. 取 $\delta = x_0 - x_1$, 则当 $-\delta < x - x_0 < 0$ 时, 有 $x_1 < x < x_0$, 于是得

$$-\varepsilon < f(x_1) - \alpha < f(x) - \alpha \leqslant 0,$$

即左极限 $f(x_0 - 0) = \lim_{x \to x_0^-} f(x)$ 存在. 同理可证 $f(x_0 + 0) = \lim_{x \to x_0^+} f(x) = \beta$ 也存在, 其中

$$\beta = \inf\left\{f(x) \big| x \in (x_0, b)\right\}.$$

这就证明了 x_0 为函数 $f(x)$ 的第一类间断点.

2. 连续函数的运算, 初等函数的连续性

1) 连续函数的四则运算

由于函数的连续性是由极限定义的, 所以根据极限的性质很容易证明连续函数的性质.

定理 6.1 设函数 $f(x)$ 与 $g(x)$ 在 $x = x_0$ 都连续, 即

$$\lim_{x \to x_0} f(x) = f(x_0), \quad \lim_{x \to x_0} g(x) = g(x_0),$$

则

(1) $f(x) + g(x), f(x) - g(x)$ 在 $x = x_0$ 连续, 即

$$\lim_{x \to x_0} (f(x) + g(x)) = f(x_0) + g(x_0), \quad \lim_{x \to x_0} (f(x) - g(x)) = f(x_0) - g(x_0).$$

(2) $cf(x)$ 在 $x = x_0$ 连续, 即 $\lim_{x \to x_0} cf(x) = cf(x_0)$.

结合(1), (2)得

(3) 对任何常数 λ 和 μ, $\lambda f + \mu g$ 在 $x = x_0$ 连续, 即

$$\lim_{x \to x_0}(\lambda f(x) + \mu g(x)) = \lambda f(x_0) + \mu g(x_0).$$

(4) $f(x)g(x)$ 在 $x = x_0$ 连续, 即 $\lim_{x \to x_0}[f(x)g(x)] = f(x_0)g(x_0)$.

(5) 当 $g(x_0) \neq 0$ 时, $\dfrac{f(x)}{g(x)}$ 在 $x = x_0$ 连续, 即 $\lim_{x \to x_0}\dfrac{f(x)}{g(x)} = \dfrac{f(x_0)}{g(x_0)}$.

例 6.12 线性函数 $y = ax + b(a \neq 0)$ 在 $(-\infty, +\infty)$ 内连续.

例 6.13 多项式函数 $P(x) = a_0 x^n + a_1 x^{n-1} + \cdots + a_{n-1}x + a_n$ 在 $(-\infty, +\infty)$ 内连续.

例 6.14 有理函数 $f(x) = \dfrac{P(x)}{Q(x)}$ 在其定义域 $D = \{x \in \mathbf{R} | Q(x) \neq 0\}$ 上连续.

例 6.15 正切函数 $y = \tan x = \dfrac{\sin x}{\cos x}$ 与正割函数 $y = \sec x = \dfrac{1}{\cos x}$ 在其定义域 $\left(n\pi - \dfrac{\pi}{2}, n\pi + \dfrac{\pi}{2}\right)$ (n 为整数)内连续; 同样地, 余切函数 $y = \cot = \dfrac{\cos x}{\sin x}$ 与余割函数 $y = \csc x = \dfrac{1}{\sin x}$ 在其定义域 $(n\pi, (n+1)\pi)$ (n 为整数)内连续.

2) 反函数与复合函数的连续性

定理 6.2 (反函数的连续性定理) 设函数 $y = f(x)$ 在 $[a,b]$ 上单调增加(减少)且连续, $f(a) = \alpha, f(b) = \beta$, 则其反函数 $x = f^{-1}(y)$ 在 $[\alpha, \beta]([\beta, \alpha])$ 上单调增加(减少)且连续.

该结论在几何上看是显然的, 因为在同一个直角坐标系下函数 $f(x)$ 与其反函数 $x = f^{-1}(y)$ 表示同一条曲线.

例 6.16 反三角函数在它们的定义域内连续.

由于正弦函数 $y = \sin x$ 在 $\left[-\dfrac{\pi}{2}, \dfrac{\pi}{2}\right]$ 上单调增加且连续, 所以 $y = \arcsin x, x \in [-1,1]$ 也单调增加且连续;

余弦函数 $y = \cos x$ 在 $[0, \pi]$ 上单调减少且连续, 所以 $y = \arccos x, x \in [-1,1]$ 也单调减少且连续;

正切函数 $y = \tan x$ 在 $\left(-\dfrac{\pi}{2}, \dfrac{\pi}{2}\right)$ 上单调增加且连续, 所以 $y = \arctan x, x \in (-\infty, +\infty)$ 也单调增加且连续;

余切函数 $y = \cot x$ 在 $(0, \pi)$ 上单调减少且连续, 所以 $y = \text{arccot} x, x \in (-\infty, +\infty)$ 也单调减少且连续.

例 6.17 因为指数函数 $y = a^x(a > 0, a \neq 1)$ 在 $(-\infty, +\infty)$ 内连续且单调, 所以其

反函数对数函数 $y = \log_a x$ 在 $(0, +\infty)$ 内连续且单调.

定理 6.3 (复合函数的连续性定理)　设 $u = g(x)$ 在点 x_0 连续, $u_0 = g(x_0)$, 又 $y = f(u)$ 在点 u_0 连续, 则复合函数 $y = f[g(x)]$ 在点 x_0 连续, 即

$$\lim_{x \to x_0} f[g(x)] = f[g(x_0)]. \tag{1.6.4}$$

证明　由 $y = f(u)$ 在点 u_0 连续, 即 $\lim\limits_{u \to u_0} f(u) = f(u_0) = f[g(x_0)]$ 知, $\forall \varepsilon > 0$, $\exists \eta = \eta(\varepsilon) > 0$, 当 $|u - u_0| < \eta$ 时, 有

$$|f(u) - f(u_0)| < \varepsilon \tag{1.6.5}$$

成立. 又由 $u = g(x)$ 在点 x_0 连续, 即 $\lim\limits_{x \to x_0} g(x) = g(x_0)$ 知, 对于上述的 $\eta > 0$, $\exists \delta > 0$, 当 $|x - x_0| < \delta$ 时, 有 $|g(x) - g(x_0)| < \eta$, 即 $|u - u_0| < \eta$.

故由(1.6.5)式知

$$|f[g(x)] - f[g(x_0)]| < \varepsilon,$$

即 $\lim\limits_{x \to x_0} f[g(x)] = f[g(x_0)]$, 即 $y = f[g(x)]$ 在点 x_0 连续.

此定理用语言来描述就是: 连续函数的复合函数仍然是连续函数.

由(1.6.4)式得

$$\lim_{x \to x_0} f[g(x)] = f[g(x_0)] = f\left[\lim_{x \to x_0} g(x) \right], \tag{1.6.6}$$

所以

$$\lim_{x \to x_0} f[g(x)] = f\left[\lim_{x \to x_0} g(x) \right], \tag{1.6.7}$$

即极限运算与连续函数 f 的运算可以交换顺序.

(1.6.7)式在计算极限时是一个很有用的公式.

例 6.18　幂函数 $y = x^\alpha$ (α 为任意实数)在 $(0, +\infty)$ 内连续.

事实上, 因为 $y = x^\alpha = \mathrm{e}^{\alpha \ln x}$ 可以看作函数 $y = \mathrm{e}^u$ 与 $u = \alpha \ln x$ 的复合, 而 $y = \mathrm{e}^u$ 在 $(-\infty, +\infty)$ 内连续, $u = \alpha \ln x$ 在 $(0, +\infty)$ 内连续, 故由复合函数的连续性定理知 $y = x^\alpha$ 在 $(0, +\infty)$ 内连续.

一般地, 幂函数在其定义域内连续.

综上所述, 我们得到如下重要的结论.

定理 6.4　一切基本初等函数在其定义区间内连续.

定理 6.5　一切初等函数在其定义区间内连续.

二、利用函数的连续性求极限

函数 $f(x)$ 在点 x_0 连续的定义: $\lim\limits_{x \to x_0} f(x) = f(x_0)$, 提供了一种计算极限的方法.

例 6.19　求 $\lim\limits_{x \to 0}(e^x + 2x + 1)$.

解　因为 $f(x) = e^x + 2x + 1$ 是初等函数，其定义域为 $(-\infty, +\infty)$，所以 $f(x)$ 在 $(-\infty, +\infty)$ 内连续，显然 $0 \in (-\infty, +\infty)$，故 $f(x)$ 在 $x = 0$ 点连续，所以

$$\lim_{x \to 0}(e^x + 2x + 1) = f(0) = 2.$$

同时，复合函数的连续性定理也提供了一种计算极限的有效方法.

值得注意的是公式(1.6.6)或者(1.6.7)成立的条件还可以减弱.

定理 6.6　若 $y = f(u)$ 在点 u_0 连续，且 $\lim\limits_{x \to x_0} g(x) = u_0$，则

$$\lim_{x \to x_0} f[g(x)] = f\left[\lim_{x \to x_0} g(x)\right] = f(u_0). \tag{1.6.8}$$

此结论的证明与复合函数的连续性定理完全相似.

定理 6.7　若 $\lim\limits_{u \to u_0} f(u) = A$，$\lim\limits_{x \to x_0} g(x) = u_0$，且在 x_0 的某一去心邻域内，$g(x) \ne u_0$，则

$$\lim_{x \to x_0} f[g(x)] = \lim_{u \to u_0} f(u) = A. \tag{1.6.9}$$

此结论的证明也与复合函数的连续性定理完全相似.

此结论说明，极限的变量替换法则成立，即

$$\lim_{x \to x_0} f[g(x)] \xlongequal{u = g(x)} \lim_{u \to u_0} f(u) = A. \tag{1.6.10}$$

例 6.20　求极限 $\lim\limits_{x \to 0} \dfrac{\log_a(1+x)}{x}$.

解　因为分子、分母的极限都是零 $\left(\text{即所谓的 } \dfrac{0}{0} \text{ 型极限}\right)$，所以不能直接用极限的商的运算法则，也不能直接用连续定义求极限.

设 $y = \dfrac{\log_a(1+x)}{x} = \log_a(1+x)^{\frac{1}{x}}$，令 $u = (1+x)^{\frac{1}{x}}$，则 $y = \log_a u$，由于

$$\lim_{x \to 0}(1+x)^{\frac{1}{x}} = e,$$

而 $y = \log_a u$ 在 $u = e$ 连续，所以

$$\lim_{x \to 0} \frac{\log_a(1+x)}{x} = \lim_{x \to 0} \log_a(1+x)^{\frac{1}{x}} = \log_a\left[\lim_{x \to 0}(1+x)^{\frac{1}{x}}\right] = \log_a e = \frac{1}{\ln a}.$$

这样我们就得到一个重要极限：

$$\lim_{x \to 0} \frac{\log_a(1+x)}{x} = \frac{1}{\ln a}. \tag{1.6.11}$$

特别地，当 $a = \mathrm{e}$ 时，有

$$\lim_{x \to 0} \frac{\ln(1+x)}{x} = 1. \tag{1.6.12}$$

例 6.21　求极限 $\lim\limits_{x \to 0} \dfrac{a^x - 1}{x}$.

解　此极限也是 $\dfrac{0}{0}$ 型极限.

设 $u = a^x - 1$，则 $x = \log_a(1+u)$，当 $x \to 0$ 时 $u \to 0$，并且 $x \neq 0$ 时 $u \neq 0$，于是

$$\lim_{x \to 0} \frac{a^x - 1}{x} = \lim_{u \to 0} \frac{u}{\log_a(1+u)} = \frac{1}{\lim\limits_{u \to 0} \dfrac{\log_a(1+u)}{u}} = \ln a.$$

这样我们又得到另一个重要极限：

$$\lim_{x \to 0} \frac{a^x - 1}{x} = \ln a. \tag{1.6.13}$$

这也是一个重要极限.

特别地，当 $a = \mathrm{e}$ 时，有

$$\lim_{x \to 0} \frac{\mathrm{e}^x - 1}{x} = 1. \tag{1.6.14}$$

例 6.22　求极限: (1) $\lim\limits_{x \to \infty}\left(\dfrac{x+1}{x-1}\right)^x$;　(2) $\lim\limits_{x \to 1} x^{\frac{1}{1-x}}$.

这两个极限都属于所谓的 1^∞ 型极限，常利用公式 $\lim\limits_{x \to 0}(1+x)^{\frac{1}{x}} = \mathrm{e}$ 来计算.

解　(1) $\lim\limits_{x \to \infty}\left(\dfrac{x+1}{x-1}\right)^x = \lim\limits_{x \to \infty}\left(1 + \dfrac{2}{x-1}\right)^x = \lim\limits_{x \to \infty}\left(1 + \dfrac{2}{x-1}\right)^{\frac{x-1}{2} \cdot \frac{2x}{x-1}}$

$$= \lim_{x \to \infty}\left[\left(1 + \frac{2}{x-1}\right)^{\frac{x-1}{2}}\right]^{\frac{2x}{x-1}} = \mathrm{e}^2.$$

(2) $\lim\limits_{x \to 1} x^{\frac{1}{1-x}} = \lim\limits_{x \to 1}\left\{[1+(x-1)]^{\frac{1}{x-1}}\right\}^{-1} = \mathrm{e}^{-1}.$

例 6.23　指出 $f(x) = \dfrac{x^2 - x}{|x-1|\sin x}$ 的间断点，并判断其类型.

解　当 $x = 0, 1, k\pi (k = \pm 1, \pm 2, \cdots)$ 时 $f(x)$ 无意义，所以它们都为 $f(x)$ 的间断点. 因为

$$\lim_{x\to 0}\frac{x^2-x}{|x-1|\sin x}=\lim_{x\to 0}\frac{x-1}{|x-1|}\cdot\frac{x}{\sin x}=-1,$$

所以 $x=0$ 为 $f(x)$ 的第一类(可去)间断点; 又

$$\lim_{x\to 1^-}\frac{x^2-x}{|x-1|\sin x}=\lim_{x\to 1^-}\frac{(x-1)x}{(1-x)\sin x}=-\frac{1}{\sin 1},$$

$$\lim_{x\to 1^+}\frac{x^2-x}{|x-1|\sin x}=\lim_{x\to 1^+}\frac{(x-1)x}{(x-1)\sin x}=\frac{1}{\sin 1},$$

所以 $x=1$ 为 $f(x)$ 的第一类(跳跃)间断点;

又因为

$$\lim_{x\to k\pi}\frac{x^2-x}{|x-1|\sin x}=\lim_{x\to k\pi}\frac{(x-1)x}{|x-1|\sin x}=\infty,$$

所以 $k\pi(k=\pm 1,\pm 2,\cdots)$ 为 $f(x)$ 的第二类(无穷)间断点.

例 6.24　讨论函数 $f(x)=\lim\limits_{n\to\infty}\dfrac{\ln(e^n+x^n)}{n}$ ($x>0$)在定义域内是否连续.

解　当 $0<x\leqslant e$ 时,

$$f(x)=\lim_{n\to\infty}\frac{\ln(e^n+x^n)}{n}=\lim_{n\to\infty}\frac{\ln e^n\left[1+\left(\dfrac{x}{e}\right)^n\right]}{n}$$

$$=\lim_{n\to\infty}\frac{n+\ln\left[1+\left(\dfrac{x}{e}\right)^n\right]}{n}=1,$$

当 $x>e$ 时,

$$f(x)=\lim_{n\to\infty}\frac{\ln(e^n+x^n)}{n}=\lim_{n\to\infty}\frac{\ln x^n\left[1+\left(\dfrac{e}{x}\right)^n\right]}{n}$$

$$=\lim_{n\to\infty}\frac{n\ln x+\ln\left[1+\left(\dfrac{e}{x}\right)^n\right]}{n}=\ln x.$$

所以 $f(x)=\begin{cases}1,& 0<x\leqslant e,\\ \ln x,& x>e.\end{cases}$

由于 $f(e-0)=\lim\limits_{x\to e^-}f(x)=1, f(e+0)=\lim\limits_{x\to e^+}f(x)=\lim\limits_{x\to e^+}\ln x=1$, 而 $f(e)=1$, 故 $f(x)$ 在 $x=1$ 处连续, 从而 $f(x)$ 在定义域内连续.

三、闭区间上连续函数的性质

从本质上讲, 函数在一点连续只描述了函数在这一点附近的性质, 所以连续的概念只是一个局部的概念. 但如果函数在某个闭区间上连续, 则函数就具有一些全局的性质. 这些性质非常有用. 虽然它们在几何上看是很自然的, 但其严格证明却相当困难.

1. 有界性定理

定理 6.8 若函数 $f(x)$ 在闭区间 $[a,b]$ 上连续, 则 $f(x)$ 在 $[a,b]$ 上必有界.

证明 利用反证法.

假设函数 $f(x)$ 在闭区间 $[a,b]$ 上无界, 将区间 $[a,b]$ 二等分, 得到两个区间 $\left[a,\dfrac{a+b}{2}\right]$ 与 $\left[\dfrac{a+b}{2},b\right]$. 则 $f(x)$ 至少在其中有一个区间上无界, 将此区间记为 $[a_1,b_1]$. 将区间 $[a_1,b_1]$ 二等分, 得到两个区间 $\left[a_1,\dfrac{a_1+b_1}{2}\right]$ 与 $\left[\dfrac{a_1+b_1}{2},b_1\right]$, 同样 $f(x)$ 至少在其中有一个区间上无界, 将此区间记为 $[a_2,b_2]$, $\cdots$, 这样的步骤一直进行下去, 就得到一个闭区间套 $\{[a_n,b_n]\}$, 使得函数 $f(x)$ 在每一个闭区间 $[a_n,b_n]$ 上都无界.

根据闭区间套定理知, 存在唯一的 ξ 属于所有的闭区间 $[a_n,b_n]$, 且 $\xi = \lim\limits_{n\to\infty} a_n = \lim\limits_{n\to\infty} b_n$.

由于 $\xi \in [a,b]$, 所以 $f(x)$ 在点 ξ 连续, 即 $\lim\limits_{x\to\xi} f(x) = f(\xi)$, 从而存在 $\delta > 0$, $M > 0$, 当 $x \in O(\xi,\delta)\bigcap[a,b]$ 时, 有

$$|f(x)| \leqslant M.$$

由 $\xi = \lim\limits_{n\to\infty} a_n = \lim\limits_{n\to\infty} b_n$ 知, 对于充分大的 n, 有

$$[a_n,b_n] \subset O(\xi,\delta)\bigcap[a,b].$$

这就得到: 对于充分大的 n, 函数 $f(x)$ 在闭区间 $[a_n,b_n]$ 上有界. 从而得到矛盾. 故函数 $f(x)$ 在 $[a,b]$ 上必有界.

但当函数在开区间内连续时, 不能保证函数有界. 如函数 $f(x) = \dfrac{1}{x}$ 在开区间 $(0,1)$ 内连续, 但显然是无界的.

定理 6.9 (最大值与最小值定理) 若函数 $f(x)$ 在闭区间 $[a,b]$ 上连续, 则 $f(x)$ 在 $[a,b]$ 上必能取到最大值 M 与最小值 m. 即存在 $x_1,x_2 \in [a,b]$, 使得对 $\forall x \in [a,b]$,

有 $f(x_1) = M, f(x_2) = m,$ 使得 $\forall x \in [a,b], f(x_2) \leqslant f(x) \leqslant f(x_1).$

从物理上看, 温度是连续变化的, 每天 24 小时都有条连续的曲线, 该物体温度一定有最高点, 也有最低点. 从几何上看, 在一段连续的曲线上, 必有一个最高点, 也有一个最低点. 这个最高点的横坐标即为该函数的最大值点, 纵坐标即为该函数的最大值; 这个最低点的横坐标即为该函数的最小值点, 纵坐标即为该函数的最小值(图 1.35).

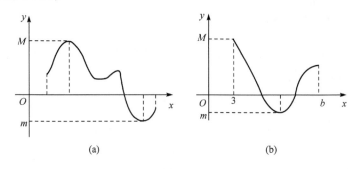

图 1.35

证明　由定理 6.8 知集合 $R_f = \{f(x) | x \in [a,b]\}$ 为有界集, 故存在上确界和下确界, 记 $\alpha = \inf R_f, \beta = \sup R_f.$ 下面证明 $\exists \xi \in [a,b], \exists \eta \in [a,b],$ 使得 $f(\xi) = \alpha,$ $f(\eta) = \beta.$

因 α 是集 R_f 的下确界, 所以 $\forall x \in [a,b],$ 有 $f(x) \geqslant \alpha; \forall \varepsilon > 0, \exists x \in [a,b],$ 使得 $f(x) < \alpha + \varepsilon.$ 于是取一系列 $\varepsilon = \dfrac{1}{n}, n = 1,2,3,\cdots,$ 对应地得到一个数列 $\{x_n\}$ 满足

$$x_n \in [a,b], \quad \alpha \leqslant f(x_n) < \alpha + \frac{1}{n}, \quad n = 1,2,3,\cdots.$$

$\{x_n\}$ 为有界数列, 所以存在收敛的子数列 $\{x_{n_k}\},$ 使得 $\lim\limits_{k \to \infty} x_{n_k} = \xi \in [a,b],$ 且有

$$\alpha \leqslant f(x_{n_k}) < \alpha + \frac{1}{n_k}, \quad k = 1,2,3,\cdots.$$

令 $k \to \infty$ 得 $\alpha \leqslant \lim\limits_{k \to \infty} f(x_{n_k}) = f(\xi) \leqslant \alpha,$ 即

$$f(\xi) = \alpha = \inf R_f.$$

这就说明 $f(x)$ 在闭区间 $[a,b]$ 上取得最小值 $\alpha = \inf R_f.$ 同理可以证明 $f(x)$ 在闭区间 $[a,b]$ 上取得最大值 $\beta = \sup R_f.$

同样要注意的是开区间内的连续函数不一定能取得最大值或最小值. 如函数 $f(x) = \dfrac{1}{x}$ 在 $(0,1)$ 内连续, 但 $f(x)$ 在 $(0,1)$ 内无最大值和最小值.

2. 零点存在定理

定理 6.10 设函数 $f(x)$ 在闭区间 $[a,b]$ 上连续，且 $f(a)f(b)<0$，则存在 $\xi\in(a,b)$，使得 $f(\xi)=0$，即方程 $f(x)=0$ 在开区间 (a,b) 内至少有一个实根. 如图 1.36 所示.

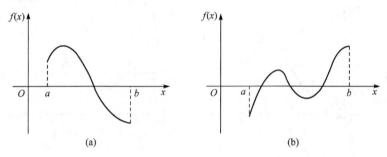

(a)　　　　　　　　(b)

图 1.36

证明 不妨设 $f(a)<0$，$f(b)>0$. 将区间 $[a,b]$ 二等分，得到两个区间 $\left[a,\dfrac{a+b}{2}\right]$ 与 $\left[\dfrac{a+b}{2},b\right]$. 若 $f\left(\dfrac{a+b}{2}\right)=0$，则取 $\xi=\dfrac{a+b}{2}$；若 $f\left(\dfrac{a+b}{2}\right)\neq0$，则 $f\left(\dfrac{a+b}{2}\right)$ 与 $f(a)$ 或 $f(b)$ 异号，故必有一子区间，使得 $f(x)$ 在这个子区间的两个端点异号，将此区间记为 $[a_1,b_1]$，设 $f(a_1)<0$，$f(b_1)>0$. 将区间 $[a_1,b_1]$ 二等分，得到两个区间 $\left[a_1,\dfrac{a_1+b_1}{2}\right]$ 与 $\left[\dfrac{a_1+b_1}{2},b_1\right]$，若 $f\left(\dfrac{a_1+b_1}{2}\right)=0$，则取 $\xi=\dfrac{a_1+b_1}{2}$；若 $f\left(\dfrac{a_1+b_1}{2}\right)\neq0$，则必有 $[a_1,b_1]$ 一子区间 $[a_2,b_2]$，使得 $f(a_2)<0,f(b_2)>0,\cdots$，这样的步骤一直进行下去，若在有限次等分后，$f(x)$ 在某个分点 $\dfrac{a_n+b_n}{2}$ 之值为零，则取 $\xi=\dfrac{a_n+b_n}{2}$，否则就得到一个闭区间套 $\{[a_n,b_n]\}$，使得函数 $f(x)$ 在每一个闭区间 $[a_n,b_n]$ 上都满足 $f(a_n)<0,f(b_n)>0$.

根据闭区间套定理知，存在唯一的 ξ 属于所有的闭区间 $[a_n,b_n]$，且 $\xi=\lim\limits_{n\to\infty}a_n=\lim\limits_{n\to\infty}b_n$.

由于 $f(x)$ 在点 ξ 连续，所以 $f(\xi)=\lim\limits_{n\to\infty}f(a_n)\leqslant0$，且 $f(\xi)=\lim\limits_{n\to\infty}f(b_n)\geqslant0$，故 $f(\xi)=0$. 又由已知条件知 $\xi\neq a,\xi\neq b$，故 $\xi\in(a,b)$.

3. 介值定理

定理 6.11　若函数 $f(x)$ 在闭区间 $[a,b]$ 上连续，$f(a) \neq f(b)$，则对于任何介于 $f(a)$ 与 $f(b)$ 之间的任意值 c，存在 $\xi \in (a,b)$，使得 $f(\xi) = c$.

换句话说，连续函数可以取得介于两个端点值之间的任意值(图 1.37).

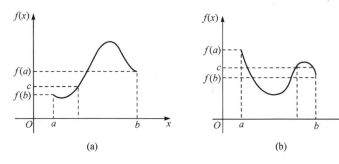

图 1.37

证明　设 $F(x) = f(x) - c$，则 $F(x)$ 在闭区间 $[a,b]$ 上连续，且 $F(a) = f(a) - c$ 与 $F(b) = f(b) - c$ 异号，从而由零点存在定理知，存在 $\xi \in (a,b)$，使得 $F(\xi) = 0$，即 $f(\xi) = c$.

推论 1　若函数 $f(x)$ 在闭区间 $[a,b]$ 上连续，M 与 m 分别为 $f(x)$ 在 $[a,b]$ 上的最大值与最小值，且 $M > m$，则对于任意满足 $m < c < M$ 的常数 c，存在 $\eta \in [a,b]$，使 $f(\eta) = c$(图 1.38).

即连续函数必可取得介于最小值与最大值之间的任意值. 事实上，设 x_1 与 x_2 分别是 $f(x)$ 在 $[a,b]$ 上的最大值点与最小值点，则 $f(x)$ 在 $[x_1, x_2]$(或者 $[x_2, x_1]$) 上连续，再利用介值定理即得结论.

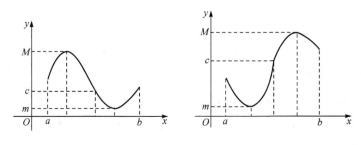

图 1.38

推论 2　若函数 $f(x)$ 在闭区间 $[a,b]$ 上连续，M 与 m 分别为 $f(x)$ 在 $[a,b]$ 上的最大值与最小值，则 $f(x)$ 的值域 $R_f = [m, M]$.

例 6.25　证明方程 $2x^3 - 3x^2 + 2x - 3 = 0$ 在区间 $(1,2)$ 至少存在一个实根.

证明　令 $f(x) = 2x^3 - 3x^2 + 2x - 3$, $f(x)$ 的定义域为 $(-\infty, +\infty)$, 所以 $f(x)$ 在 $(-\infty, +\infty)$ 内连续, 当然在闭区间 $[1,2]$ 上连续; 而 $f(1) = -2 < 0$, $f(2) = 5 > 0$. 所以由根的存在定理知 $f(x) = 2x^3 - 3x^2 + 2x - 3 = 0$ 在区间 $(1,2)$ 至少存在一个实根.

但在实际问题中, 方程根的存在范围往往是不知道的, 而需要根据方程本身的结构来确定方程根的存在范围.

例 6.26　估计方程 $x^3 - 6x + 2 = 0$ 的根的位置.

解　令 $f(x) = x^3 - 6x + 2$, 显然 $f(x)$ 的定义域为 $(-\infty, +\infty)$, 所以在 $(-\infty, +\infty)$ 内连续. 由于 $f(-3) = -7 < 0$, $f(-2) = 6 > 0$, $f(0) = 2 > 0$, $f(1) = -3 < 0$, $f(2) = -2$, $f(3) = 11$, 所以由根的存在定理知方程 $f(x) = x^3 - 6x + 2 = 0$ 分别在 $(-3, -2), (0, 1)$, $(2, 3)$ 内至少各有一个实根. 另一方面, $f(x)$ 为三次多项式, 至多有三个零点, 所以方程 $f(x) = x^3 - 6x + 2 = 0$ 恰有三个实根, 分别在 $(-3, -2), (0, 1), (2, 3)$ 内.

例 6.27　证明任何奇次多项式

$$P(x) = a_0 x^{2n+1} + a_1 x^{2n} + \cdots + a_{2n} x + a_{2n+1} \quad (a_0 \neq 0)$$

至少存在一个实零点.

证明　将 $P(x)$ 变形得

$$P(x) = x^{2n+1} \left(a_0 + a_1 \cdot \frac{1}{x} + \cdots + a_{2n} \cdot \frac{1}{x^{2n}} + a_{2n+1} \cdot \frac{1}{x^{2n+1}} \right).$$

为简单起见, 不妨设 $a_0 > 0$. 于是

$$\lim_{x \to +\infty} P(x) = +\infty, \quad \lim_{x \to -\infty} P(x) = -\infty.$$

由 $\lim\limits_{x \to +\infty} P(x) = +\infty$ 知, 存在 $X_1 > 0$, 当 $x > X_1$ 时, 则 $f(x) > 0$ 成立.

取 $x_1 > X_1$, $f(x_1) > 0$ 成立.

由 $\lim\limits_{x \to -\infty} P(x) = -\infty$ 知, 存在 $X_2 > 0$, 当 $x < -X_2$ 时, $f(x) < 0$ 成立.

取 $x_2 < -X_2$, $f(x_2) < 0$ 成立.

由于多项式 $P(x)$ 在 $(-\infty, +\infty)$ 内连续, 所以在闭区间 $[x_2, x_1]$ 上连续. 故由根的存在定理知 $P(x) = 0$ 在 (x_2, x_1) 内至少存在一个实根. 这样就证明了多项式 $P(x)$ 至少存在一个实零点.

例 6.28　设 $f(x)$ 在闭区间 $[a,b]$ 上连续, 并且 $a \leqslant f(x) \leqslant b$, 证明在 $[a,b]$ 上至少存在一点 $\xi \in [a,b]$, 使得 $f(\xi) = \xi$.

注意　若点 x_0 满足 $f(x_0) = x_0$, 则称 x_0 为函数 $f(x)$ 的不动点. 不动点是数学中的一个非常有用的概念, 有许多论述不动点的文献. 在几何上看, 一元函数的不动点实际上就是曲线 $y = f(x)$ 与直线 $y = x$ 的交点的横坐标(图 1.39).

从几何上看, 本题的结论也是很自然的(图 1.40).

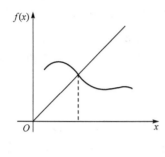

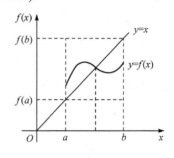

图 1.39　　　　　　　　　　　　　　　　图 1.40

证明　令 $F(x) = f(x) - x$. 显然 $F(x)$ 在 $[a,b]$ 上连续, 且

$$F(a) = f(a) - a \geqslant 0, \quad F(b) = f(b) - b \leqslant 0.$$

若 $F(a) = 0$ 或者 $F(b) = 0$, 即 $f(a) = a$ 或者 $f(b) = b$, 则 $\xi = a$ 或者 $\xi = b$, 即满足 $f(\xi) = \xi$.

若 $F(a) > 0$ 且 $F(b) < 0$, 则由根的存在定理知, 存在 $\xi \in (a,b)$, 使得 $F(\xi) = 0$, 即 $f(\xi) = \xi$.

4. 一致连续性

回顾一下连续函数的定义: 函数 $f(x)$ 在点 $x = x_0$ 连续 $\Leftrightarrow \lim\limits_{x \to x_0} f(x) = f(x_0)$ $\Leftrightarrow \forall \varepsilon > 0, \exists \delta = \delta(\varepsilon) > 0$, 使得当 $|x - x_0| < \delta$ 时, 有 $|f(x) - f(x_0)| < \varepsilon$.

在此定义中, δ 不仅与 ε 有关, 而且与 x_0 有关, 应记为 $\delta = \delta(x_0, \varepsilon)$. 也就是说, 对于同一个 ε, 在不同的 x_0 处, 使 $|f(x) - f(x_0)| < \varepsilon$ 的 x 取值范围可以差得很多. 如函数 $f(x) = \dfrac{1}{x}$ 在 $(0, +\infty)$ 内连续, 由图 1.41 易知, 对于同样的 ε, 使 $|f(x) - f(x_0)| < \varepsilon$

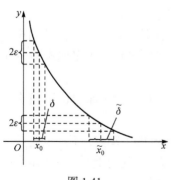

图 1.41

成立的 δ 的最大值在远离原点的 $\tilde{x}_0$ 处为 $\tilde{\delta}$, 而在靠近原点的 x_0 处为 δ, 很明显, $\tilde{\delta}$ 比 δ 大得多.

我们自然要问, 对于 $\forall \varepsilon > 0$, 是否存在只与 ε 有关的 δ, 使得对于区间中的任意两点 x_1, x_2, 只要满足 $|x_1 - x_2| < \delta$, 就成立 $|f(x_1) - f(x_2)| < \varepsilon$? 这就涉及一致连续性的概念, 它与讨论的函数有关, 而且与讨论的区间有关.

定义 6.7　设函数 $f(x)$ 在区间 X 上有定义, 若 $\forall \varepsilon > 0, \exists \delta = \delta(\varepsilon) > 0$, 使得对于区间 X 中的任

意两点 x_1, x_2, 只要满足 $|x_1 - x_2| < \delta$, 就成立 $|f(x_1) - f(x_2)| < \varepsilon$, 则称函数 $f(x)$ 在区间 X 上**一致连续**.

显然, $f(x)$ 在区间 X 上**一致连续** $\Rightarrow f(x)$ 在区间 X 上**连续**.

例 6.29　函数 $f(x) = \sin x$ 在 $(-\infty, +\infty)$ 上一致连续.

证明　$\forall \varepsilon > 0, \exists \delta = \varepsilon > 0$, 当 $|x_1 - x_2| < \delta$ 时,

$$|\sin x_1 - \sin x_2| = 2\left| \sin \frac{x_1 - x_2}{2} \cos \frac{x_1 + x_2}{2} \right| \leqslant |x_1 - x_2| < \varepsilon,$$

故函数 $f(x) = \sin x$ 在 $(-\infty, +\infty)$ 上一致连续.

同理, 可以证明函数 $f(x) = \cos x$ 在 $(-\infty, +\infty)$ 上一致连续.

下面定理给出了判断一个函数不一致连续的很简便的方法.

定理 6.12　设函数 $f(x)$ 在区间 X 上有定义, 则 $f(x)$ 在区间 X 上**一致连续**的充分必要条件是: 对于任何两个数列 $\{x_n^{(1)}\} \subset X, \{x_n^{(2)}\} \subset X$, 只要满足

$$\lim_{n \to \infty} (x_n^{(1)} - x_n^{(2)}) = 0,$$

就有 $\lim\limits_{n \to \infty} (f(x_n^{(1)}) - f(x_n^{(2)})) = 0$.

证明　必要性　由 $f(x)$ 在区间 X 上一致连续知: $\forall \varepsilon > 0, \exists \delta = \delta(\varepsilon) > 0$, 使得对于区间 X 中的任意两点 x_1, x_2, 只要满足 $|x_1 - x_2| < \delta$, 就成立 $|f(x_1) - f(x_2)| < \varepsilon$.

对于上述 $\delta > 0$, 由 $\lim\limits_{n \to \infty} (x_n^{(1)} - x_n^{(2)}) = 0$ 知, $\exists N > 0$, 当 $n > N$ 时, 成立 $|x_n^{(1)} - x_n^{(2)}| < \delta$, 从而

$$|f(x_n^{(1)}) - f(x_n^{(2)})| < \varepsilon,$$

即 $\lim\limits_{n \to \infty} (f(x_n^{(1)}) - f(x_n^{(2)})) = 0$.

充分性　反证法. 假设 $f(x)$ 在区间 X 上非一致连续, 则 $\exists \varepsilon_0 > 0, \forall \delta > 0, \exists$ 区间 X 中的两点 x_1, x_2, 满足 $|x_1 - x_2| < \delta, |f(x_1) - f(x_2)| \geqslant \varepsilon_0$.

取 $\delta_n = \dfrac{1}{n}$, 则存在 $x_n^{(1)}, x_n^{(2)} \subset X$, 满足 $|x_n^{(1)} - x_n^{(2)}| < \dfrac{1}{n}$, $|f(x_n^{(1)}) - f(x_n^{(2)})| \geqslant \varepsilon_0$, 这说明 $\lim\limits_{n \to \infty} |f(x_n^{(1)}) - f(x_n^{(2)})| \neq 0$, 产生矛盾.

例 6.30　证明函数 $f(x) = \dfrac{1}{x}$ 在 $(0, 1)$ 内非一致连续.

证明　取 $x_n^{(1)} = \dfrac{1}{n}, x_n^{(2)} = \dfrac{1}{2n}$, 则有

$$\lim_{n \to \infty} (x_n^{(1)} - x_n^{(2)}) = 0,$$

但 $\lim\limits_{n\to\infty}(f(x_n^{(1)})-f(x_n^{(2)}))=\lim\limits_{n\to\infty}(-n)=\infty\neq 0$, 这就证明了 $f(x)=\dfrac{1}{x}$ 在 $(0,1)$ 内非一致连续.

例 6.31　证明函数 $f(x)=x^2$ 在 $(0,+\infty)$ 内非一致连续, 但在 $[0,A](A>0, A$ 为常数$)$ 上一致连续.

证明　取 $x_n^{(1)}=\sqrt{n+1}, x_n^{(2)}=\sqrt{n}$, 则有 $\lim\limits_{n\to\infty}(x_n^{(1)}-x_n^{(2)})=\lim\limits_{n\to\infty}(\sqrt{n+1}-\sqrt{n})=0$,

但 $\lim\limits_{n\to\infty}(f(x_n^{(1)})-f(x_n^{(2)}))=1$, 这就证明了 $f(x)=x^2$ 在 $(0,+\infty)$ 内非一致连续.

当区间限制在 $[0,A]$ 时, 由于
$$|f(x_1)-f(x_2)|=|x_1^2-x_2^2|=|x_1-x_2\|x_1+x_2|\leqslant 2A|x_1-x_2|,$$
所以 $\forall\varepsilon>0,\exists\delta=\dfrac{\varepsilon}{2A}>0$, 使得对于区间 $[0,A]$ 中的任意两点 x_1,x_2, 只要满足 $|x_1-x_2|<\delta$, 就有 $|f(x_1)-f(x_2)|<\varepsilon$ 成立, 即 $f(x)=x^2$ 在 $[0,A]$ 上一致连续.

由以上例子可知, 在无限区间 $[a,+\infty)$ 上或者在有限开区间 (a,b) 内的连续函数不一定一致连续. 但当函数在有限的闭区间 $[a,b]$ 上连续时, 则它必定一致连续.

定理 6.13 (康托尔定理)　若函数 $f(x)$ 在闭区间 $[a,b]$ 上连续, 则它在 $[a,b]$ 上一致连续.

证明　反证法. 假设 $f(x)$ 在区间 $[a,b]$ 上非一致连续, 则 $\exists\varepsilon_0>0,\forall\delta>0,\exists$ 区间 $[a,b]$ 中的两点 x_1,x_2, 满足 $|x_1-x_2|<\delta,|f(x_1)-f(x_2)|\geqslant\varepsilon_0$.

取 $\delta_n=\dfrac{1}{n}$, 则存在 $x_n^{(1)},x_n^{(2)}\in[a,b]$, 满足
$$|x_n^{(1)}-x_n^{(2)}|<\frac{1}{n},\quad |f(x_n^{(1)})-f(x_n^{(2)})|\geqslant\varepsilon_0,\quad n=1,2,3,\cdots.$$
由于 $\{x_n^{(1)}\}\subset[a,b]$ 为有界数列, 所以存在收敛的子数列 $\{x_{n_k}^{(1)}\}$,
$$\lim\limits_{k\to\infty}x_{n_k}^{(1)}=x_0\in[a,b],$$
在点列 $\{x_n^{(2)}\}\subset[a,b]$ 中取子数列 $\{x_{n_k}^{(2)}\}$, 其下标与 $\{x_{n_k}^{(1)}\}$ 一样, 则由
$$|x_{n_k}^{(1)}-x_{n_k}^{(2)}|<\frac{1}{n_k},\quad k=1,2,3,\cdots$$
可得
$$\lim\limits_{k\to\infty}x_{n_k}^{(2)}=\lim\limits_{k\to\infty}[x_{n_k}^{(1)}+(x_{n_k}^{(2)}-x_{n_k}^{(1)})]=x_0,$$
又函数 $f(x)$ 在 x_0 连续, 所以

$$\lim_{k\to\infty} f(x_{n_k}^{(1)}) = \lim_{k\to\infty} f(x_{n_k}^{(2)}) = f(x_0),$$

于是得到

$$\lim_{k\to\infty}[f(x_{n_k}^{(1)}) - f(x_{n_k}^{(2)})] = 0.$$

但这与 $|f(x_n^{(1)}) - f(x_n^{(2)})| \geqslant \varepsilon_0$ 矛盾. 从而假设是错误的, 故函数 $f(x)$ 在闭区间 $[a,b]$ 上一致连续.

习　题　1.6

1. a 为何值时, 函数 $f(x) = \begin{cases} \dfrac{x^2-4}{x-2}, & x \neq 2 \\ a, & x = 2 \end{cases}$ 在 $x = 2$ 处连续.

2. 若 $f(x)$ 在点 x_0 连续, 则 $f^2(x)$ 与 $|f(x)|$ 在点 x_0 也连续. 反之, 若 $f^2(x)$ 与 $|f(x)|$ 在点 x_0 连续, 能否断言 $f(x)$ 在点 x_0 连续?

3. 若函数 $f(x)$ 在 (a,b) 内连续, 且 $\lim\limits_{x\to a^+} f(x)$ 和 $\lim\limits_{x\to a^-} f(x)$ 存在, 证明函数 $f(x)$ 在 (a,b) 内有界.

4. 求下列函数的不连续点, 并说明是哪类间断点.

(1) $f(x) = \dfrac{\sin x}{x^2-1}$;

(2) $f(x) = \dfrac{x-1}{|x-1|}$;

(3) $f(x) = \dfrac{\tan x}{x^2+1}$;

(4) $f(x) = \dfrac{1}{1-e^{\frac{x}{1-x}}}$;

(5) $f(x) = \begin{cases} 0, & x < 0, \\ x, & 0 \leqslant x < 1, \\ -x^2+4x-2, & 1 \leqslant x < 3, \\ 4x, & x \geqslant 3; \end{cases}$

(6) $f(x) = \begin{cases} \sin\dfrac{1}{x^2-1}, & x < 0, \\ \dfrac{x^2-1}{\cos\dfrac{\pi}{2}x}, & x \geqslant 0. \end{cases}$

5. 确定常数 a 的值, 使得函数 $f(x) = \begin{cases} a+x^2, & x \leqslant 0, \\ x\sin\dfrac{1}{x}, & x > 0 \end{cases}$ 在 $x = 0$ 处连续.

6. 确定常数 k 的值, 使得函数 $f(x) = \begin{cases} (x+k)^2, & x \leqslant 0, \\ \dfrac{\sin 4x}{x}, & x > 0 \end{cases}$ 在 $x = 0$ 处连续.

7. 确定常数 a 的值, 使得函数 $f(x) = \begin{cases} \arctan \dfrac{1}{x}, & x < 0 \\ a + \sqrt{x}, & x \geqslant 0 \end{cases}$ 在 $x = 0$ 处连续.

8. 设 $f(x) = \begin{cases} a + e^{\frac{1}{x}}, & x < 0, \\ b + 2, & x = 0, \\ \dfrac{\sin 5x}{x}, & x > 0 \end{cases}$ 在 $x = 0$ 处连续, 求常数 a, b 的值.

9. 设 $f(x) = \begin{cases} \dfrac{a\sin^2 x + b\cos x + 2}{3x^2}, & x < 0, \\ 2, & x = 0, \\ c + x, & x > 0, \end{cases}$ 试确定 a, b, c 的值, 使函数 $f(x)$ 在点 $x = 0$ 处连续.

10. 讨论函数 $f(x) = \lim\limits_{n \to \infty} \dfrac{1 - x^{2n}}{x(1 + x^{2n})}$ 的连续性, 若有间断点, 判断其类型.

11. 计算下列极限:

(1) $\lim\limits_{x \to 4} \dfrac{\sqrt{1 + 2x} - 3}{\sqrt{x} - 2}$;

(2) $\lim\limits_{x \to 0} \dfrac{\ln(1 + x)}{x}$;

(3) $\lim\limits_{x \to b} \dfrac{a^x - a^b}{x - b}$;

(4) $\lim\limits_{x \to 2^+} \dfrac{\sqrt{x} - \sqrt{2} + \sqrt{x - 2}}{\sqrt{x^2 - 4}}$;

(5) $\lim\limits_{x \to +\infty} \dfrac{\sqrt{x + \sqrt{x + \sqrt{x}}}}{\sqrt{x + 1}}$;

(6) $\lim\limits_{x \to 0} (\sec^2 x)^{\operatorname{ctg}^2 x}$;

(7) $\lim\limits_{x \to -\infty} x(\sqrt{x^2 + 1} - x)$;

(8) $\lim\limits_{x \to +\infty} x(\sqrt{x^2 + 1} - x)$;

(9) $\lim\limits_{n \to \infty} \left(\dfrac{n + x}{n - 1} \right)^n$;

(10) $\lim\limits_{x \to a} \left(\dfrac{\sin x}{\sin a} \right)^{\frac{1}{x - a}}$;

(11) $\lim\limits_{x \to 0} (1 - 3x)^{\frac{2}{x}}$;

(12) $\lim\limits_{n \to \infty} \left(1 + \dfrac{r}{n} \right)^{nt}$;

(13) $\lim\limits_{x \to 0} (\cos x)^{\frac{2}{x^2}}$;

(14) $\lim\limits_{x \to 0^-} \sqrt[x]{\cos \sqrt{x}}$;

(15) $\lim\limits_{x \to +\infty} x[\ln(x - 2) - \ln x]$;

(16) $\lim\limits_{x \to 1} (2 - x)^{\sec \frac{\pi x}{2}}$;

(17) $\lim\limits_{x\to 0}\left(\dfrac{1+\tan x}{1+\sin x}\right)^{\frac{1}{x^3}}$.

12. 求常数 c, 使得 $\lim\limits_{x\to\infty}\left(\dfrac{x+c}{x-c}\right)^x = 4$.

13. 证明当 $x\to 0$ 时, $\alpha(x)-\beta(x)$ 是关于 x 的二阶无穷小量, 设

(1) $\alpha(x)=\dfrac{1}{1+x}, \beta(x)=1-x$;

(2) $\alpha(x)=\sqrt{a^2+x}, \beta(x)=a+\dfrac{x}{2a}\ (a>0)$.

14. 证明方程 $x\cdot 2^x = 1$ 至少有一个小于1的正根.

15. 设 $f(x),g(x)$ 在 $[a,b]$ 上连续, 且 $f(a)>g(a), f(b)<g(b)$, 试证: 存在一点 $\xi\in(a,b)$, 使得 $f(\xi)=g(\xi)$.

16. 若 $f(x)$ 在 $[a,b]$ 内连续, $a<x_1<x_2<\cdots<x_n<b$, 证明在 (a,b) 内必有 ξ, 使

$$f(\xi)=\frac{f(x_1)+f(x_2)+\cdots+f(x_n)}{n}$$

成立.

17. 若函数 $f(x)$ 与 $g(x)$ 在 $[a,b]$ 上连续, 则 $\max\{f,g\}$ 与 $\min\{f,g\}$ 在 $[a,b]$ 上连续, 其中

$$\max\{f,g\}=\max\{f(x),g(x)\}, \quad x\in[a,b],$$
$$\min\{f,g\}=\min\{f(x),g(x)\}, \quad x\in[a,b].$$

18. 当 $x\neq 0$ 时, $f(x)=\dfrac{x}{2^{\frac{1}{x}}+1}$, 并且 $f(x)$ 在 $x=0$ 处连续, 求 $f(0)$ 的值.

19. 若函数 $f(x)$ 在 $[a,+\infty)$ 上连续, 且 $\lim\limits_{x\to+\infty}f(x)$ 存在, 证明 $f(x)$ 在 $[a,+\infty)$ 上有界.

总 习 题 一

1. 填空:

(1) 已知 $x\to 0$ 时, $(1+kx^2)^{\frac{1}{2}}-1$ 与 $\cos x-1$ 是等价无穷小, 则 $k=$ _____.

(2) 设 $f(x)=\begin{cases} a+\mathrm{e}^{-\frac{1}{x}}, & x>0, \\ b+1, & x=0, \\ \dfrac{\sin 3x}{x}, & x<0 \end{cases}$ 在 $x=0$ 处连续, 则 $a=$ _____ , $b=$ _____.

(3) $\lim\limits_{x\to\infty}\dfrac{x-\sin x}{x}=$ _____.

(4) 设 $f(x) = \lim\limits_{n \to \infty} \left(\dfrac{n+x}{n+1} \right)^n$，则 $f(x) = $ _____.

(5) $\lim\limits_{x \to 0} \dfrac{x^2 \sin \dfrac{1}{x}}{\ln(1+2x)} = $ _____.

(6) $\lim\limits_{x \to \infty} \dfrac{3x-5}{x^3 \sin \dfrac{1}{x^2}} = $ _____.

2. 选择题:

(1) $\lim\limits_{x \to \infty} \dfrac{x^2 + 2x - \sin x}{2x^2 + \sin x} = ($ 　　 $)$.

(A) 不存在;　　　　　　(B) 0;　　　　　　(C) 2;　　　　　　(D) $\dfrac{1}{2}$.

(2) 设 $f(x) = \dfrac{e^{\frac{1}{x}+1}}{2e^{-\frac{1}{x}}+1}$，则 $\lim\limits_{x \to 0} f(x)$ 是(　　).

(A) ∞;　　　　　　(B) 不存在;　　　　　(C) 0;　　　　　　(D) $\dfrac{1}{2}$.

(3) 设 $\lim\limits_{x \to +\infty} (\alpha x + \sqrt{x^2 - x + 1} - \beta) = 0$，则(　　).

(A) $\alpha = 1, \beta = -\dfrac{1}{2}$;　　　　　　　　(B) $\alpha = -1, \beta = \dfrac{1}{2}$;

(C) $\alpha = -1, \beta = -\dfrac{1}{2}$;　　　　　　　　(D) $\alpha = \beta = 0$.

(4) 当 $x \to 0$ 时, $\sin 2x - 2\sin x$ 与 x^k 是同阶无穷小量, 则 $k = ($ 　　 $)$.

(A) 4;　　　　　　(B) 3;　　　　　　(C) 2;　　　　　　(D) 1.

3. 已知 $f\left(\tan x + \dfrac{1}{\tan x} \right) = \tan^2 x + \dfrac{1}{\tan^2 x} + 3$, 求 $f(x)$ 的表达式.

4. 设 $f\left(\sin \dfrac{x}{2} \right) = \cos x + 1$, 求 $f(x)$.

5. 求下列极限:

(1) 设 $x_1 > 0, a > 0, x_{n+1} = \dfrac{1}{3} \left(2x_n + \dfrac{a}{x_n^2} \right) (n = 1, 2, \cdots)$, 求 $\lim\limits_{n \to \infty} x_n$;

(2) $\lim\limits_{x \to \infty} (1+x)(1+x^2) \cdots (1+x^{2^{n-1}}) \, (|x| < 1)$;

(3) $\lim\limits_{x \to 0} \dfrac{1 - \cos x \sqrt{\cos 2x} \sqrt[3]{\cos 3x}}{x^2}$;

(4) $\lim\limits_{x \to 0} \dfrac{(x^{10} + 2)(\cos x^2 - 1)}{(e^x - 1) \ln^2(1+x) \tan x}$;

(5) $\lim\limits_{n \to \infty} \left(\dfrac{\sqrt[n]{a} + \sqrt[n]{b}}{2} \right)^n$, 其中 $a > 0, b > 0$;

(6) $\lim\limits_{x \to 0} \dfrac{\sqrt[3]{1-2x} - \sqrt[4]{1+2x}}{\sin 3x}$;

(7) $\lim\limits_{n \to \infty} \left(1 + \dfrac{1}{n} + \dfrac{1}{n^2}\right)^{-n}$;

(8) $\lim\limits_{x \to 0} \dfrac{\sqrt{1+\sin x} - \sqrt{1-\sin x}}{\ln(1-2x)}$.

6. 讨论函数 $f(x) = \begin{cases} \dfrac{1}{x+2}, & x < 0, \\ 0, & x = 0, \\ x \arctan \dfrac{1}{x}, & x > 0 \end{cases}$ 的连续性.

7. 设 $f(x) = \sin x$, $g(x) = \begin{cases} x - \pi, & x \leqslant 0, \\ x + \pi, & x > 0. \end{cases}$ 试讨论 $f[g(x)]$ 在 $x = 0$ 的连续性.

8. 求下列函数的间断点, 并判断其类型.

(1) $f(x) = \begin{cases} \dfrac{2^{\frac{1}{x}} - 1}{2^{\frac{1}{x}} + 1}, & x \neq 0, \\ 1, & x = 0; \end{cases}$ (2) $y = \dfrac{1}{e^{\frac{1}{x-1}} - 2}$.

9. 设 $f(x) = \begin{cases} x \sin \dfrac{1}{x}, & x < 0, \\ k + 1, & x = 0, \\ \dfrac{1}{x} \sin x - 1, & x > 0 \end{cases}$ 在定义域内连续, 求 k.

10. 设 $f(x) = \lim\limits_{n \to \infty} \dfrac{x^{2n-1} + ax^2 + bx}{x^{2n+1}}$, 其中 $|b| > |a|$.

(1) 求 $f(x)$;

(2) 当 $f(x)$ 连续时, 求 a, b 的值.

11. 研究函数 $f(x) = \lim\limits_{n \to \infty} \dfrac{x + x^2 e^{nx}}{1 + e^{nx}}$ 的连续性, 并作出图形.

12. 证明: 若 $f(x)$ 在 $[a, b]$ 上连续, 且不存在任何 $x \in [a, b]$, 使 $f(x) = 0$, 则 $f(x)$ 在 $[a, b]$ 上恒正(或恒负).

13. 设函数 $f(x)$ 在 $[0, 2a]$ 上连续, 且 $f(0) = f(2a)$, 试证在 $[0, a]$ 上至少存在一点 ξ, 使得 $f(\xi) = f(\xi + a)$.

14. 证明: 若 $f(x)$ 是以 2π 为周期的连续函数, 则存在 ξ, 使 $f(\xi + \pi) = f(\xi)$.

15. 证明方程 $x^3 + px + q = 0$ (p, q 为实数)至少有一个实根.

16. 设函数 $f(x)$ 在闭区间 $[0,1]$ 上连续, 又设 $f(x)$ 只取有理数, 且 $f\left(\dfrac{1}{2}\right) = 2$, 试证在闭区间 $[0,1]$ 上, $f(x)$ 恒等于 2.

17. 设 $f(x)$ 在 $[a,b]$ 上连续, 且 $a < c < d < b$, 试证: 在 $[a,b]$ 上必存在 ξ, 使

$$mf(c) + nf(d) = (m+n)f(\xi) \quad (m, n > 0).$$

18. 设函数 $f(x)$ 在 $[0,a]$ 上连续, 且 $f(0) = f(a) = 0$, 当 $0 < x < a$ 时, $f(x) > 0$; 又设 $x = l$ 为 $(0,a)$ 内任一点, 求证: 在 $(0,a)$ 内任至少存在一点 ξ, 使得 $f(\xi) = f(\xi + l)$.

(提示: 令 $F(x) = f(x+l) - f(x), x \in [0, a-l]$.)

19. 证明数列 $\{a_n\}$ 收敛

$$a_n = \left(1 + \frac{1}{2}\right)\left(1 + \frac{1}{2^2}\right)\cdots\left(1 + \frac{1}{2^n}\right), \quad n = 1, 2, \cdots.$$

20. 若 $x_1 = a, y_1 = b(b > a > 0), x_{n+1} = \sqrt{x_n y_n}, y_{n+1} = \dfrac{x_n + y_n}{2} (n = 1, 2, 3, \cdots)$, 试证数列 $\{x_n\}$ 和 $\{y_n\}$ 都收敛于相同的极限.

第二章　导数与微分

导数是微积分中最重要的概念之一，有着丰富的实际背景. 在历史上，导数这一概念是从研究曲线的切线斜率、变速直线运动的瞬时速度等而引入的. 现在，导数的概念及知识在科学研究的几乎每一个领域都得到了应用：物理学家利用导数研究粒子的运动；生物学家利用导数研究有机物的增长率；工程师利用导数研究热的流动、电路理论以及化学反应的效果等；经济学家利用导数分析边际成本和边际收益等；生理学家利用导数研究对刺激的反应.

导数实际上就是函数的瞬时变化率——平均变化率的极限. 所有的变化率都可以解释为切线的斜率. 这给求解切线的问题赋以重要的意义. 当我们讨论切线问题时，其意义不只是几何上的，它蕴涵了大量的科学和工程中的问题.

第一节　导数的概念

一、导数的意义

先看几个变化率的例子.

1. 平面曲线的切线斜率

将切线理解为割线的极限位置. 这种处理方法对于一般的曲线的切线来说也适用.

曲线 $y = f(x)$ 在点 $P(x_0, f(x_0))$ 处的切线可以看作其割线 PQ_1 的极限位置，如图 2.1 所示.

设 Q_1 点的坐标为 $(x_0 + \Delta x, y_0 + \Delta y)$，其中 $y_0 = f(x_0)$，$\Delta y = f(x_0 + \Delta x) - f(x_0)$，于是割线 PQ_1 的斜率为

$$k_{PQ_1} = \frac{\Delta y}{\Delta x} = \frac{f(x_0 + \Delta x) - f(x_0)}{\Delta x}. \tag{2.1.1}$$

让 Q_1 沿曲线 $y = f(x)$ 趋近于 P，此时 $\Delta x \to 0$，如果

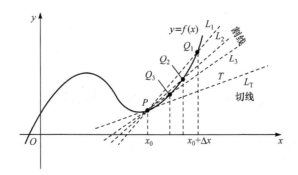

图 2.1

$$\lim_{Q_1 \to P} k_{PQ_1} = \lim_{\Delta x \to 0} \frac{\Delta y}{\Delta x} = \lim_{\Delta x \to 0} \frac{f(x_0 + \Delta x) - f(x_0)}{\Delta x} = k \qquad (2.1.2)$$

存在, 则称过 P 点斜率为 k 的直线为曲线 $y = f(x)$ 过 P 点的切线.

定义 1.1　曲线 $y = f(x)$ 过 $P(x_0, f(x_0))$ 点的切线是通过点 P, 斜率为

$$k = \lim_{\Delta x \to 0} \frac{\Delta y}{\Delta x} = \lim_{\Delta x \to 0} \frac{f(x_0 + \Delta x) - f(x_0)}{\Delta x} \qquad (2.1.3)$$

的直线(假定(2.1.3)式的极限存在).

在(2.1.3)式中令 $x = x_0 + \Delta x$, 则 $\Delta x = x - x_0$, 于是当 $\Delta x \to 0$ 时, $x \to x_0$, 所以曲线 $y = f(x)$ 在 $P(x_0, f(x_0))$ 点的切线斜率又可以定义为

$$k = \lim_{x \to x_0} \frac{f(x) - f(x_0)}{x - x_0}. \qquad (2.1.4)$$

例 1.1　求曲线 $y = f(x) = x^3$ 在点 $(2,8)$ 处的切线的斜率.

解　$k = \lim\limits_{x \to 2} \dfrac{f(x) - f(2)}{x - 2} = \lim\limits_{x \to 2} \dfrac{x^3 - 8}{x - 2} = \lim\limits_{x \to 2}(x^2 + 2x + 4) = 12.$

2. 速度问题

对于一般的变速直线运动, 其瞬时速度理解为平均速度的极限.

设一物体沿一直线运动, 在时刻 t 的路程为 $s = f(t)$, 求该物体在时刻 t_0 的瞬时速度. 从时刻 t_0 到 $t_0 + \Delta t$ 这一段时间内, 物体移动了

$$\Delta s = f(t_0 + \Delta t) - f(t_0), \qquad (2.1.5)$$

所以在这一段时间内的平均速度为

$$\bar{v} = \frac{\Delta s}{\Delta t} = \frac{f(t_0 + \Delta t) - f(t_0)}{\Delta t}. \qquad (2.1.6)$$

于是在时刻 t_0 的瞬时速度为

$$v(t_0) = \lim_{\Delta t \to 0} \frac{\Delta s}{\Delta t} = \lim_{\Delta t \to 0} \frac{f(t_0 + \Delta t) - f(t_0)}{\Delta t}. \tag{2.1.7}$$

例 1.2 假定一球从一高为 450m 的塔上自由下落, 求

(a) 5s 后球的速度是多少?

(b) 球落到地面的那一瞬间的速度是多少?

解 首先, 注意到路程与时间的关系为

$$s = \frac{1}{2}gt^2 = 4.9t^2. \tag{2.1.8}$$

所以在时刻 t_0 的速度为

$$\begin{aligned} v(t_0) &= \lim_{\Delta t \to 0} \frac{f(t_0 + \Delta t) - f(t_0)}{\Delta t} = \lim_{\Delta t \to 0} \frac{4.9(t_0 + \Delta t)^2 - 4.9t_0^2}{\Delta t} \\ &= \lim_{\Delta t \to 0} \frac{4.9[t_0^2 + 2t_0\Delta t + (\Delta t)^2 - t_0^2]}{\Delta t} \\ &= \lim_{\Delta t \to 0} 4.9(2t_0 + \Delta t) = 9.8t_0. \end{aligned}$$

所以 5s 后球的速度是

$$v(5) = 49(\mathrm{m/s}).$$

又由 $4.9t^2 = 450$ 得

$$t = \sqrt{\frac{450}{4.9}} \approx 9.6(\mathrm{s}).$$

所以球落到地面需要 9.6s. 于是球落到地面的那一瞬间的速度为

$$v(9.6) \approx 9.8 \times 9.6 \approx 94(\mathrm{m/s}).$$

3. 其他的变化率问题

1) 交变电流的电流强度

对于直流电流, 即所谓的恒稳电流, 其电流强度是一个常数, 定义为: 单位时间内通过导体的某一固定横截面的电量.

对于交流电, 为刻画任意时刻的电流强度, 就需要引入瞬时电流强度的概念.

设任一时刻 t 从导体的某个指定横截面通过的电量为

$$q = f(t),$$

于是从时刻 t_0 到 $t_0 + \Delta t$ 这一段时间内导体通过指定横截面的电量为

$$\Delta q = f(t_0 + \Delta t) - f(t_0).$$

所以在这一段时间内的平均电流强度为

$$\frac{\Delta q}{\Delta t} = \frac{f(t_0 + \Delta t) - f(t_0)}{\Delta t}.$$

当 $\Delta t \to 0$ 时, 平均电流强度的极限即为时刻 t_0 的瞬时电流强度

$$I_0 = \lim_{\Delta t \to 0} \frac{\Delta q}{\Delta t} = \lim_{\Delta t \to 0} \frac{f(t_0 + \Delta t) - f(t_0)}{\Delta t}.$$

2) 非均匀棒的线密度

想象一下将一根绳子放进水里, 然后将它提起来, 一会儿后, 绳子的下面部分的密度肯定会比绳子上面部分的密度大(因为绳子的下面部分比绳子上面部分更湿).

为了刻画绳子在各点上质量分布的情况, 需要引入局部线密度的概念.

设有一根细棒, 若其质量分布是均匀的, 则其线密度即为该细棒的质量 m 与其长度 l 之比, 即

$$\rho = \frac{m}{l}.$$

但当细棒的质量分布不均匀时, 就不能简单地用上述公式计算线密度了.

建立一个数轴, 使细棒在 x 轴上, 并且细棒的一个端点在原点 O. 用 m 表示从原点 O 到 x 点这一段细棒的质量, 则 m 是 x 的函数, 即 m 会随着 x 的变化而变化. 设

$$m = f(x),$$

如图 2.2, x_0 为细棒上任意一点, 则从 x_0 到 $x_0 + \Delta x$ 这一段的质量为

$$\Delta m = f(x_0 + \Delta x) - f(x_0).$$

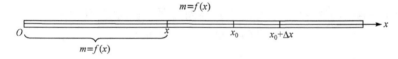

图 2.2

所以这一段上细棒的平均密度为

$$\overline{\rho} = \frac{\Delta m}{\Delta x} = \frac{f(x_0 + \Delta x) - f(x_0)}{\Delta x}.$$

显然 $|\Delta x|$ 越小, 平均密度 $\overline{\rho}$ 与细棒在点 x_0 的密度越接近. 当 $\Delta x \to 0$ 时, 平均密度的极限

$$\rho_0 = \lim_{\Delta x \to 0} \frac{\Delta m}{\Delta x} = \lim_{\Delta x \to 0} \frac{f(x_0 + \Delta x) - f(x_0)}{\Delta x},$$

即为细棒在点 x_0 的局部线密度.

3) 化学

一个化学反应会产生一种或多种新物质. 如 "方程式"

$$2H_2 + O_2 \rightarrow 2H_2O$$

表示两个氢分子和一个氧分子形成两个水分子.

考察化学反应

$$A + B \rightarrow C,$$

其中 A 与 B 表示反应物, C 为产物. 一个反应物的浓度 $[A]$ 为每升的分子数 (6.022×10^{23}). 在化学反应中, 浓度会随时间的变化而变化, 因此, $[A], [B], [C]$ 都是时间的函数.

产物 C 在时间区间 $[t_1, t_2]$ 内的平均变化率为

$$\frac{\Delta[C]}{\Delta t} = \frac{[C](t_2) - [C](t_1)}{t_2 - t_1}.$$

但是化学家对反应率更感兴趣.

$$反应率 = \lim_{\Delta t \to 0} \frac{\Delta[C]}{\Delta t} = \frac{d[C]}{dt}.$$

由于在进行化学反应时, 产物的浓度会增加, 所以导数 $\frac{d[C]}{dt} > 0$, 于是反应率为正.

然而, 在进行化学反应时, 反应物的浓度会下降, 所以导数 $\frac{d[A]}{dt} < 0$, $\frac{d[B]}{dt} < 0$. 由于 $[A], [B]$ 下降的速度与 $[C]$ 增加的速度一样, 所以

$$反应率 = \frac{d[C]}{dt} = -\frac{d[A]}{dt} = -\frac{d[B]}{dt}.$$

4) 生物学

设 $n = f(t)$ 为时刻 t 时某一动物群体或植物群体所包含的个体个数. 在时间 $t = t_1$ 与 $t = t_2$ 之间, 该群体数量的改变量为

$$\Delta n = f(t_2) - f(t_1),$$

于是在时间段 $t_1 \leqslant t \leqslant t_2$ 内, 平均增长率为

$$平均增长率 = \frac{\Delta n}{\Delta t} = \frac{f(t_2) - f(t_1)}{t_2 - t_1}.$$

故瞬时增长率为

$$增长率 = \lim_{\Delta t \to 0} \frac{\Delta n}{\Delta t} = \frac{dn}{dt}.$$

严格地说, 因为群体数量的变化是离散(不连续)的, 所以是不可微的, 因此上面的论述不是很精确. 但当动物群体或植物群体的数量很大时, 我们可以近似地用连续曲线来代替 $n = f(t)$.

5) 经济学

设 $C(x)$ 为生产 x 件某种商品所需的总成本. 函数 $C(x)$ 称为成本函数. 如果产量从 x_1 增加到 x_2, 则成本增加 $\Delta C = C(x_2) - C(x_1)$, 于是成本的平均变化率为

$$\frac{\Delta C}{\Delta x} = \frac{C(x_2) - C(x_1)}{x_2 - x_1} = \frac{C(x_1 + \Delta x) - C(x_1)}{\Delta x}.$$

当 $\Delta x \to 0$ 时, 就得到成本关于产量的瞬时变化率, 经济学家称之为边际成本,

$$\text{边际成本} = \lim_{\Delta x \to 0} \frac{\Delta C}{\Delta x} = \frac{dC}{dx}.$$

由于 x 常常取整数值, 所以让 $\Delta x \to 0$ 似乎有些不合理, 但我们总可以用一个光滑的函数来逼近 $C(x)$.

取 $\Delta x = 1$ 并且 n 很大, 则

$$C'(n) \approx C(n+1) - C(n),$$

即生产 n 件商品的边际成本近似地等于生产第 $n+1$ 件产品的成本.

例 1.3   设某公司生产 x 件产品的成本(单位: 元)为

$$C(x) = 10000 + 5x + 0.01x^2.$$

于是边际成本为

$$C'(x) = 5 + 0.02x.$$

生产水平为 500 件时的边际成本为

$$C'(500) = 5 + 0.02 \times 500 = 15(\text{元/件}).$$

生产第 501 件产品的成本为

$$C(501) - C(500) = (10000 + 5 \times 501 + 0.01 \times 501^2) - (10000 + 5 \times 500 + 0.01 \times 500^2)$$
$$= 15.01(\text{元}).$$

注意 $C'(500) \approx C(501) - C(500)$.

如果当 $x \to x_0$ 即 $\Delta x \to 0$ 时, 平均变化率的极限存在, 则平均变化率的极限值就称为因变量 y 关于自变量 x 在 $x = x_0$ 处的瞬时变化率, 它可以被解释为曲线 $y = f(x)$ 在点 $P(x_0, f(x_0))$ 的切线 PT 的斜率(图 2.1), 即

$$\text{瞬时变化率} = \lim_{\Delta x \to 0} \frac{\Delta y}{\Delta x} = \lim_{x \to x_0} \frac{f(x) - f(x_0)}{x - x_0} \tag{2.1.9}$$

或者

$$\text{瞬时变化率} = \lim_{\Delta x \to 0} \frac{f(x_0 + \Delta x) - f(x_0)}{\Delta x}. \tag{2.1.10}$$

变化率出现在几乎一切科学领域中.

工程师对水流进或流出水库的速度感兴趣; 当离城市中心的距离增加时, 都

市规划专家对人口密度的变化率感兴趣；气象学家很关心大气层压力关于高度的变化率. 在心理学领域, 对学习理论感兴趣的心理学家研究所谓的学习曲线, 学习曲线描述了某人学习一个技巧的行为 $P(t)$ (它是时间的函数), 他们特别感兴趣的是行为 $P(t)$ 关于时间的变化率, 即 $\dfrac{\mathrm{d}P}{\mathrm{d}t}$. 在社会学中, 微积分被用于描述谣言的传播. 如果 $P(t)$ 表示时刻 t 时知道某一谣言的人的比例, 则导数 $\dfrac{\mathrm{d}P}{\mathrm{d}t}$ 表示谣言传播的速度.

上面列举的一些例子说明数学的威力在于它的抽象. 一个简单而抽象的数学概念(如导数)在各个科学领域中有着不同的解释. 一旦我们揭示出该数学概念的性质, 就可以将这些性质用到各个科学领域中去. 这比在各个科学领域中研究特殊概念的性质要有效得多.

二、导数的概念与性质

1. 导数的定义

在上面, 我们定义了一条曲线 $y = f(x)$ 在点 $(x_0, f(x_0))$ 的切线斜率为极限

$$k = \lim_{\Delta x \to 0} \frac{\Delta y}{\Delta x} = \lim_{\Delta x \to 0} \frac{f(x_0 + \Delta x) - f(x_0)}{\Delta x}$$

或者

$$k = \lim_{\Delta x \to 0} \frac{\Delta y}{\Delta x} = \lim_{x \to x_0} \frac{f(x) - f(x_0)}{x - x_0}.$$

同时还定义了位置函数为 $s = f(t)$ 的运动物体在时刻 t_0 的瞬时速度为

$$v(t_0) = \lim_{\Delta t \to 0} \frac{f(t_0 + \Delta t) - f(t_0)}{\Delta t}$$

或者

$$v(t_0) = \lim_{t \to t_0} \frac{f(t) - f(t_0)}{t - t_0}.$$

尽管求曲线的切线斜率与求变速直线运动的瞬时速度是两个完全不同的问题, 但它们的计算最终都归结为讨论同一类型的极限, 即求变化率的问题. 求变化率的问题在自然科学、工程以及社会科学中广泛出现. 由于这种类型的极限如此重要, 所以有必要进行专门研究, 并给出相应的名称和符号.

定义 1.2 设函数 $y = f(x)$ 在点 $x = x_0$ 的附近有定义, 如果极限

$$\lim_{\Delta x \to 0} \frac{\Delta y}{\Delta x} = \lim_{\Delta x \to 0} \frac{f(x_0 + \Delta x) - f(x_0)}{\Delta x} \tag{2.1.11}$$

存在, 则称函数 $y = f(x)$ 在点 $x = x_0$ 的导数存在(又称可导), 而这个极限值称为函数 $y = f(x)$ 在点 $x = x_0$ 的导数(也叫微商), 记为 $f'(x_0)$, 即

$$f'(x_0) = \lim_{\Delta x \to 0} \frac{\Delta y}{\Delta x} = \lim_{\Delta x \to 0} \frac{f(x_0 + \Delta x) - f(x_0)}{\Delta x}. \tag{2.1.12}$$

令 $x = x_0 + \Delta x$, 则 $\Delta x = x - x_0$ 且当 $\Delta x \to 0$ 时 $x \to x_0$, 于是 $f'(x_0)$ 又可以写成如下等价的形式:

$$f'(x_0) = \lim_{x \to x_0} \frac{f(x) - f(x_0)}{x - x_0}. \tag{2.1.13}$$

例 1.4　设 $f(x) = x^2 - 2x + 3$, 求 $f'(x_0), f'(1), f'(3)$.

解
$$\begin{aligned}
f'(x_0) &= \lim_{x \to x_0} \frac{f(x) - f(x_0)}{x - x_0} \\
&= \lim_{x \to x_0} \frac{(x^2 - 2x + 3) - (x_0^2 - 2x_0 + 3)}{x - x_0} \\
&= \lim_{x \to x_0} \frac{(x - x_0)(x + x_0 - 2)}{x - x_0} \\
&= \lim_{x \to x_0} (x + x_0 - 2) = 2x_0 - 2,
\end{aligned}$$

所以 $f'(1) = f'(x_0)\big|_{x_0=1} = 0$, $f'(3) = f'(x_0)\big|_{x_0=3} = 4$.

在点 x 的导数 $f'(x)$ 会随着 x 的变化而变化, 所以 $f'(x)$ 实际上也是 x 的函数, 称它为函数 $y = f(x)$ 的导函数, 简称为导数. 导函数 $f'(x)$ 的定义域由所有使 $f'(x)$ 有意义的点构成, 所以导函数 $f'(x)$ 的定义域与函数 $f(x)$ 的定义域可能有很大的不同. 导函数 $f'(x)$ 仍然是 x 的函数, 而函数 $f(x)$ 在某一具体点 x_0 的导数 $f'(x_0)$ 是一个确定的常数.

一般地, 导函数 $f'(x)$ 的定义为

$$f'(x) = \lim_{\Delta x \to 0} \frac{\Delta y}{\Delta x} = \lim_{\Delta x \to 0} \frac{f(x + \Delta x) - f(x)}{\Delta x}. \tag{2.1.14}$$

导数除了用 $f'(x)$ 来表示外, 通常还用 $y', \dfrac{\mathrm{d}y}{\mathrm{d}x}, \dfrac{\mathrm{d}f(x)}{\mathrm{d}x}, \dot{y}$ 来表示. 注意现在将 $\dfrac{\mathrm{d}y}{\mathrm{d}x}$ 看成一个整体, 以后在引入微分的概念后, $\mathrm{d}y, \mathrm{d}x$ 才有独立的意义, 即 $\dfrac{\mathrm{d}y}{\mathrm{d}x}$ 就是微分之商, 即所谓的微商.

定义 1.3　如果函数 $f(x)$ 在 (a, b) 内的每一点都可导, 则称 $f(x)$ 在 (a, b) 内可导.

有了导数的概念后, 我们可以说: 瞬时速度是路程对时间的导数, $v(t) = \dfrac{\mathrm{d}s}{\mathrm{d}t}$

$s'(t)$; 电流强度是电量对时间的导数; 局部线性密度是质量对长度的导数.

2. 导数的几何意义

前面已多次论述过在数学中引入导数的主要目的之一就是求曲线的切线斜率. 下面将其几何意义严格地阐述如下:

函数 $f(x)$ 在点 $x = x_0$ 处的导数 $f'(x_0)$ 表示曲线 $y = f(x)$ 在点 $(x_0, f(x_0))$ 的切线斜率(图 2.1).

于是线 $y = f(x)$ 在点 $(x_0, f(x_0))$ 的切线方程为

$$y - f(x_0) = f'(x_0)(x - x_0). \tag{2.1.15}$$

过点 $(x_0, f(x_0))$ 且与曲线 $y = f(x)$ 在此点的切线垂直的直线称为 $y = f(x)$ 在此点的法线, 由于切线的斜率与法线斜率的乘积为 -1, 所以求法线方程的问题也一起解决了.

于是当 $f'(x_0) \neq 0$ 时, 曲线 $y = f(x)$ 在点 $(x_0, f(x_0))$ 的法线方程为

$$y - f(x_0) = -\frac{1}{f'(x_0)}(x - x_0).$$

例 1.5 求曲线 $f(x) = \sqrt{x}$ 在点 $(4, 2)$ 处的切线方程.

解 先求出 $f(x) = \sqrt{x}$ 的导函数 $f'(x)$ 的表达式.

$$\begin{aligned}
f'(x) &= \lim_{\Delta x \to 0} \frac{\Delta y}{\Delta x} = \lim_{\Delta x \to 0} \frac{f(x + \Delta x) - f(x)}{\Delta x} \\
&= \lim_{\Delta x \to 0} \frac{\sqrt{x + \Delta x} - \sqrt{x}}{\Delta x} \\
&= \lim_{\Delta x \to 0} \frac{(\sqrt{x + \Delta x} - \sqrt{x})(\sqrt{x + \Delta x} + \sqrt{x})}{\Delta x(\sqrt{x + \Delta x} + \sqrt{x})} \\
&= \lim_{\Delta x \to 0} \frac{1}{\sqrt{x + \Delta x} + \sqrt{x}} = \frac{1}{2\sqrt{x}} \quad (x > 0).
\end{aligned}$$

于是我们得到一个重要的公式

$$(\sqrt{x})' = \frac{1}{2\sqrt{x}} \quad (x > 0). \tag{2.1.16}$$

所以曲线 $f(x) = \sqrt{x}$ 在点 $(4, 2)$ 处的切线的斜率为

$$k = f'(4) = \frac{1}{4},$$

故所求切线方程为 $y - 2 = \frac{1}{4}(x - 4)$.

3. 连续性与可导性的关系

从导数的定义 $f'(x_0) = \lim\limits_{\Delta x \to 0} \dfrac{\Delta y}{\Delta x}$ 很容易看出: 若 $f'(x_0)$ 存在, 则

$$\lim\limits_{\Delta x \to 0} \Delta y = \lim\limits_{\Delta x \to 0} \Delta x \cdot \dfrac{\Delta y}{\Delta x} = 0 \cdot f'(x_0) = 0,$$

即 $f(x)$ 在点 x_0 处连续. 从而有如下定理.

定理 1.1　如果函数 $f(x)$ 在点 x_0 处可导, 则 $f(x)$ 在点 x_0 处连续.

应注意的是, 该结论的逆命题不成立, 即 $f(x)$ 在点 x_0 处连续不能保证函数 $f(x)$ 在点 x_0 处可微. 如函数 $y = |x| = \begin{cases} x, & x \geqslant 0, \\ -x, & x < 0 \end{cases}$ 在点 $x = 0$ 处连续, 但在点 $x = 0$ 处不可导. 事实上, $\lim\limits_{x \to 0^-} f(x) = \lim\limits_{x \to 0^-} (-x) = 0$, $\lim\limits_{x \to 0^+} f(x) = \lim\limits_{x \to 0^+} x = 0 = f(0)$, 这说明 $f(x) = |x|$ 在点 $x = 0$ 处连续; 又

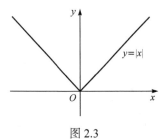

图 2.3

$$f'_-(0) = \lim\limits_{x \to 0^-} \dfrac{f(x) - f(0)}{x} = \lim\limits_{x \to 0^-} \dfrac{-x - 0}{x} = -1,$$

$$f'_+(0) = \lim\limits_{x \to 0^+} \dfrac{f(x) - f(0)}{x} = \lim\limits_{x \to 0^+} \dfrac{x - 0}{x} = 1,$$

所以 $f(x) = |x|$ 在点 $x = 0$ 处不可导. 此例的结论在几何上看是显然的, 如图 2.3 所示.

三、常见简单函数的导数公式

在微积分中, 我们经常遇到的函数是所谓的初等函数, 它是由基本初等函数经过有限多次四则运算和复合运算构成的. 所以要研究初等函数的导数, 首先要讨论基本初等函数的导数, 然后研究导数的运算法则.

例 1.6　常数 $y = C$ 的导数为零, 证明

$$\dfrac{\mathrm{d}C}{\mathrm{d}x} = 0 \quad \text{或者} \quad C' = 0. \tag{2.1.17}$$

导数的本质是变化率, 而常数不变化, 所以其变化率为零.

证明　事实上, 因为

$$\Delta y = f(x + \Delta x) - f(x) = C - C = 0,$$

所以 $\dfrac{\mathrm{d}C}{\mathrm{d}x} = \lim\limits_{\Delta x \to 0} \dfrac{\Delta y}{\Delta x} = 0.$

例 1.7　线性函数 $y = ax + b(a \neq 0)$ 的导数为 $y' = a$, 即

$$(ax + b)' = a. \tag{2.1.18}$$

从几何上看, a 表示直线 $y = ax + b(a \neq 0)$ 的斜率, 而斜率刻画了直线的倾斜程度, 实际上就是因变量 y 对自变量 x 的变化率.

证明 因为

$$\Delta y = f(x + \Delta x) - f(x) = a(x + \Delta x) + b - (ax + b) = a\Delta x,$$

所以 $\dfrac{\mathrm{d}y}{\mathrm{d}x} = \lim\limits_{\Delta x \to 0} \dfrac{\Delta y}{\Delta x} = \lim\limits_{\Delta x \to 0} \dfrac{a\Delta x}{\Delta x} = a.$

例 1.8 幂函数 $y = x^{\mu}$, $x \in (0, +\infty)$, 其中 μ 为任意实数. 即有

$$y' = \mu x^{\mu - 1}. \tag{2.1.19}$$

证明 因为

$$\Delta y = f(x + \Delta x) - f(x) = (x + \Delta x)^{\mu} - x^{\mu} = x^{\mu}\left[\left(1 + \frac{\Delta x}{x}\right)^{\mu} - 1\right],$$

所以

$$
\begin{aligned}
y' = \frac{\mathrm{d}y}{\mathrm{d}x} &= \lim_{\Delta x \to 0} \frac{\Delta y}{\Delta x} = \lim_{\Delta x \to 0} \frac{x^{\mu}\left[\left(1 + \dfrac{\Delta x}{x}\right)^{\mu} - 1\right]}{\Delta x} \\
&= \lim_{\Delta x \to 0} \frac{x^{\mu} \cdot \mu \dfrac{\Delta x}{x}}{\Delta x} = \mu x^{\mu - 1}.
\end{aligned}
$$

证明过程中用到了等价无穷小: 当 $x \to 0$ 时, $(1 + x)^{\mu} \sim \mu x$.

公式(2.1.19)的一些特殊情况:

(a) $y = x^n$ (n 为自然数)时, 有

$$y' = nx^{n-1}, \quad x \in (-\infty, +\infty); \tag{2.1.20}$$

(b) $y = \sqrt{x}$ 时, 有 $y' = \dfrac{1}{2\sqrt{x}}$, $x \in (0, +\infty)$;

(c) $y = \dfrac{1}{x}$ 时, 有 $y' = \dfrac{-1}{x^2}$, $x \in (-\infty, 0) \bigcup (0, +\infty)$;

(d) $y = \dfrac{1}{x^2} = x^{-2}$ 时, 有 $y' = \dfrac{-2}{x^3}$, $x \in (-\infty, 0) \bigcup (0, +\infty)$.

例 1.9 正弦函数 $y = \sin x$, $x \in (-\infty, +\infty)$, 其导数为

$$(\sin x)' = \cos x. \tag{2.1.21}$$

余弦函数 $y = \cos x$, $x \in (-\infty, +\infty)$, 其导数为

$$y' = -\sin x,$$

即

$$(\cos x)' = -\sin x. \tag{2.1.22}$$

证明　这里只对正弦函数的情形加以证明.

$$\Delta y = f(x + \Delta x) - f(x) = \sin(x + \Delta x) - \sin x = 2\sin\frac{\Delta x}{2}\cos\frac{2x + \Delta x}{2},$$

所以

$$y' = \frac{dy}{dx} = \lim_{\Delta x \to 0}\frac{\Delta y}{\Delta x} = \lim_{\Delta x \to 0}\frac{2\sin\dfrac{\Delta x}{2}\cos\dfrac{2x + \Delta x}{2}}{\Delta x}$$

$$= \lim_{\Delta x \to 0}\frac{2 \cdot \dfrac{\Delta x}{2}\cos\dfrac{2x + \Delta x}{2}}{\Delta x} = \cos x.$$

证明过程中用到了等价无穷小: 当 $x \to 0$ 时, $\sin\dfrac{\Delta x}{2} \sim \dfrac{\Delta x}{2}$.

例 1.10　指数函数 $y = a^x$, $x \in (-\infty, +\infty)$, 导数为

$$y' = a^x \ln a,$$

即

$$(a^x)' = a^x \ln a. \tag{2.1.23}$$

特别地, 当 $a = e$ 时, 有

$$(e^x)' = e^x. \tag{2.1.24}$$

因为

$$\Delta y = f(x + \Delta x) - f(x)$$
$$= a^{x + \Delta x} - a^x = a^x(a^{\Delta x} - 1) = a^x(e^{\Delta x \ln a} - 1),$$

所以

$$y' = \frac{dy}{dx} = \lim_{\Delta x \to 0}\frac{\Delta y}{\Delta x} = \lim_{\Delta x \to 0}\frac{a^x(e^{\Delta x \ln a} - 1)}{\Delta x}$$

$$= \lim_{\Delta x \to 0}\frac{a^x \cdot \Delta x \ln a}{\Delta x} = a^x \ln a.$$

证明过程中用到了等价无穷小: 当 $\Delta x \to 0$ 时, $e^{\Delta x \ln a} - 1 \sim \Delta x \ln a$.

例 1.11　对数函数 $y = \log_a x$, $x \in (0, +\infty)$, 导函数为

$$y' = \frac{1}{x \ln a}.$$

即

$$(\log_a x)' = \frac{1}{x \ln a}. \tag{2.1.25}$$

特别地, 当 $a = \mathrm{e}$ 时, 有

$$(\ln x)' = \frac{1}{x}. \tag{2.1.26}$$

利用导数的定义求导数举例

导数是微积分中最重要的概念之一. 读者应对导数的定义有着很好地理解. 尽管计算导数的最常用方法是利用求导法则, 但用导数的定义求导数仍是一种基本的方法.

例 1.12　设 $f(x) = \begin{cases} x, & x > 1, \\ x^2, & x \leqslant 1, \end{cases}$ 求 $f'(x)$.

解　当 $x > 1$ 时, $f'(x) = x' = 1$;

当 $x < 1$ 时, $f'(x) = (x^2)' = 2x$;

当 $x = 1$ 时, $f'(1) = \lim\limits_{\Delta x \to 0} \dfrac{f(1 + \Delta x) - f(1)}{\Delta x}$.

但 $f(1 + \Delta x)$ 该代表什么表达式不能确定. 所以需要讨论上述极限的左、右极限, 即所谓的左导数与右导数.

$$
\begin{aligned}
f'_{-}(1) &= \lim_{\Delta x \to 0^-} \frac{f(1 + \Delta x) - f(1)}{\Delta x} = \lim_{\Delta x \to 0^-} \frac{(1 + \Delta x)^2 - 1}{\Delta x} \\
&= \lim_{\Delta x \to 0^-} \frac{\Delta x (\Delta x + 2)}{\Delta x} = \lim_{\Delta x \to 0^-} (\Delta x + 2) = 2.
\end{aligned}
$$

$$
f'_{+}(1) = \lim_{\Delta x \to 0^+} \frac{f(1 + \Delta x) - f(1)}{\Delta x} = \lim_{\Delta x \to 0^+} \frac{(1 + \Delta x) - 1}{\Delta x} = 1.
$$

因 $f'_{-}(1) \neq f'_{+}(1)$, 所以 $f'(1)$ 不存在.

从本例的解答可以看出, 与左、右极限的概念一样, 需要引入左、右导数的概念.

定义 1.4　称

$$f'_{-}(x_0) = \lim_{\Delta x \to 0^-} \frac{f(x_0 + \Delta x) - f(x_0)}{\Delta x} = \lim_{x \to x_0^-} \frac{f(x) - f(x_0)}{x - x_0} \tag{2.1.27}$$

为函数 $y = f(x)$ 在点 $x = x_0$ 处的左导数; 同理, 可定义

$$f'_{+}(x_0) = \lim_{\Delta x \to 0^+} \frac{f(x_0 + \Delta x) - f(x_0)}{\Delta x} = \lim_{x \to x_0^+} \frac{f(x) - f(x_0)}{x - x_0} \tag{2.1.28}$$

为函数 $y = f(x)$ 在点 $x = x_0$ 处的右导数.

显然有如下的结论.

定理 1.2　函数 $y = f(x)$ 在点 $x = x_0$ 处的导数存在的充分必要条件是左导数与右导数都存在并且相等.

例 1.13　设 $f(x) = \begin{cases} x^{\alpha} \sin \dfrac{1}{x}, & x > 0, \\ 0, & x \leqslant 0, \end{cases}$ 试讨论 $f(x)$ 在点 $x = 0$ 处的导数.

解　显然 $f'_-(0) = 0$,

$$f'_+(0) = \lim_{x \to 0^+} \frac{f(x) - f(0)}{x} = \lim_{x \to 0^+} \frac{x^{\alpha} \sin \dfrac{1}{x} - 0}{x} = \lim_{x \to 0^+} x^{\alpha-1} \sin \frac{1}{x}.$$

当 $\alpha > 1$ 时，因 $\lim\limits_{x \to 0} x^{\alpha-1} = 0$, $\left| \sin \dfrac{1}{x} \right| \leqslant 1$, 所以 $\lim\limits_{x \to 0} x^{\alpha-1} \sin \dfrac{1}{x} = 0$, 故 $f'_+(0) = 0$, 从而 $f'(0) = 0$.

当 $\alpha \leqslant 1$ 时，$\lim\limits_{x \to 0^+} x^{\alpha-1} \sin \dfrac{1}{x}$ 不存在，即 $f'(0)$ 不存在.

特别地，当 $\alpha = 2$ 时，$f(x) = \begin{cases} x^2 \sin \dfrac{1}{x}, & x > 0, \\ 0, & x \leqslant 0 \end{cases}$ 有 $f'(0) = 0$.

当 $\alpha = 1$ 时，$f(x) = \begin{cases} x \sin \dfrac{1}{x}, & x > 0, \\ 0, & x \leqslant 0 \end{cases}$ 在点 $x = 0$ 处的导数不存在.

例 1.14　设 $f(x)$ 点 x_0 处可导，求 $\lim\limits_{h \to 0} \dfrac{f(x_0 + ah) - f(x_0 - bh)}{h}$.

解　　$\lim\limits_{h \to 0} \dfrac{f(x_0 + ah) - f(x_0 - bh)}{h}$

$$= \lim_{h \to 0} \frac{[f(x_0 + ah) - f(x_0)] - [f(x_0 - bh) - f(x_0)]}{h}$$

$$= \lim_{h \to 0} \left[\frac{f(x_0 + ah) - f(x_0)}{ah} \cdot a + \frac{f(x_0 - bh) - f(x_0)}{-bh} \cdot b \right]$$

$$= af'(x_0) + bf'(x_0) = (a + b)f'(x_0).$$

例 1.15　设 $f(x) = \lim\limits_{n \to \infty} \dfrac{x^2 e^{n(x-1)} + ax + b}{1 + e^{n(x-1)}}$, 求 $f(x)$, 并讨论 $f(x)$ 的连续性与可微性.

解　当 $x > 1$ 时，

$$f(x) = \lim_{n \to \infty} \frac{x^2 e^{n(x-1)} + ax + b}{1 + e^{n(x-1)}}$$

$$= \lim_{n \to \infty} \frac{x^2 + ax e^{-n(x-1)} + b e^{-n(x-1)}}{1 + e^{-n(x-1)}} = x^2.$$

当 $x < 1$ 时，

$$f(x) = \lim_{n \to \infty} \frac{x^2 e^{n(x-1)} + ax + b}{1 + e^{n(x-1)}} = ax + b.$$

当 $x = 1$ 时,

$$f(x) = \frac{a + b + 1}{2}.$$

所以

$$f(x) = \begin{cases} x^2, & x > 1, \\ \dfrac{a+b+1}{2}, & x = 1, \\ ax + b, & x < 1. \end{cases}$$

当 $\lim\limits_{x \to 1^-} f(x) = \lim\limits_{x \to 1^+} f(x) = f(1)$ 时, $f(x)$ 在 $x = 1$ 处连续, 即

$$a + b = 1 = \frac{a + b + 1}{2},$$

所以当 $a + b = 1$ 时, $f(x)$ 在 $x = 1$ 处连续. 此时 $f(x)$ 在 $(-\infty, +\infty)$ 内连续.

因为

$$f'_-(1) = \lim_{\Delta x \to 0^-} \frac{f(1 + \Delta x) - f(1)}{\Delta x}$$

$$= \lim_{\Delta x \to 0^-} \frac{a(1 + \Delta x) + b - \dfrac{a + b + 1}{2}}{\Delta x} = a,$$

$$f'_+(1) = \lim_{\Delta x \to 0^+} \frac{f(1 + \Delta x) - f(1)}{\Delta x} = \lim_{\Delta x \to 0^+} \frac{(1 + \Delta x)^2 - 1}{\Delta x} = 2,$$

所以当 $f'_-(1) = f'_+(1)$, 即 $a = 2, b = -1$ 时, $f(x)$ 在 $x = 1$ 处可导, 从而 $f(x)$ 在 $(-\infty, +\infty)$ 内可导.

习　题　2.1

1. 求下列函数在 $x = 0$ 的左、右导数:

(1) $f(x) = \begin{cases} x^2, & x \leqslant 0, \\ xe^x, & x > 0; \end{cases}$ 　　　　(2) $f(x) = x|x|$.

2. 按导数定义求 $f(x) = x^{\frac{1}{n}}$ 的导数(n 为正整数).

3. 假定 $f'(x_0)$ 存在, 求下列各式的值:

(1) $\lim\limits_{x \to x_0} \dfrac{f(x) - f(x_0)}{x - x_0}$; 　　　　(2) $\lim\limits_{\Delta x \to 0} \dfrac{f(x_0 - \Delta x) - f(x_0)}{\Delta x}$;

(3) $\lim\limits_{h \to 0} \dfrac{f(x_0 + h) - f(x_0)}{h}$;　　　　　(4) $\lim\limits_{h \to 0} \dfrac{f(x_0 + h) - f(x_0 - h)}{h}$;

(5) $\lim\limits_{t \to 0} \dfrac{f(x_0 + \alpha t) - f(x_0 - \beta t)}{t}$;　　　　(6) $\lim\limits_{x \to 0} \dfrac{f(x)}{x}$, 此时$f(0) = 0$, 且$f'(0)$存在.

4. 设 $f(x) = \begin{cases} x^2, & x > 1, \\ \dfrac{2}{3} x^3, & x \leqslant 1, \end{cases}$ 求 $f'(1)$.

5. 已知曲线方程为 $y = 2x^2 + 4x - 3$, 试求:

(1) 曲线在点 $(1,3)$ 处的切线方程与法线方程;

(2) 曲线上哪一点的切线与 Ox 轴成 $45°$ 夹角?

(3) 曲线上是否有点 (a,b), 使过该点的切线与抛物线顶点与焦点的连线平行?

6. 设函数 $f(x)$为$|x| < \gamma (\gamma > 0)$上的偶函数, 且$f'(0)$存在, 试证明$f'(0) = 0$.

7. 讨论函数 $y = |\sin x|$ 在 $x = 0$ 处的连续性与可导性:

8. 函数 $f(x) = \begin{cases} x^2, & x \leqslant 1, \\ ax + b, & x > 1. \end{cases}$ 为了使 $f(x)$在点$x = 1$处可导, 应当如何选择系数 a 和 b?

9. 证明: 双曲线 $xy = 1$ 上任一点处的切线与两坐标轴构成的三角形的面积等于 2.

10. 设 $f(0) = 0$, $f'(0) = 2$, 求 $\lim\limits_{x \to 0} \dfrac{f(x)}{\sin 3x}$.

11. 设 $f(x)$ 在 $[a,b]$ 上可导, 且 $f(a) = f(b) = 0$, $f'_+(a) f'_-(b) > 0$, 求证: 存在 $\xi \in (a,b)$ 使得 $f(\xi) = 0$.

第二节　求 导 法 则

导数的定义揭示了导数的本质, 但因导数是由极限来定义的, 所以利用导数的定义来求导数还是比较复杂的.

求导数最有效和最常用的方法是求导法则.

一、导数的四则运算

定理 2.1　设$u(x)$与$v(x)$在点 x 处可导, 则$u(x) + v(x)$与$u(x) - v(x)$在点 x 处也可导, 且

$$[u(x) + v(x)]' = u'(x) + v'(x). \tag{2.2.1}$$

$$[u(x) - v(x)]' = u'(x) - v'(x), \tag{2.2.2}$$

即和的导数等于导数的和, 差的导数等于导数的差.

定理 2.2　设$u(x)$与$v(x)$在点 x 处可导, 则$u(x)v(x)$与点 x 处也可导, 且

$$(uv)' = u'v + uv'. \tag{2.2.3}$$

特别地, 有 $(cu)' = cu'$ (其中 c 为常数).

证明

$$[u(x)v(x)]' = \lim_{\Delta x \to 0} \frac{u(x+\Delta x)v(x+\Delta x) - u(x)v(x)}{\Delta x}$$

$$= \lim_{\Delta x \to 0} \frac{u(x+\Delta x)v(x+\Delta x) - u(x)v(x+\Delta x) + u(x)v(x+\Delta x) - u(x)v(x)}{\Delta x}$$

$$= \lim_{\Delta x \to 0} \frac{[u(x+\Delta x) - u(x)]v(x+\Delta x) + u(x)[v(x+\Delta x) - v(x)]}{\Delta x}$$

$$= \lim_{\Delta x \to 0} \left\{ \frac{[u(x+\Delta x) - u(x)]}{\Delta x} \cdot v(x+\Delta x) + u(x) \cdot \frac{[v(x+\Delta x) - v(x)]}{\Delta x} \right\}$$

$$= u'(x)v(x) + u(x)v'(x).$$

公式(2.2.3)可以推广到多个函数相乘的情形. 即有

$$(uvw)' = u'vw + uv'w + uvw'. \tag{2.2.4}$$

$$(u_1 u_2 \cdots u_n)' = u_1' u_2 \cdots u_n + u_1 u_2' \cdots u_n + \cdots + u_1 u_2 \cdots u_n'. \tag{2.2.5}$$

定理 2.3 设 $u(x)$ 与 $v(x)$ 在点 x 处可导, 且 $v(x) \neq 0$, 则 $\dfrac{u(x)}{v(x)}$ 在点 x 处也可导, 且

$$\left(\frac{u}{v} \right)' = \frac{u'v - uv'}{v^2}. \tag{2.2.6}$$

(2.2.6)式的证明与(2.2.3)式的证明完全类似.

利用公式(2.2.6)得

$$(\tan x)' = \left(\frac{\sin x}{\cos x} \right)' = \frac{(\sin x)' \cos x - \sin x (\cos x)'}{\cos^2 x}$$

$$= \frac{\cos^2 x + \sin^2 x}{\cos^2 x} = \frac{1}{\cos^2 x} = \sec^2 x,$$

所以得

$$(\tan x)' = \sec^2 x. \tag{2.2.7}$$

同理, 可得

$$(\cot x)' = -\csc^2 x. \tag{2.2.8}$$

又

$$(\sec x)' = \left(\frac{1}{\cos x} \right)' = \frac{-1 \cdot (\cos x)'}{\cos^2 x} = \frac{\sin x}{\cos^2 x} = \sec x \tan x,$$

所以得

$$(\sec x)' = \sec x \tan x. \tag{2.2.9}$$

同理, 可得

$$(\csc x)' = -\csc x \cot x. \tag{2.2.10}$$

例 2.1 求下列函数的导数:

(1) $y = 4x^5 + \dfrac{3}{x} - \sqrt[4]{x} + 3^x$;　　(2) $y = \sin x \ln x$;

(3) $y = \dfrac{\cos x}{x}$;　　　　　　　　(4) $y = x \sec x - \dfrac{\tan x}{x}$.

解　(1) $y' = \left(4x^5 + \dfrac{3}{x} - \sqrt[4]{x} + 3^x\right)'$

$$= (4x^5)' + \left(\dfrac{3}{x}\right)' - (\sqrt[4]{x})' + (3^x)'$$

$$= 4 \cdot 5x^4 + 3 \cdot \left(\dfrac{-1}{x^2}\right) - \dfrac{1}{4} \cdot x^{-\frac{3}{4}} + 3^x \ln 3$$

$$= 20x^4 - \dfrac{3}{x^2} - \dfrac{1}{4} \cdot \dfrac{1}{\sqrt[4]{x^3}} + 3^x \ln 3.$$

(2) $y' = (\sin x \ln x)' = (\sin x)' \ln x + \sin x (\ln x)' = \cos x \ln x + \dfrac{\sin x}{x}$.

(3) $y' = \left(\dfrac{\cos x}{x}\right)' = \dfrac{(\cos x)' x - \cos x \cdot x'}{x^2} = \dfrac{-x \sin x - \cos x}{x^2}$.

(4) $y' = (x \sec x)' - \left(\dfrac{\tan x}{x}\right)'$

$$= 1 \cdot \sec x + x \cdot \sec x \cdot \tan x - \dfrac{\sec^2 x \cdot x - \tan x}{x^2}$$

$$= \sec x + x \cdot \sec x \cdot \tan x - \dfrac{x \sec^2 x - \tan x}{x^2}.$$

例 2.2 (人体对药物的反应)　人体对一定剂量药物的反应可用形为 $R = M^2\left(\dfrac{C}{2} - \dfrac{M}{3}\right)$ 的函数来表示, 其中 C 为一正常数, M 是血液中吸收的一定量的药物. 如果反应是血压的变化, 那么 R 是用毫米水银柱高来度量的; 如果反应是温度的变化, 那么 R 是用度来度量的; 等等. 求 $\dfrac{\mathrm{d}R}{\mathrm{d}M}$. 作为 M 的函数的这个导数称为人体对药物的敏感性.

解　$\dfrac{\mathrm{d}R}{\mathrm{d}M} = 2M\left(\dfrac{C}{2} - \dfrac{M}{3}\right) + M^2\left(-\dfrac{1}{3}\right) = MC - M^2.$

二、复合函数的导数　链锁法则

定理 2.4　设 $u = \varphi(x)$ 在点 x 处可导，$y = f(u)$ 在 $u = \varphi(x)$ 可导，则复合函数 $y = f[\varphi(x)]$ 在点 x 处也可导，且

$$\{f[\varphi(x)]\}' = f'[\varphi(x)]\varphi'(x) \quad \text{或者} \quad \dfrac{\mathrm{d}y}{\mathrm{d}x} = \dfrac{\mathrm{d}y}{\mathrm{d}u}\dfrac{\mathrm{d}u}{\mathrm{d}x}.$$

即因变量 y 对自变量 x 的导数等于 y 对中间变量 u 的导数与中间变量 u 对自变量 x 的导数的乘积.

证明　因 $y = f(u)$ 可导，所以

$$\lim_{\Delta u \to 0} \frac{\Delta y}{\Delta u} = f'(u) \text{ 存在,}$$

即

$$\frac{\Delta y}{\Delta u} = f'(u) + \alpha, \tag{2.2.11}$$

其中 $\Delta u \neq 0$, 且 $\lim\limits_{\Delta u \to 0} \alpha = 0$. 由(2.2.11)式得

$$\Delta y = f'(u)\Delta u + \alpha \Delta u. \tag{2.2.12}$$

α 是 Δu 的函数, 当 $\Delta u = 0$ 时, α 是没有定义的, 但因 $\lim\limits_{\Delta u \to 0} \alpha = 0$, 所以可以补充定义当 $\Delta u = 0$ 时, $\alpha = 0$. 于是当 $\Delta u = 0$ 时, (2.2.12)式也成立. 从而

$$\Delta y = f[\varphi(x + \Delta x)] - f[\varphi(x)] = f'[\varphi(x)]\Delta u + \alpha \Delta u,$$

所以

$$\frac{\Delta y}{\Delta x} = f'[\varphi(x)]\frac{\Delta u}{\Delta x} + \alpha\frac{\Delta u}{\Delta x},$$

其中 $\Delta u = \varphi(x + \Delta x) - \varphi(x)$, 令 $\Delta x \to 0$, 即得

$$\frac{\mathrm{d}y}{\mathrm{d}x} = \lim_{\Delta x \to 0}\frac{\Delta y}{\Delta x} = \lim_{\Delta x \to 0}\left[f'[\varphi(x)]\frac{\Delta u}{\Delta x} + \alpha\frac{\Delta u}{\Delta x}\right] = f'[\varphi(x)]\varphi'(x).$$

注　$\Delta u = \varphi(x + \Delta x) - \varphi(x)$ 作为 $u = \varphi(x)$ 的改变量, 有可能为零. 如

$$u = \begin{cases} x^2 \sin\dfrac{1}{x}, & x \neq 0, \\ 0, & x = 0, \end{cases}$$

当 $\Delta x = \dfrac{1}{n\pi}$ 时, $\Delta u = \left(\dfrac{1}{n\pi}\right)^2 \sin n\pi - 0 = 0.$

复合函数的求导法则是计算导数的一个非常重要的公式, 希望读者熟练掌握它.

例 2.3　求 $y = (2x^2 + 3)^{10}$ 的导数.

解　将 $y = (2x^2 + 3)^{10}$ 看成 $y = u^{10}$, $u = 2x^2 + 3$ 的复合, 于是得

$$y' = \frac{dy}{dx} = \frac{dy}{du}\frac{du}{dx} = 10u^9 \cdot 4x = 40x(2x^2 + 3)^9.$$

例 2.4　求下列函数的导数:

(1)　$y = \sin x^2$;　(2)　$y = \sin^2 x.$

解　(1)　$y = \sin x^2$ 由 $y = \sin u$ 与 $u = x^2$ 复合而成, 所以

$$y' = \frac{dy}{dx} = \frac{dy}{du}\frac{du}{dx} = \cos u \cdot 2x = 2x\cos x^2.$$

(2)　$y = \sin^2 x$ 由 $y = u^2$ 与 $u = \sin x$ 复合而成, 所以

$$y' = \frac{dy}{dx} = \frac{dy}{du}\frac{du}{dx} = 2u \cdot \cos x = 2\sin x \cos x = \sin 2x.$$

例 2.5　设 $y = f(x) = \sqrt{1 + x^2}$, 求 y'.

解　$y = f(x) = \sqrt{1 + x^2}$ 由 $y = u^{\frac{1}{2}}$ 与 $u = 1 + x^2$ 复合而成, 所以

$$y' = \frac{dy}{dx} = \frac{dy}{du}\frac{du}{dx} = \frac{1}{2\sqrt{u}} \cdot 2x = \frac{x}{\sqrt{1 + x^2}}.$$

例 2.6　设 $y = e^{-2x}$, 求 y'.

解　$y = e^{-2x}$ 由 $y = e^u$ 与 $u = -2x$ 复合而成, 所以

$$y' = \frac{dy}{dx} = \frac{dy}{du}\frac{du}{dx} = e^u \cdot (-2) = -2e^{-2x}.$$

初学时应将中间变量写出来, 熟练以后, 可不写中间变量.

例 2.7　求下列函数的导数:

(1)　$y = \ln \sin x$;　(2)　$y = \ln f(x)$ ($f(x) > 0$, 且 $f(x)$ 为可导函数);

(3)　$y = \ln|f(x)|$ ($f(x) \neq 0$, 且 $f(x)$ 为可导函数).

解　(1)　$y' = \frac{1}{\sin x}(\sin x)' = \frac{\cos x}{\sin x} = \cot x.$

(2)　$y' = \frac{1}{f(x)}f'(x) = \frac{f'(x)}{f(x)}.$

(3)　$y = \ln|f(x)| = \begin{cases} \ln f(x), & f(x) > 0, \\ \ln[-f(x)], & f(x) < 0, \end{cases}$ 所以

当 $f(x) > 0$ 时，$(\ln|f(x)|)' = [\ln f(x)] = \dfrac{f'(x)}{f(x)}$；

当 $f(x) < 0$ 时，$(\ln|f(x)|)' = [\ln(-f(x))]' = \dfrac{-f'(x)}{-f(x)} = \dfrac{f'(x)}{f(x)}$.

故得

$$(\ln|f(x)|)' = \frac{f'(x)}{f(x)}. \qquad (2.2.13)$$

例 2.8　设 $f(x)$ 在 $(-\infty, +\infty)$ 内有定义且不恒为零，又 $f'(0)$ 存在，并对任意的 x 和 y，恒有

$$f(x+y) = f(x)f(y), \qquad (2.2.14)$$

试求 $f(x)$.

解　因为 $f(x)$ 不恒为零，所以存在 $x_0 \in (-\infty, +\infty)$，使得 $f(x_0) \neq 0$. 由 (2.2.14) 得 $f(x_0) = f(x_0 + 0) = f(x_0)f(0)$，所以 $f(0) = 1$.

$$f'(x) = \lim_{\Delta x \to 0} \frac{f(x + \Delta x) - f(x)}{\Delta x} = \lim_{\Delta x \to 0} \frac{f(x)f(\Delta x) - f(x)}{\Delta x}$$

$$= \lim_{\Delta x \to 0} \frac{f(x)[f(\Delta x) - f(0)]}{\Delta x} = f(x)f'(0).$$

所以 $\dfrac{f'(x)}{f(x)} = f'(0)$，即 $[\ln f(x)]' = f'(0)$，于是得 $\ln f(x) = f'(0)x + c$，将 $f(0) = 1$ 代入得 $c = 0$，所以 $\ln f(x) = f'(0)x$，故

$$f(x) = e^{f'(0)x}.$$

注意　指数函数 $f(x) = a^x$ 显然满足 (2.2.14) 式.

例 2.9　设 $f(x) = \dfrac{1}{\sqrt[3]{x^2 + 3x + 4}}$，求 $f'(x)$.

解　$f(x) = (x^2 + 3x + 4)^{-\frac{1}{3}}$，所以

$$f'(x) = -\frac{1}{3}(x^2 + 3x + 4)^{\frac{-4}{3}}(x^2 + 3x + 4)'$$

$$= -\frac{1}{3}(x^2 + 3x + 4)^{\frac{-4}{3}}(2x + 3).$$

例 2.10　设 $f(x) = (2x+1)^5(x^4 - 2x + 5)^3$，求 $f'(x)$.

解　$f'(x) = 5 \cdot (2x+1)^4 \cdot 2 \cdot (x^4 - 2x + 5)^3 + (2x+1)^5 \cdot 3(x^4 - 2x + 5)^2 \cdot (4x^3 - 2)$

$$= 10(2x+1)^4(x^4 - 2x + 5)^3 + 3(2x+1)^5(x^4 - 2x + 5)^2(4x^3 - 2).$$

例 2.11　圆的面积公式为 $A = \pi r^2 (\mathrm{m}^2)$, 假定圆的半径 r 是时间 t (单位: s)的函数 $r = t^3 + 1$. (1) 求 $\dfrac{\mathrm{d}A}{\mathrm{d}t}$; (2)当 $t = 2\mathrm{s}$ 时, 求 $\dfrac{\mathrm{d}A}{\mathrm{d}t}$.

解　(1)　$\dfrac{\mathrm{d}A}{\mathrm{d}t} = \dfrac{\mathrm{d}A}{\mathrm{d}r} \cdot \dfrac{\mathrm{d}r}{\mathrm{d}t} = 2\pi r \cdot 3t^2 = 6\pi r t^2 = 6\pi t^2 (t^3 + 1)(\mathrm{m}^2/\mathrm{s})$.

(2)　$\left. \dfrac{\mathrm{d}A}{\mathrm{d}t} \right|_{t=2} = 6\pi \cdot 2^2 (2^3 + 1) = 216\pi (\mathrm{m}^2/\mathrm{s})$.

三、反函数的导数

定理 2.5　设函数 $y = f(x)$ 在 (a,b) 内连续且单调增加 (减少), 又在点 $x_0 \in (a,b)$ 具有非零导数 $f'(x_0) \neq 0$, 则其反函数 $x = \varphi(y)$ 在点 $y_0 = \varphi(x_0)$ 可导并且

$$\varphi'(y_0) = \frac{1}{f'(x_0)} \quad \text{或者} \quad f'(x_0) = \frac{1}{\varphi'(y_0)}. \tag{2.2.15}$$

证明　由于函数 $y = f(x)$ 在 (a,b) 内连续且单调增加, 令

$$\alpha = f(a+0), \quad \beta = f(b-0),$$

则由反函数存在定理与反函数连续性定理知, 函数 $y = f(x)$ 的反函数 $x = \varphi(y)$ 存在、单调增加且连续.

在点 $x_0 \in (a,b)$ 处, 增量 Δx 与 Δy 可以表示为

$$\Delta x = x - x_0 = \varphi(y) - \varphi(y_0), \quad \Delta y = y - y_0 = f(x) - f(x_0),$$

显然有

$$\Delta x \neq 0 \Leftrightarrow \Delta y \neq 0, \quad \Delta x \to 0 \Leftrightarrow \Delta y \to 0,$$

于是

$$\varphi'(y_0) = \lim_{\Delta y \to 0} \frac{\varphi(y_0 + \Delta y) - \varphi(y_0)}{\Delta y} = \lim_{\Delta y \to 0} \frac{\Delta x}{\Delta y} = \lim_{\Delta x \to 0} \frac{1}{\dfrac{\Delta y}{\Delta x}}$$

$$= \frac{1}{\displaystyle\lim_{\Delta x \to 0} \frac{f(x_0 + \Delta x) - f(x_0)}{\Delta x}} = \frac{1}{f'(x_0)}.$$

反函数的导数公式也可以表示为

$$\frac{\mathrm{d}x}{\mathrm{d}y} = \frac{1}{\dfrac{\mathrm{d}y}{\mathrm{d}x}} \quad \text{或} \quad \frac{\mathrm{d}y}{\mathrm{d}x} = \frac{1}{\dfrac{\mathrm{d}x}{\mathrm{d}y}}. \tag{2.2.16}$$

考察反正弦函数

$$y = \arcsin x, \quad x \in (-1,1).$$

其反函数为

$$x = \sin y, \quad y \in \left(-\frac{\pi}{2}, \frac{\pi}{2}\right),$$

故由反函数的求导公式得

$$(\arcsin x)' = \frac{\mathrm{d}y}{\mathrm{d}x} = \frac{1}{\dfrac{\mathrm{d}x}{\mathrm{d}y}} = \frac{1}{(\sin y)'} = \frac{1}{\cos y} = \frac{1}{\sqrt{1-x^2}}.$$

这样就证明

$$(\arcsin x)' = \frac{1}{\sqrt{1-x^2}}. \tag{2.2.17}$$

同理可证明

$$(\arccos x)' = -\frac{1}{\sqrt{1-x^2}}. \tag{2.2.18}$$

再考察反正切函数

$$y = \arctan x, \quad x \in (-\infty, +\infty).$$

其反函数为

$$x = \tan y, \quad y \in \left(-\frac{\pi}{2}, \frac{\pi}{2}\right).$$

所以由反函数的求导公式得

$$(\arctan x)' = \frac{\mathrm{d}y}{\mathrm{d}x} = \frac{1}{\dfrac{\mathrm{d}x}{\mathrm{d}y}} = \frac{1}{(\tan y)'} = \frac{1}{\sec^2 y} = \frac{1}{1+\tan^2 y} = \frac{1}{1+x^2}.$$

于是就证明

$$(\arctan x)' = \frac{1}{1+x^2}. \tag{2.2.19}$$

同理可证明

$$(\operatorname{arccot} x)' = -\frac{1}{1+x^2}. \tag{2.2.20}$$

四、初等函数的导数

到目前为止, 我们已讨论了导数的定义, 函数的和、差、积、商的求导法则, 反函数的求导法则和复合函数的求导法则. 利用这些知识, 我们可以计算一切初等函数的导数.

下面将基本初等函数和双曲函数的求导公式小结如下：

(1) $c' = 0$;

(2) $(x^\alpha)' = \alpha x^{\alpha-1}$;

(3) $(a^x)' = a^x \ln a$;

(4) $(\mathrm{e}^x)' = \mathrm{e}^x$;

(5) $(\log_a x)' = \dfrac{1}{x \ln a}$;

(6) $(\ln|x|)' = \dfrac{1}{x}$;

(7) $(\sin x)' = \cos x$;

(8) $(\cos x)' = -\sin x$;

(9) $(\tan x)' = \sec^2 x$;

(10) $(\cot x)' = -\csc^2 x$;

(11) $(\sec x)' = \sec x \tan x$;

(12) $(\csc x)' = -\csc x \cot x$;

(13) $(\arcsin x)' = \dfrac{1}{\sqrt{1-x^2}}$;

(14) $(\arccos x)' = -\dfrac{1}{\sqrt{1-x^2}}$;

(15) $(\arctan x)' = \dfrac{1}{1+x^2}$;

(16) $(\operatorname{arccot} x)' = -\dfrac{1}{1+x^2}$;

(17) $(\mathrm{sh}\,x)' = \mathrm{ch}\,x$;

(18) $(\mathrm{ch}\,x)' = \mathrm{sh}\,x$.

五、高阶导数

函数 $y = f(x)$ 的导函数 $y' = f'(x)$ 仍然是变量 x 的函数，所以 $y' = f'(x)$ 的导数有可能存在. 如

$$y = x^4 - 3x^2 + 2x + 1, \quad y' = 4x^3 - 6x + 2,$$
$$y'' = (y')' = 12x^2 - 6, \quad y''' = (y'')' = 24x,$$
$$y^{(4)} = (y''')' = 24, \qquad y^{(5)} = [y^{(4)}]' = 0.$$

一般地，设 $y = f(x)$，则定义

$$y'' = f''(x) = (f')' = \frac{\mathrm{d}}{\mathrm{d}x}\left(\frac{\mathrm{d}y}{\mathrm{d}x}\right) = \frac{\mathrm{d}^2 y}{\mathrm{d}x^2}$$

为函数 $y = f(x)$ 的二阶导数，同样定义

$$y''' = f'''(x) = (f'')' = \frac{\mathrm{d}}{\mathrm{d}x}\left(\frac{\mathrm{d}^2 y}{\mathrm{d}x^2}\right) = \frac{\mathrm{d}^3 y}{\mathrm{d}x^3}$$

为函数 $y = f(x)$ 的三阶导数.

$y = f(x)$ 的 n 阶导数定义为

$$y^{(n)} = f^{(n)}(x) = \frac{\mathrm{d}^n y}{\mathrm{d}x^n} = (y^{(n-1)})'.$$

例 2.12　设 $f(x) = \dfrac{1}{x}$，求 $f^{(n)}(x)$.

解
$$f'(x) = -\frac{1}{x^2} = -x^{-2},$$

$$f''(x) = -(-2)x^{-3} = 2x^{-3},$$

$$f'''(x) = 2(-3)x^{-4} = -3 \cdot 2 \cdot 1 \cdot x^{-4} = -3!x^{-4},$$

$$f^{(4)}(x) = 4 \cdot 3!x^{-5} = 4!x^{-5},$$

$$\cdots\cdots$$

$$f^{(n)}(x) = (-1)^n n!x^{-(n+1)}.$$

高阶导数的计算从理论上讲不需要新的知识, 只需一阶一阶的求导就行了.

高阶导数也有着丰富的实际背景. 假定 $s = f(t)$ 是某物体沿直线运动的位置函数, 则 $s = f(t)$ 的一阶导数表示该物体的速度, 即

$$v(t) = f'(t) = \frac{\mathrm{d}s}{\mathrm{d}t}.$$

速度关于时间的变化率称为该物体的加速度, 即

$$a(t) = v'(t) = f''(t) \quad 或者 \quad a(t) = \frac{\mathrm{d}v}{\mathrm{d}t} = \frac{\mathrm{d}^2 s}{\mathrm{d}t^2} = f''(t).$$

加速度关于时间的变化率称为加加速度(jerk)

$$j(t) = \frac{\mathrm{d}a}{\mathrm{d}t} = \frac{\mathrm{d}^3 s}{\mathrm{d}t^3}.$$

例 2.13 设某质点的位置函数为 $s(t) = 2t^3 - 5t^2 + 3t + 4$, 其中 s 的单位为 cm, 时间 t 的单位为 s. 求: (1) 加速度 $a(t)$; (2) 2s 后的加速度.

解 (1) $v(t) = \dfrac{\mathrm{d}s}{\mathrm{d}t} = 6t^2 - 10t + 3$, $a(t) = \dfrac{\mathrm{d}v}{\mathrm{d}t} = \dfrac{\mathrm{d}^2 s}{\mathrm{d}t^2} = 12t - 10.$

(2) 2s 后的加速度为

$$a(2) = 12 \times 2 - 10 = 14(\mathrm{cm/s}^2).$$

高阶导数在研究函数的几何性质, 如凹凸性、曲率等方面起着重要的作用. 二阶以及更高阶的导数以后被用于把函数表示为幂级数的和.

例 2.14 设 $y = \sin x$, 求 $y^{(n)}$.

解

$$y' = \cos x = \sin\left(x + \frac{\pi}{2}\right),$$

$$y'' = -\sin x = \sin\left(x + 2 \cdot \frac{\pi}{2}\right),$$

$$y''' = -\cos x = \sin\left(x + 3 \cdot \frac{\pi}{2}\right),$$

$$y^{(4)} = \sin x = \sin\left(x + 4 \cdot \frac{\pi}{2}\right),$$

$$\cdots\cdots$$

$$y^{(n)} = \sin\left(x + n \cdot \frac{\pi}{2}\right).$$

例如，$(\sin x)^{(21)} = \sin\left(x + 21 \cdot \frac{\pi}{2}\right) = \sin\left(x + \frac{\pi}{2}\right) = \cos x.$

同理可得 $(\cos x)^{(n)} = \cos\left(x + n \cdot \frac{\pi}{2}\right).$

例 2.15　设 $y = a^x$，求 $y^{(n)}$.

解　因为 $y' = a^x \ln a$，$y'' = a^x (\ln a)^2$，$y''' = a^x (\ln a)^3$，所以

$$y^{(n)} = a^x (\ln a)^n.$$

特别地，$(e^x)^{(n)} = e^x.$

例 2.16　设 $y = x^m$（m 为正整数），求 $y^{(n)}$.

解　　　　　　$y' = mx^{m-1},$

$$y'' = m(m-1)x^{m-2},$$

$$\cdots\cdots$$

$$y^{(n)} = m(m-1)\cdots(m-n+1)x^{m-n} \quad (n \leqslant m).$$

特别地，当 $n = m$ 时，有

$$y^{(m)} = m!.$$

当 $n > m$ 时，

$$y^{(n)} = 0.$$

利用上述结论，我们可以得到多项式的各阶导数.

例 2.17　设 $p(x) = a_0 x^n + a_1 x^{n-1} + \cdots + a_{n-1} x + a_n$，则

$$p'(x) = n a_0 x^{n-1} + (n-1)a_1 x^{n-2} + \cdots + a_{n-1},$$

$$p''(x) = n(n-1)a_0 x^{n-2} + (n-1)(n-2)a_1 x^{n-3} + \cdots + a_{n-2},$$

$$\cdots\cdots$$

$$p^{(n)}(x) = n!.$$

当 $m > n$ 时，$p^{(m)}(x) = 0.$

即多项式的导数仍为多项式，但每求一次导数，多项式的次数就要降低一次.

下面讨论两个函数乘积的高阶导数. 由

$$(uv)' = u'v + uv',$$

得

$$(uv)'' = (u'v + uv')' = u''v + 2u'v' + uv'',$$

所以

$$(uv)''' = u'''v + 3u''v' + 3u'v'' + uv'''.$$

这几个式子与二项式展开定理非常相似. 比较

$$(u + v)^3 = u^3 v^0 + 3u^2 v + 3uv^2 + u^0 v^3,$$

$$(uv)^{(3)} = u^{(3)} v^{(0)} + 3u^{(2)} v^{(1)} + 3u^{(1)} v^{(2)} + u^{(0)} v^{(3)}.$$

可以看出, $(uv)^{(3)}$ 与 $(u + v)^3$ 之间有完全对应的关系. 唯一值得注意的是 $u^0 = 1$, 而 u 的零阶导数 $u^{(0)} = u$. 于是我们自然猜想

$$(uv)^{(n)} = u^{(n)} v + nu^{(n-1)} v' + \frac{n(n-1)}{2!} u^{(n-2)} v'' + \cdots + uv^{(n)}.$$

可以用数学归纳法证明这个猜想是正确的, 请读者自行验证.

上述公式称为莱布尼茨公式.

例 2.18　设 $y = x^3 \sin x$, 求 $y^{(10)}$.

解　由莱布尼茨公式得

$$y^{(10)} = (\sin x)^{(10)} x^3 + 10(\sin x)^{(9)} (x^3)' + \frac{10 \cdot 9}{2!} (\sin x)^{(8)} (x^3)'' + \frac{10 \cdot 9 \cdot 8}{3!} (\sin x)^{(7)} (x^3)'''$$

$$= -x^3 \sin x + 30x^2 \cos x + 270x \sin x - 720 \cos x.$$

六、隐函数的导数　对数求导法

1. 隐函数的导数

前面讨论的求导法则都是因变量 y 已经写成了自变量 x 的表达式 $y = f(x)$ 的情况, 这样的函数称为显函数.

然而, 两个变量之间的关系常常由方程

$$F(x, y) = 0 \tag{2.2.21}$$

给出, 函数关系隐含在这个方程中, 即 $F(x, y) = 0$ 隐含地给出了 y 是 x 的函数, 即, 如果存在一个定义在某区间上的函数 $y = f(x)$, 使得 $F[x, f(x)] \equiv 0$, 则称函数 $y = f(x)$ 为由方程 $F(x, y) = 0$ 所确定的隐函数.

如方程

$$x^2 + y^2 = 1 \tag{2.2.22}$$

或

$$x^3 + y^3 - 3xy = 0 \tag{2.2.23}$$

可以确定 y 与 x 之间的某种函数关系.

有时候, 可以从 $F(x, y) = 0$ 中将某一个变量解出来, 比如说 y, 这样隐函数就

变为显函数了. 如从方程 $x^2 - y = 1$ 解出 $y = x^2 - 1$.

然而, 解方程往往是非常困难的, 能从 $F(x, y) = 0$ 中将某一个变量解出来的情形是很少的. 如要从方程(2.2.23)中解出 y, 就非常困难; 再比如, 要从方程 $e^y - xy = 0$ 中解出 y, 就几乎是不可能的了.

研究隐函数的基本方法不是从方程 $F(x, y) = 0$ 中将某一个变量解出来, 而是从方程 $F(x, y) = 0$ 本身来研究隐函数. 幸运的是, 要求从方程 $F(x, y) = 0$ 确定隐函数 $y = y(x)$ 的导数, 不必将 y 解出, 只需将 y 看成 x 的函数, 在方程两端同时对 x 求导.

例 2.19　设 $x^2 + y^2 = 4$, 求: (1) $\dfrac{dy}{dx}$; (2)圆 $x^2 + y^2 = 4$ 在点 $(1, -\sqrt{3})$ 的切线方程.

解　(1) 方程 $x^2 + y^2 = 4$ 两端同时对 x 求导, 得

$$2x + 2y \cdot \frac{dy}{dx} = 0,$$

所以

$$\frac{dy}{dx} = -\frac{x}{y}.$$

(2) 圆 $x^2 + y^2 = 4$ 在点 $(1, -\sqrt{3})$ 的切线斜率为

$$k = \frac{dy}{dx}\bigg|_{(1, -\sqrt{3})} = \frac{1}{\sqrt{3}}.$$

故切线方程为

$$y + \sqrt{3} = \frac{1}{\sqrt{3}}(x - 1).$$

此题的第二个问题还可以用如下的方法来解.

从方程 $x^2 + y^2 = 4$ 解得

$$y = \sqrt{4 - x^2} \quad \text{或} \quad y = -\sqrt{4 - x^2},$$

其中 $y = \sqrt{4 - x^2}$ 表示上半圆, 而 $y = -\sqrt{4 - x^2}$ 表示下半圆. 因点 $(1, -\sqrt{3})$ 在下半圆上, 所以取 $y = -\sqrt{4 - x^2}$. 因此

$$\frac{dy}{dx} = -\frac{-2x}{2\sqrt{4 - x^2}} = \frac{x}{\sqrt{4 - x^2}}.$$

于是圆 $x^2 + y^2 = 4$ 在点 $(1, -\sqrt{3})$ 的切线斜率为

$$k = \frac{dy}{dx}\bigg|_{x=1} = \frac{1}{\sqrt{3}}.$$

故切线方程为

$$y+\sqrt{3}=\frac{1}{\sqrt{3}}(x-1).$$

例 2.20 设函数 $y=y(x)$ 由方程 $x^3+y^3=6xy$ 确定. 求 (1) y',y''; (2) 曲线 $x^3+y^3=6xy$ 在点 $(3,3)$ 处的切线方程.

解 (1) 方程 $x^3+y^3=6xy$ 两端同时对 x 求导, 得

$$3x^2+3y^2\cdot y'=6y+6xy'.$$

变形得

$$(y^2-2x)y'=2y-x^2.$$

所以

$$y'=\frac{2y-x^2}{y^2-2x}.$$

$$
\begin{aligned}
y''&=\frac{(2y'-2x)(y^2-2x)-(2y-x^2)(2yy'-2)}{(y^2-2x)^2}\\
&=2\frac{(x^2y-2x-y^2)y'+(x^2+2y-xy^2)}{(y^2-2x)^2}\\
&=2\frac{(x^2y-2x-y^2)\dfrac{2y-x^2}{y^2-2x}+(x^2+2y-xy^2)}{(y^2-2x)^2}\\
&=2\frac{(x^2y-2x-y^2)(2y-x^2)+(x^2+2y-xy^2)(y^2-2x)}{(y^2-2x)^3}.
\end{aligned}
$$

(2) 当 $x=3,y=3$ 时, $y'=\dfrac{2\times3-3^2}{3^2-2\times3}=-1$, 即曲线在点 $(3,3)$ 处的切线斜率为 $k=-1$, 所以曲线 $x^3+y^3=6xy$ 在点 $(3,3)$ 处的切线方程为

$$y-3=-(x-3),$$

即 $x+y=6$.

例 2.21 设 $\sin(x+y)=y^2\cos x$, 求 y'.

解 方程 $\sin(x+y)=y^2\cos x$ 两端同时对 x 求导, 得

$$\cos(x+y)\cdot(1+y')=2y\cdot y'\cos x+y^2(-\sin x),$$

整理得

$$[2y\cos x - \cos(x+y)]y' = \cos(x+y) + y^2\sin x,$$

所以

$$y' = \frac{\cos(x+y) + y^2\sin x}{2y\cos x - \cos(x+y)}.$$

2. 对数求导法

对于如下两种类型的函数, 用对数求导法会比较简单:

(1) 幂指数函数 $y = u(x)^{v(x)}$ $(u(x) > 0)$;

(2) $y = \sqrt[n]{\dfrac{f_1(x)f_2(x)\cdots f_l(x)}{g_1(x)g_2(x)\cdots g_m(x)}}$ $(l, m, n$为正整数$)$.

例 2.22　求下列函数的导数:

(1) $y = x^x$ $(x > 0)$;　　　　　　(2) $y = \sqrt[5]{\dfrac{(2x-1)(x^2+1)}{(e^x+x)(3-4x)}}$;

(3) $y = \sqrt{e^{\frac{1}{x}}\sqrt{x\sqrt{\sin x}}}$.

解　(1) 取对数得

$$\ln y = x\ln x,$$

等式两端同时对 x 求导, 得

$$\frac{1}{y} \cdot y' = \ln x + x \cdot \frac{1}{x} = \ln x + 1,$$

所以

$$y' = y(\ln x + 1) = x^x(\ln x + 1).$$

(2) 取对数得

$$\ln|y| = \frac{1}{5}[\ln|2x-1| + \ln(x^2+1) - \ln|e^x+x| - \ln|3-4x|],$$

等式两端同时对 x 求导, 得

$$\frac{1}{y} \cdot y' = \frac{1}{5}\left(\frac{2}{2x-1} + \frac{2x}{x^2+1} - \frac{e^x+1}{e^x+x} + \frac{4}{3-4x}\right),$$

$$y' = \frac{1}{5}\left(\frac{2}{2x-1} + \frac{2x}{x^2+1} - \frac{e^x+1}{e^x+x} + \frac{4}{3-4x}\right)\sqrt[5]{\frac{(2x-1)(x^2+1)}{(e^x+x)(3-4x)}}.$$

(3) 取对数得

$$\ln y = \frac{1}{2x} + \frac{1}{4}\ln x + \frac{1}{8}\ln\sin x,$$

等式两端同时对 x 求导, 得

$$\frac{1}{y}y' = -\frac{1}{2x^2} + \frac{1}{4x} + \frac{1}{8}\cot x,$$

所以

$$y' = \left(-\frac{1}{2x^2} + \frac{1}{4x} + \frac{1}{8}\cot x\right)\sqrt{e^{\frac{1}{x}}\sqrt{x\sqrt{\sin x}}}.$$

七、由参数方程确定的函数的导数

描述平面曲线, 除了方程 $F(x,y) = 0$ 及 $y = f(x)$ 外, 另一种常见的方法就是用参数方程来描述. 如在解析几何中, 圆的参数方程为

$$\begin{cases} x = a\cos t, \\ y = a\sin t \end{cases} \quad (0 \leqslant t \leqslant 2\pi).$$

椭圆的参数方程为

$$\begin{cases} x = a\cos t, \\ y = b\sin t \end{cases} \quad (0 \leqslant t \leqslant 2\pi).$$

一般地, 参数方程

$$\begin{cases} x = \varphi(t), \\ y = \psi(t) \end{cases} \quad (\alpha \leqslant t \leqslant \beta) \tag{2.2.24}$$

表示平面上的一条曲线, 对于参数 $t \in [\alpha, \beta]$ 的每一个值, 上面的参数方程就确定了一对 x 和 y 的值, 因而就确定了平面上的一个点 (x,y). 当函数 $x = \varphi(t)$ 的反函数 $t = \varphi^{-1}(x)$ 存在时, 将 $t = \varphi^{-1}(x)$ 代入 $y = \psi(t)$, 就得

$$y = \psi[\varphi^{-1}(x)],$$

即变量 y 是变量 x 的函数. 这样由参数方程(2.2.24)就确定了 y 是 x 的函数. 要求由(2.2.24)式所确定曲线的切线的斜率, 即求导数 $\dfrac{dy}{dx}$.

由复合函数的求导法则得

$$\frac{dy}{dx} = \frac{dy}{dt} \cdot \frac{dt}{dx} = \frac{dy}{dt} \cdot \frac{1}{\dfrac{dx}{dt}} = \frac{\psi'(t)}{\varphi'(t)}.$$

这样就得到参数方程的求导公式

$$\frac{dy}{dx} = \frac{\psi'(t)}{\varphi'(t)}. \tag{2.2.25}$$

$$y'' = \frac{d^2 y}{dx^2} = \frac{d}{dx}\left(\frac{dy}{dx}\right) = \frac{dy'}{dx} = \frac{dy'}{dt}\frac{dt}{dx}$$

$$= \frac{\psi''(t)\varphi'(t) - \psi'(t)\varphi''(t)}{[\varphi'(t)]^2} \frac{1}{\varphi'(t)}$$

$$= \frac{\psi''(t)\varphi'(t) - \psi'(t)\varphi''(t)}{[\varphi'(t)]^3}.$$

$$\frac{d^3 y}{dx^3} = \frac{d}{dx}\left(\frac{d^2 y}{dx^2}\right) = \frac{dy''}{dx} = \frac{dy''}{dt}\frac{dt}{dx} = \frac{dy''}{dt}\frac{1}{\dfrac{dx}{dt}}.$$

上述公式不用死记硬背, 只要记住其中的原理就行了.

例 2.23　设 $y = y(x)$ 由参数方程 $\begin{cases} x = a\cos t, \\ y = b\sin t \end{cases}$ $(0 \leqslant t \leqslant 2\pi)$ 确定, 求 $\dfrac{dy}{dx}$, $\dfrac{d^2 y}{dx^2}$, $\dfrac{d^3 y}{dx^3}$.

解　$y' = \dfrac{dy}{dx} = \dfrac{(b\sin t)'}{(a\cos t)'} = -\dfrac{b\cos t}{a\sin t} = -\dfrac{b}{a}\cot t.$

$$y'' = \frac{d^2 y}{dx^2} = \frac{dy'}{dt}\frac{dt}{dx} = -\frac{b}{a}\csc^2 t \cdot \frac{1}{a\sin t} = -\frac{b}{a^2 \sin^3 t}.$$

$$\frac{d^3 y}{dx^3} = y''' = \frac{dy''}{dt}\frac{dt}{dx} = -\frac{b}{a^2}\frac{(-3\sin^2 t\cos t)}{\sin^6 t}\left(-\frac{1}{a\sin t}\right) = -\frac{3b\cos t}{a^3 \sin^5 t}.$$

例 2.24　求曲线 $\begin{cases} x = a(t - \sin t), \\ y = a(1 - \cos t) \end{cases}$ 在 $t = \pi$ 处的切线方程.

解　当 $t = \pi$ 时,

$$x = a(\pi - \sin \pi) = a\pi,$$

$$y = a(1 - \cos \pi) = 2a.$$

又

$$\frac{dy}{dx} = \frac{[a(1 - \cos t)]'}{[a(t - \sin t)]'} = \frac{\sin t}{1 - \cos t},$$

所以斜率为

$$k = \frac{dy}{dx}\bigg|_{t=\pi} = \frac{\sin t}{1 - \cos t}\bigg|_{t=\pi} = 0.$$

故所求切线的方程为

$$y - 2a = 0 \cdot (x - a\pi),$$

即

$$y = 2a.$$

例 2.25 设抛射体运动(图 2.4)在 $t = 0$ 时刻的水平速度和垂直速度分别为 v_1 和 v_2，问在什么时刻该物体的飞行倾角与地面平行?

解 抛射体运动的轨迹可以表示为参数方程

$$\begin{cases} x = v_1 t, \\ y = v_2 t - \dfrac{1}{2} g t^2, \end{cases} \quad 0 \leqslant t \leqslant \dfrac{2 v_2}{g}.$$

设抛射体在任一时刻 t 的飞行倾角为 θ，则

$$\tan \theta = \frac{\mathrm{d}y}{\mathrm{d}x} = \frac{v_2 - gt}{v_1}.$$

要使飞行倾角与地面平行，只需 $\tan \theta = 0$，即 $\dfrac{v_2 - gt}{v_1} = 0$，解得 $t = \dfrac{v_2}{g}$.

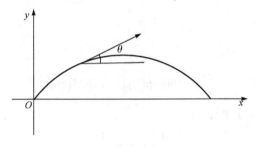

图 2.4

八、相关变化率

导数的两个最基本的应用是:

(1) 求曲线的切线的斜率;

(2) 求变速直线运动的瞬时速度.

这两个应用的共同点是，导数描述了一个量关于另一个量的瞬时变化率. 函数图像的切线的斜率度量了因变量关于自变量的瞬时变化率; 速度刻画了路程关于时间的瞬时变化率.

一切自然科学和社会科学中所遇到的量都会随时间的变化而变化. 例如，体积一定的理想气体的压力与温度成比例，但这些量(压力与温度)都会在某一段时间内变化. 涉及相关变量的变化率的问题称为相关变化率问题.

处理这类问题的程序是先找出所有涉及的随时间变化的变量之间的方程. 而这种关系的建立，需要分析问题中所给出的几何条件或者物理条件. 然后，在方

程两端同时对时间 t 求导, 就得到包含各变量关于时间的变化率的关系式.

例如, 设 x 和 y 是时间 t 的可微函数, 且

$$x^3 - y^3 + 3y - 2x - 88 = 0, \tag{2.2.26}$$

对 t 求导得

$$3x^2 \frac{dx}{dt} - 3y^2 \frac{dy}{dt} + 3\frac{dy}{dt} - 2\frac{dx}{dt} = 0. \tag{2.2.27}$$

这个关系式将 x 对时间 t 的导数与 y 对时间 t 的导数联系起来, 所以称它们为相关变化率. 根据(2.2.27)式, 如果知道所有变量的值和其中的一个变化率, 就可以求出另一个变化率. 如在某一特定的时间, 已知 $x = 5, y = 4, \dfrac{dx}{dt} = 2$, 则 $\dfrac{dy}{dt} = \dfrac{146}{45}$.

例 2.26　给球形气球充气, 假定其体积增加的速度为 $100 \mathrm{cm}^3/\mathrm{s}$, 当气球的直径为 $50 \mathrm{cm}$ 时, 气球半径增加的速度是多少?

解　设 V 表示气球的体积, r 为其半径, 则 V 与 r 的关系为

$$V = \frac{4}{3}\pi r^3, \tag{2.2.28}$$

由题意,

$$\frac{dV}{dt} = 100(\mathrm{cm}^3/\mathrm{s}), \quad r = 25(\mathrm{cm}).$$

(2.2.28)式两端同时对 t 求导, 得

$$\frac{dV}{dt} = 4\pi r^2 \frac{dr}{dt}, \tag{2.2.29}$$

所以

$$\frac{dr}{dt} = \frac{1}{4\pi r^2}\frac{dV}{dt}.$$

将 $\dfrac{dV}{dt} = 100 \mathrm{cm}^3/\mathrm{s}$, $r = 25\mathrm{cm}$ 代入得

$$\left.\frac{dr}{dt}\right|_{r=25} = \frac{1}{4\pi(25)^2} \cdot 100 = \frac{1}{25\pi}.$$

例 2.27　一水容器的形状为倒圆锥体, 其底面半径为 $2\mathrm{m}$, 且其高为 $4\mathrm{m}$. 如果以 $2\mathrm{m}^3/\mathrm{min}$ 的速度将水倒入此容器, 求当水深为 $3\mathrm{m}$ 时水平面上升的速度.

解　如图 2.5, 设 V, r, h 分别表示水的体积、水面的半径、时刻 t 时水面的高度. 由题意, $\dfrac{dV}{dt} = 2\mathrm{m}^3/\mathrm{min}$, $h = 3\mathrm{m}$. 水的体积公式为

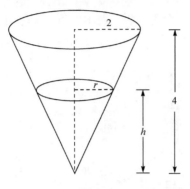

图 2.5

$$V = \frac{1}{3}\pi r^2 h, \tag{2.2.30}$$

由相似三角形得

$$\frac{r}{2} = \frac{h}{4}, \quad r = \frac{h}{2},$$

代入(2.2.30)式得

$$V = \frac{1}{3}\pi\left(\frac{h}{2}\right)^2 h = \frac{\pi}{12}h^3, \tag{2.2.31}$$

两边同时对 t 求导得

$$\frac{\mathrm{d}V}{\mathrm{d}t} = \frac{\pi}{4}h^2\frac{\mathrm{d}h}{\mathrm{d}t}, \tag{2.2.32}$$

所以

$$\frac{\mathrm{d}h}{\mathrm{d}t} = \frac{4}{\pi h^2}\frac{\mathrm{d}V}{\mathrm{d}t}. \tag{2.2.33}$$

将 $\dfrac{\mathrm{d}V}{\mathrm{d}t} = 2\mathrm{m}^3/\min$, $h = 3\mathrm{m}$ 代入得

$$\frac{\mathrm{d}h}{\mathrm{d}t} = \frac{4}{\pi(3)^2}\cdot 2 = \frac{8}{9\pi} \approx 0.28(\mathrm{m}/\min).$$

例 2.28 (高速路上的追逐) 正在追逐一辆超速行驶汽车的警车正从北向南驶向一个直角路口, 超速汽车已拐过路口向东驶去. 当警车离路口向北 0.6km 而汽车离路口向东 0.8km 时, 警察用雷达确定了两车之间的距离正已 20km/h 的速率在增长. 如果警车在该测量时刻以 60km/h 的速率行驶, 试问该瞬间超速汽车的速率为多少?

解 建立如图 2.6 所示的坐标系: 正 x 轴表示车向东行驶的高速公路, 而正 y

轴表示车向北行驶的高速公路. 设 t 表示时间, $x = x(t)$ 表示时刻 t 汽车的位置, $y = y(t)$ 表示时刻 t 警车的位置, $s = s(t)$ 表示时刻 t 两车之间的距离.

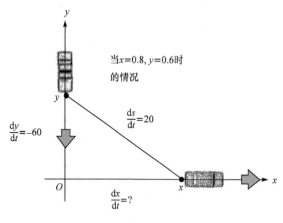

图 2.6

由题设知: 当 $x = 0.8\text{km}, y = 0.6\text{km}$ 时, $\dfrac{dy}{dt} = -60\text{km/h}, \dfrac{ds}{dt} = 20\text{km/h}$. 又

$$s^2 = x^2 + y^2$$

上式两端对 t 求导, 得

$$2s\frac{ds}{dt} = 2x\frac{dx}{dt} + 2y\frac{dy}{dt}, \quad \frac{ds}{dt} = \frac{1}{s}\left(x\frac{dx}{dt} + y\frac{dy}{dt}\right).$$

将 $x = 0.8, y = 0.6, \dfrac{dy}{dt} = -60, \dfrac{ds}{dt} = 20$ 代入, 从而得

$$\frac{dx}{dt} = 70(\text{km/h}).$$

习　题　2.2

1. 求下列各函数的导数:

(1) $y = 3x^3 - 2x + 10$;

(2) $y = x\tan x + \sin\dfrac{\pi}{3}$;

(3) $y = \dfrac{\sin x}{x}$;

(4) $y = \dfrac{x^3 + \cot x}{\ln x}$;

(5) $y = 3\cot x - \dfrac{1}{\ln x}$;

(6) $y = (\sqrt{x} + 1)\left(\dfrac{1}{\sqrt{x} - 1}\right)$;

(7) $y = \dfrac{x^2}{x^2+1} - \dfrac{3\sin x}{x}$;　　　　(8) $y = x^2 \cos x + \dfrac{2+x^2}{\sqrt{x}}$;

(9) $y = x(1+x^2)\tan x$.

2. 求下列函数的导数值:

(1) $f(x) = \dfrac{1}{2x-1}$, 求$f'(0)$, $f'(-2)$.　　(2) $f(t) = \dfrac{t^2-5t+1}{t^3}$, 求$f'(-1)$, $f'(1)$.

3. 已知曲线 $y = x^3 + bx^2 + cx$ 通过点 $(-1,-4)$, 且在横坐标 $x = 1$ 的点处具有水平切线, 求 b,c 及曲线的方程.

4. 求抛物线方程 $y = x^2 + bx + c$ 中的 b,c, 使它在点 $(1,1)$ 处的切线平行于直线 $x - y - 1 = 0$.

5. 曲线 $y = ax^2 + bx$ 上点 $(1,2)$ 处的切线倾角为 $\dfrac{\pi}{4}$, 求 a,b.

6. 设 $f(x) = (x-a)\varphi(x)$, 其中 $\varphi(x)$ 在 $x = a$ 处连续, 求 $f'(a)$.

7. 曲线 $y = ax^2 + 1$ 在点 $x = 1$ 处的切线与直线 $y = \dfrac{1}{2}x + 1$ 垂直, 则 $a = $ _____.

8. 若 $f(x) = \begin{cases} e^{ax}, & x < 0, \\ b + \sin 2x, & x \geqslant 0 \end{cases}$ 在 $x = 0$ 处可导, 则 a,b 的值应为多少?

9. 求下列函数的导数:

(1) $y = \sqrt{1 + \ln^2 x}$;　　　　(2) $2^{\sin\frac{1}{x}}$;

(3) $y = \cos e^{\sqrt{x}}$;　　　　(4) $y = A\sin(\omega t + \varphi_0)$ $(A, \omega, \varphi_0$皆是常数$)$;

(5) $y = \sqrt{\sin\dfrac{x}{2}}$;　　　　(6) $y = \dfrac{1}{\sqrt{4-x^2}}$;

(7) $y = \log_2 \cos x^2$;　　　　(8) $y = [\arctan(1+x^2)]^2$;

(9) $y = \dfrac{1}{\sqrt[3]{x} + \sqrt{x}}$.

10. 求下列函数的导数:

(1) $y = \sqrt{1+x^2}\ln(x + \sqrt{1+x^2})$;　　(2) $y = \arctan 2^x + \operatorname{arc\,cot} x^2$;

(3) $y = \dfrac{\sin 2x}{1 + \cos 2x}$;　　　　(4) $y = \ln(\sec x + \tan x)$;

(5) $y = \sin^2 x \cdot \sin x^2$;　　　　(6) $y = x\arcsin\dfrac{x}{2} + \sqrt{4-x^2}$.

11. 已知 $f(x) = \cos^2 2x$, 求 $f'(2x)$ 与 $[f(2x)]'$.

12. 求下列函数对于 x 的导数: ($f(x)$ 为可导函数)

(1) $y = \sqrt{f(x)}$;　　(2) $y = f(e^x)e^{f(x)}$;　　(3) $y = f(\cos\sqrt{x})$;

(4) $y = f[f(x)]$;　　(5) $y = f(f(e^{2x}))$;　　(6) $y = \left(\dfrac{1}{f(x)}\right)$.

13. 求下列隐函数的导数 $\dfrac{\mathrm{d}y}{\mathrm{d}x}$：

(1) $y + x\mathrm{e}^y = 1$;　　　　　　　　　　(2) $xy^2 + \mathrm{e}^y = \cos(x + y^2)$;

(3) $x\cos y = \sin(x + y)$;　　　　　　　　(4) $\arcsin x \cdot \ln y + \tan y = \mathrm{e}^{2x}$.

14. 求曲线 $\ln(x + y) - xy + x = 0$ 在 $x = 0$ 的切线方程.

15. 试证：抛物线 $x^{\frac{1}{2}} + y^{\frac{1}{2}} = a^{\frac{1}{2}}$ 上任一点的切线所截两坐标轴截距之和等于 a.

16. 求经过点 $(-5, 5)$ 且与直线 $3x + 4y - 20 = 0$ 相切于点 $(4, 2)$ 的圆的方程.

17. 设 $y = y(x)$ 是由方程 $\sin y + x\mathrm{e}^y = 1$ 所确定的隐函数. 求函数曲线 $y = y(x)$ 在点 $M(1, 0)$ 处的切线方程.

18. 求下列函数的导数：

(1) $y = (\sin x)^{\cos x}$;　　　　　　　　　(2) $y = x\sqrt{\dfrac{1 - x}{1 + x^2}}$;

(3) $y = (1 + x)^{\frac{1}{2x}}$;　　　　　　　　(4) $y = \left(\dfrac{a}{b}\right)^x \left(\dfrac{b}{x}\right)^a \left(\dfrac{x}{a}\right)^b$.

19. 求由下列参数方程所确定的函数的导数 $\dfrac{\mathrm{d}y}{\mathrm{d}x}$.

(1) $\begin{cases} x = at\cos t, \\ y = at\sin t; \end{cases}$　　　　　　(2) $\begin{cases} x = \dfrac{1}{2}\left(t + \dfrac{1}{t}\right), \\ y = \dfrac{1}{2}\left(t - \dfrac{1}{t}\right); \end{cases}$

(3) $\begin{cases} x = \mathrm{e}^t\sin t, \\ y = \mathrm{e}^t\cos t, \end{cases}$ 在 $t = \dfrac{\pi}{4}$ 处;　(4) $\begin{cases} x = \ln(1 + t^2), \\ y = t - \arctan t, \end{cases}$ $t \in (0, +\infty)$.

20. 求摆线 $\begin{cases} x = a(t - \sin t), \\ y = a(1 - \cos t) \end{cases}$ 在 $t = \dfrac{\pi}{2}$ 时的切线方程.

21. 求曲线 $\begin{cases} x = \mathrm{e}^t\sin 2t, \\ y = \mathrm{e}^t\cos t \end{cases}$ 在点 $(0, 1)$ 处的法线方程.

22. 求下列函数的二阶导数：

(1) $y = \mathrm{e}^{\sin x}$;　　　　(2) $y = \sin x^3$;　　　　(3) $y = \mathrm{e}^{-x^2}$;

(4) $y = \arcsin x$;　　　　(5) $y = \dfrac{\ln x}{x}$;　　　　(6) $y = \log_2 \sqrt[3]{1 - x^2}$.

23. 设 $y = \mathrm{e}^{2x}\sin 3x$, 求 $y'(0), y''(0), y'''(0)$.

24. 设 $f(x)$ 三阶可导, 求下列函数的三阶导数：

(1) $y = f(x^2)$;　　　　　　　　　(2) $y = [f(x)]^2$.

25. 设 $u = u(x)$ 与 $v = v(x)$ 都是二阶可导函数, $y = \sqrt{u^2 + v^2}$, 求 y''.

26. 求下列函数的高阶导数：

(1) $y = (x^2 + x + 1)\sin x$, 求 $y^{(15)}$;　　(2) $y = \dfrac{x^3}{x^2 - 3x - 4}$, 求 $y^{(n)}$;

(3) $y = \sin^4 x + \cos^4 x$, 求 $y^{(n)}$.

27. 求由方程 $\sqrt{x^2 + y^2} = e^{\arctan \frac{y}{x}}$ 所确定的隐函数 $y = y(x)$ 的二阶导数.

28. 求由方程 $y = \tan(x + y)$ 所确定的隐函数 $y = y(x)$ 的二阶导数.

29. 求下列由参数方程给定的函数的二阶导数:

(1) $\begin{cases} x = t\cos t, \\ y = t\sin t, \end{cases} t \in (-1, 1);$

(2) $\begin{cases} x = f'(t), \\ y = tf'(t) - f(t), \end{cases}$ 其中 $f''(t)$ 存在, 且 $f''(t) \neq 0$.

30. 求摆线 $\begin{cases} x = t - \sin t, \\ y = 1 - \cos t \end{cases} (0 \leqslant t \leqslant 2\pi)$ 在 $t = \pi$ 处的二阶导数 $\dfrac{d^2 y}{dx^2}$ 的值.

31. 设 $y = (\arcsin x)^2$, 试证 $(1 - x^2) y^{(n+1)} - (2n-1)xy^{(n)} - (n-1)^2 y^{(n-1)} = 0$ 成立.

32. 利用反函数的导数公式 $\dfrac{dx}{dy} = \dfrac{1}{y'}$, 证明:

(1) $\dfrac{d^2 x}{dy^2} = -\dfrac{y''}{(y')^3};$　(2) $\dfrac{d^3 x}{dy^3} = \dfrac{3(y'')^2 - y'y'''}{(y')^5}.$

33. 设 $f(x) = (x - a)^n \varphi(x)$, 其中 $\varphi(x)$ 在点 a 的邻域内有 $(n-1)$ 阶连续导数. 求 $f^{(n)}(a)$.

第三节　函数的微分

一、微分的意义与概念

在微积分中, 我们处理曲线的方法是所谓的"以直代曲". 事实上, 大多数函数的曲线在一点的附近看起来像一条直线, 而这条直线的斜率即为函数在该点横坐标的导数, 所以这条直线即为曲线在该点的切线. 如果要研究的函数在某一小区间上较为复杂, 我们可以用这条直线来逼近函数的图像. 大多数函数具有的这种性质称为"局部线性性质", 要注意的是曲线只有在一点的附近才会和它在该点的切线很接近, 而在距该点较远的地方, 曲线和切线的差距将会很大. 如图 2.7 所示.

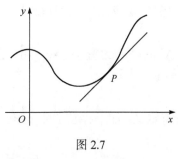

图 2.7

从代数的观点看, 也可以利用局部线性性质来计算函数的近似值.

导数的本质是研究函数的变化率, 即函数的改变量 $\Delta y = f(x_0 + \Delta x) - f(x_0)$ 与自变量的增量 Δx 之比的极限. 但是, 在许多情形下, 我们需要研究和估计函数的改变量 Δy, 特别是在 $|\Delta x|$ 很小的时候.

设函数 $y = f(x)$ 在点 $x = x_0$ 处的导数 $f'(x_0)$ 存在, 即

$$f'(x_0) = \lim_{\Delta x \to 0} \frac{\Delta y}{\Delta x} = \lim_{\Delta x \to 0} \frac{f(x_0 + \Delta x) - f(x_0)}{\Delta x}, \tag{2.3.1}$$

所以

$$\frac{\Delta y}{\Delta x} = f'(x_0) + \alpha, \tag{2.3.2}$$

其中 $\lim\limits_{\Delta x \to 0} \alpha = 0$.

由(2.3.2)式得

$$\Delta y = f'(x_0)\Delta x + \alpha \Delta x. \tag{2.3.3}$$

由于 $\lim\limits_{\Delta x \to 0} \dfrac{\alpha \Delta x}{\Delta x} = \lim\limits_{\Delta x \to 0} \alpha = 0$, 所以由(2.3.3)式得

$$\Delta y = f'(x_0)\Delta x + o(\Delta x). \tag{2.3.4}$$

于是当 $|\Delta x|$ 充分小时,

$$\Delta y \approx f'(x_0)\Delta x. \tag{2.3.5}$$

定义 3.1　设函数 $y = f(x)$ 在点 $x = x_0$ 处的导数 $f'(x_0)$ 存在, 则称 $f'(x_0)\Delta x$ 为函数 $y = f(x)$ 在点 $x = x_0$ 处的微分, 记为 $\mathrm{d}y$, 即

$$\mathrm{d}y = f'(x_0)\Delta x. \tag{2.3.6}$$

此时也称函数 $y = f(x)$ 在点 $x = x_0$ 处是可微的.

显然, $y = f(x)$ 在点 $x = x_0$ 处可导 $\Leftrightarrow$ $y = f(x)$ 在点 $x = x_0$ 处可微.

综上所述, 函数的微分具有如下的两个特点:

(1) $\mathrm{d}y = f'(x_0)\Delta x$, 即函数的微分 $\mathrm{d}y$ 与自变量的增量 Δx 成比例. 这样微分的计算就很容易;

(2) 函数的改变量 Δy 与函数的微分 $\mathrm{d}y$ 之差是 Δx 的高阶无穷小, $\Delta y - \mathrm{d}y = o(\Delta x)$, 即 $\Delta y = \mathrm{d}y + o(\Delta x)$. 所以当 $|\Delta x|$ 充分小时, $\Delta y \approx \mathrm{d}y$.

函数的微分还有如下的等价定义.

定义 3.2　设函数 $y = f(x)$ 在点 $x = x_0$ 处的附近有定义, 如果存在常数 A, 使得函数的改变量 $\Delta y = f(x_0 + \Delta x) - f(x_0)$ 能表示为

$$\Delta y = A\Delta x + o(\Delta x), \tag{2.3.7}$$

则称函数 $y = f(x)$ 在点 $x = x_0$ 处是可微的, 称 $A\Delta x$ 为函数 $y = f(x)$ 在点 $x = x_0$ 处的微分, 记为 $\mathrm{d}y$, 即

$$\mathrm{d}y = A\Delta x. \tag{2.3.8}$$

很容易证明上述两个定义是等价的. 事实上, 如果(2.3.7)式成立, 即

$$\Delta y = A\Delta x + o(\Delta x),$$

变形得

$$\frac{\Delta y}{\Delta x} = A + \frac{o(\Delta x)}{\Delta x}, \tag{2.3.9}$$

所以

$$\lim_{\Delta x \to 0} \frac{\Delta y}{\Delta x} = \lim_{\Delta x \to 0} \left(A + \frac{o(\Delta x)}{\Delta x} \right) = A, \tag{2.3.10}$$

即

$$A = f'(x_0). \tag{2.3.11}$$

当 $y = x$ 时，因为 $y' = 1$，所以

$$dx = 1 \cdot \Delta x = \Delta x, \tag{2.3.12}$$

即自变量的微分就是自变量的增量.

一般地，函数 $y = f(x)$ 在任意点 x 处的微分为

$$dy = f'(x)dx. \tag{2.3.13}$$

变形得

$$\frac{dy}{dx} = f'(x). \tag{2.3.14}$$

这就是导函数的表达式，以前我们只是将 $\dfrac{dy}{dx}$ 看成一个整体，它表示因变量 y 关于自变量 x 的变化率，现在有了微分的概念以后，可以将 $\dfrac{dy}{dx}$ 看成函数的微分 dy 与自变量的微分 dx 之商. 所以，有时候又将函数的导数 $\dfrac{dy}{dx}$ 称为函数的微商.

从公式(2.3.13)可以看出，只要求出导数，就可以得到微分. 然而，微分与导数有着本质的区别：微分用来近似代替函数的改变量，而导数描述因变量关于自变量的变化率. 另外，微分的几何意义与导数的几何意义也完全不一样：导数 $f'(x_0)$ 表示曲线 $y = f(x)$ 在点 $(x_0, f(x_0))$ 处的切线的斜率，而微分 $dy = f'(x_0)\Delta x$ 在几何上表示曲线 $y = f(x)$ 在点 $(x_0, f(x_0))$ 处的切线的纵坐标相应于 Δx 的改变量，如图 2.8 所示.

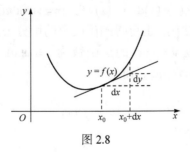

图 2.8

例 3.1　设 $y = f(x) = 3x^2 - 4x + 5$.

(1) 求 Δy，$\mathrm{d}y$ 和 $\Delta y - \mathrm{d}y$;

(2) 当 $x = 3, \Delta x = 0.01$ 时，求 Δy，$\mathrm{d}y$ 和 $\Delta y - \mathrm{d}y$.

解　(1)
$$\Delta y = f(x + \Delta x) - f(x)$$
$$= 3(x + \Delta x)^2 - 4(x + \Delta x) + 5 - (3x^2 - 4x + 5)$$
$$= (6x - 4)\Delta x + 3(\Delta x)^2.$$
$$\mathrm{d}y = f'(x)\Delta x = (6x - 4)\Delta x.$$

所以
$$\Delta y - \mathrm{d}y = 3(\Delta x)^2.$$

上式是 Δx 的高阶无穷小.

(2) 当 $x = 3, \Delta x = 0.01$ 时，
$$\Delta y = (18 - 4) \times 0.01 + 3(0.01)^2 = 0.1403,$$
$$\mathrm{d}y = (18 - 4) \times 0.01 = 0.14,$$
$$\Delta y - \mathrm{d}y = 0.1403 - 0.14 = 0.0003.$$

二、微分的运算

微分与导数有着密切的关系，从微分的公式
$$\mathrm{d}y = f'(x)\mathrm{d}x$$
可以看出，只要算出导数，便可立即得到微分.

根据导数的运算法则，很容易得到微分的运算法则.
$$\mathrm{d}[u(x) \pm v(x)] = \mathrm{d}u(x) \pm \mathrm{d}v(x),$$
$$\mathrm{d}[u(x)v(x)] = v(x)\mathrm{d}u(x) + u(x)\mathrm{d}v(x),$$
$$\mathrm{d}\left[\frac{u(x)}{v(x)}\right] = \frac{v(x)\mathrm{d}u(x) - u(x)\mathrm{d}v(x)}{v^2(x)}.$$

这里只证明乘积的微分公式:
$$\mathrm{d}[u(x)v(x)] = [u(x)v(x)]'\mathrm{d}x = [u'(x)v(x) + u(x)v'(x)]\mathrm{d}x$$
$$= u'(x)v(x)\mathrm{d}x + u(x)v'(x)\mathrm{d}x = v(x)\mathrm{d}u(x) + u(x)\mathrm{d}v(x).$$

根据反函数的求导法则，也可得到反函数的微分公式. 设函数 $y = f(x)$ 在 x 点可微，$\mathrm{d}y = f'(x)\mathrm{d}x$. 设 $y = f(x)$ 的反函数为 $x = \varphi(y)$，则 $x = \varphi(y)$ 在对应的点 $y = f(x)$ 处也可微，$\mathrm{d}x = \varphi'(y)\mathrm{d}y$，而
$$\varphi'(y) = \frac{1}{f'(x)}. \tag{2.3.15}$$

于是得到反函数的微分公式

$$dx = \frac{1}{f'(x)}dy. \qquad (2.3.16)$$

根据基本初等函数的导数公式, 立即得到基本初等函数的微分公式:

$(c)' = 0;$　　　　　　　　　　　　　　$dc = 0 \cdot dx = 0;$

$(x^{\alpha})' = \alpha x^{\alpha-1};$　　　　　　　　　　$dx^{\alpha} = \alpha x^{\alpha-1}dx;$

$(\sin x)' = \cos x;$　　　　　　　　　　$d\sin x = \cos xdx;$

$(\cos x)' = -\sin x;$　　　　　　　　　$d\cos x = -\sin xdx;$

$(\tan x)' = \sec^2 x;$　　　　　　　　　$d\tan x = \sec^2 xdx;$

$(\cot x)' = -\csc^2 x;$　　　　　　　　$d\cot x = -\csc^2 xdx;$

$(\arcsin x)' = \dfrac{1}{\sqrt{1-x^2}};$　　　　　　$d\arcsin x = \dfrac{1}{\sqrt{1-x^2}}dx;$

$(\arccos x)' = -\dfrac{1}{\sqrt{1-x^2}};$　　　　　$d\arccos x = -\dfrac{1}{\sqrt{1-x^2}}dx;$

$(\arctan x)' = \dfrac{1}{1+x^2};$　　　　　　$d\arctan x = \dfrac{1}{1+x^2}dx;$

$(\text{arccot}x)' = -\dfrac{1}{1+x^2};$　　　　　　$d\text{arccot}\,x = -\dfrac{1}{1+x^2}dx;$

$(e^x)' = e^x;$　　　　　　　　　　　$de^x = e^xdx;$

$(a^x)' = a^x \ln a;$　　　　　　　　　$da^x = a^x \ln adx;$

$(\ln x)' = \dfrac{1}{x};$　　　　　　　　　　$d\ln x = \dfrac{1}{x}dx;$

$(\log_a x)' = \dfrac{1}{x\ln a};$　　　　　　　$d\log_a x = \dfrac{1}{x\ln a}dx.$

复合函数的微分——一阶微分形式不变性

设 $y = f(u)$, u 是自变量, 则

$$dy = f'(u)du. \qquad (2.3.17)$$

设 $y = f(u)$ 与 $u = \varphi(x)$ 都是可微函数(这说明 u 是中间变量), 于是 $y = f[\varphi(x)]$ 也可微, 且

$$dy = \big(f[\varphi(x)]\big)' dx = f'[\varphi(x)]\varphi'(x)dx. \qquad (2.3.18)$$

注意到 $d\varphi(x) = \varphi'(x)dx$, 所以

$$dy = f'[\varphi(x)]d\varphi(x), \qquad (2.3.19)$$

即

$$dy = f'(u)du. \qquad (2.3.20)$$

这与(2.3.17)式完全一样. 由此可见, 如 $y = f(u)$, 则不管 u 是自变量还是中间变

量, 它的微分都可以写成

$$dy = f'(u)du.$$

这就是所谓的一阶微分形式不变性. 这是微分所独有的性质, 导数是没有这种性质的, 求导数时我们总要指明是对哪个变量求导数, 而求微分时就无须指明是对哪一个变量的微分.

例 3.2　设 $y = \cos(x^2 + 1)$, 求 dy.

解　　　　　　　　　$dy = -\sin(x^2 + 1) \cdot 2x dx = -2x\sin(x^2 + 1)dx.$

或者由微分形式不变性得

$$dy = -\sin(x^2 + 1)d(x^2 + 1) = -2x\sin(x^2 + 1)dx.$$

利用微分的一阶形式不变性, 还可以方便地计算隐函数的导数.

例 3.3　设 $y = y(x)$ 是由方程 $x^3 + y^3 - 3xy = 0$ 确定的函数, 求 y'.

解　原方程两端同时取微分得

$$dx^3 + dy^3 - d(3xy) = 0,$$

即 $3x^2 dx + 3y^2 dy - 3(y dx + x dy) = 0$, 即 $(y^2 - x)dy + (x^2 - y)dx = 0$, 故

$$y' = \frac{dy}{dx} = \frac{y - x^2}{y^2 - x}.$$

三、微分与近似计算

在微积分中, 引入微分的主要目的是为了研究函数的改变量 Δy. 前面已证明

$$\Delta y \approx dy, \tag{2.3.21}$$

即

$$f(x_0 + \Delta x) - f(x_0) \approx f'(x_0)\Delta x, \tag{2.3.22}$$

于是得

$$f(x_0 + \Delta x) \approx f(x_0) + f'(x_0)\Delta x. \tag{2.3.23}$$

公式 (2.3.23) 具有很重要的意义. $f(x_0 + \Delta x)$ 表示曲线 $y = f(x)$ 在横坐标为 $x_0 + \Delta x$ 时对应的纵坐标, 而 $f(x_0) + f'(x_0)\Delta x$ 表示曲线 $y = f(x)$ 在点 $(x_0, f(x_0))$ 处的切线在横坐标为 $x_0 + \Delta x$ 时对应的纵坐标. 即在点 $(x_0, f(x_0))$ 的附近, 我们用切线的纵坐标来近似代替曲线的纵坐标, 在几何上就是用切线来近似代替曲线, 这就是微积分中著名的 "以直代曲". 这种思想, 在数学上称作 "线性化", 这是一种非常重要的数学方法.

公式 (2.3.21)～(2.3.23) 给出了利用微分进行近似计算的理论根据.

例 3.4 测得某一球体的直径为16cm, 测量的最大误差不超过 ±0.01cm, 试利用微分估计在计算球体的体积与表面积时的最大误差.

解 设球体的半径为r, 直径为D, 则球体的体积公式为

$$V = \frac{4}{3}\pi r^3 = \frac{1}{6}\pi D^3. \tag{2.3.24}$$

球的表面积公式为

$$S = 4\pi r^2 = \pi D^2. \tag{2.3.25}$$

所以

$$\frac{\mathrm{d}V}{\mathrm{d}D} = \frac{1}{2}\pi D^2, \text{ 从而 } \mathrm{d}V = \frac{1}{2}\pi D^2 \mathrm{d}D;$$

并且

$$\frac{\mathrm{d}S}{\mathrm{d}D} = 2\pi D, \text{ 从而 } \mathrm{d}S = 2\pi D \mathrm{d}D.$$

当 $D = 16\mathrm{cm}$, $|\mathrm{d}D| \leqslant 0.01\mathrm{cm}$ 时, 体积的最大误差近似为

$$|\Delta V| \approx |\mathrm{d}V| = \frac{1}{2}\pi D^2 |\mathrm{d}D| \leqslant \frac{1}{2}\pi \cdot 16^2 \cdot 0.01 = 1.28\pi(\mathrm{cm}^3).$$

表面积的最大误差近似为

$$|\Delta S| \approx |\mathrm{d}S| = |2\pi D \mathrm{d}D| = 2\pi D |\mathrm{d}D| \leqslant 2\pi \cdot 16 \cdot 0.01 = 0.32\pi(\mathrm{cm}^2).$$

例 3.5 计算 $\tan 48°$ 的近似值.

解 $48° = 48 \cdot \dfrac{\pi}{180} = \dfrac{4\pi}{15}$.

令 $f(x) = \tan x$, 取 $x_0 = \dfrac{\pi}{4}$, $x_0 + \Delta x = \dfrac{4\pi}{15}$, 所以

$$\Delta x = \frac{4\pi}{15} - \frac{\pi}{4} = \frac{\pi}{60},$$

由公式 $f(x_0 + \Delta x) \approx f(x_0) + f'(x_0)\Delta x$ 得

$$\tan 48° = f(x_0 + \Delta x) \approx f(x_0) + f'(x_0)\Delta x$$

$$= \tan \frac{\pi}{4} + \sec^2 \frac{\pi}{4} \cdot \frac{\pi}{60} \approx 1.105.$$

例 3.6 计算 $\sqrt{397}$ 的近似值.

解 $\sqrt{397} = \sqrt{400 - 3} = 20\sqrt{1 - \dfrac{3}{400}}$.

设 $f(x) = \sqrt{x}$, 取 $x_0 = 1$, $\Delta x = -\dfrac{3}{400}$, 于是

$$\sqrt{1 - \frac{3}{400}} = f(x_0 + \Delta x) \approx f(x_0) + f'(x_0)\Delta x$$

$$= 1 + \frac{1}{2\sqrt{1}}\left(-\frac{3}{400}\right) = 0.99625,$$

所以

$$\sqrt{397} = 20\sqrt{1 - \frac{3}{400}} \approx 20 \times 0.99625 = 19.925.$$

习 题 2.3

1. 求下列函数的微分:

(1) $y = (\arcsin x)^2$;

(2) $y = e^{\cos\frac{1}{x}}$;

(3) $y = \dfrac{\cos 2x}{1 + \sin x}$;

(4) $y = \dfrac{\sin 2x}{x}$;

(5) $y = \ln(\sec t + \tan t)$;

(6) $y = \arccos\dfrac{1}{|x|}$.

2. $y = x^2 + 1$, 对于 $x = 1, \Delta x = 0.01$, 试计算 $dy, \Delta y$ 及 $\Delta y - dy$.

3. 在下括号中, 填入适当的函数, 使等式成立:

(1) $d(\quad) = x dx$;

(2) $d(\quad) = \dfrac{1}{x} dx$;

(3) $d(\quad) = \dfrac{dx}{x^2}$;

(4) $d(\quad) = \cos 2x dx$;

(5) $d(\quad) = \tan x dx$;

(6) $d(\quad) = \dfrac{dx}{\sqrt{x}}$;

(7) $d(\quad) = x e^{x^2} dx$.

4. 计算: $\dfrac{d}{d(x^2)}\left(\dfrac{\ln x}{x}\right)$.

5. 有一批半径为 1cm 的铁球, 为改变球面的光度, 要镀上一层铜, 其厚度为 0.01cm, 试估计每个球需要多少克铜(铜的密度为 8.9g/cm³).

6. 计算下列各式的近似值:

(1) $\sqrt[3]{1.02}$;

(2) $\arctan 0.97$;

(3) $\ln 1.01$.

总 习 题 二

1. 填空:

(1) 设对任意的 x, 都有 $f(-x) = f(x)$, 且 $f'(-x_0) = -k \neq 0$, 则 $f'(x_0) = $ _____.

(2) 函数 $f(x) = x|\sin x|$ 在点 $x = 0$ 处的导数为 _____.

(3) 设 $f(x) = \begin{cases} \sin x, & x \geqslant 0, \\ 2x, & x < 0, \end{cases}$ 则 $f'(x) = $ _____.

(4) 设 $y = f(\sec x)$，且 $f'(x) = x$，则 $\left.\dfrac{\mathrm{d}y}{\mathrm{d}x}\right|_{x=\frac{\pi}{4}} = $ _____.

(5) 在横坐标 $x = $ _____ 处曲线 $y = x^2$ 与曲线 $y = x^3$ 的切线相互垂直.

(6) 若 $f'(0) = 1$，则极限 $\lim\limits_{h \to 0} \dfrac{f(0) - f(-h)}{3h} = $ _____.

(7) 设 $f(x) = \lim\limits_{n \to \infty} \dfrac{x}{1 + x^{2n}}$，则 $f'(0) = $ _____.

(8) 设 $f(x) = 3x^3 + x^2|x|$，则使 $f^{(n)}(0)$ 不存在的最小整数 n 是 _____.

2. 若 $f(x)$ 在点 x_0 处有导数，而 $g(x)$ 在点 x_0 处导数不存在，则 $F(x) = f(x)g(x)$ 在点 x_0 处 (　　).

(A) 一定有导数;　　　　　　　　　(B) 一定没有导数;

(C) 导数可能存在;　　　　　　　　(D) 一定连续但导数不存在.

3. 设 $f(x) = \begin{cases} \dfrac{|x^2 - 1|}{x - 1}, & x \neq 1, \\ 2, & x = 1, \end{cases}$ 则在 $x = 1$ 处函数 $f(x)$ (　　).

(A) 不连续;　　　　　　　　　　　(B) 连续, 但不可导;

(C) 可导, 但导数不连续;　　　　　(D) 可导, 且导函数连续.

4. 设 $f(x)$ 是奇函数，且 $f'(0)$ 存在，则 $x = 0$ 是 $F(x) = \dfrac{f(x)}{x}$ (　　).

(A) 无穷型间断点;　　　　　　　　(B) 可去间断点;

(C) 连续点;　　　　　　　　　　　(D) 振荡间断点.

5. 设 $f(x)$ 可导，则 $\lim\limits_{\Delta x \to 0} \dfrac{f^2(x + \Delta x) - f^2(x)}{\Delta x} = $ (　　).

(A) 0;　　　　　　　　　　　　　　(B) $2f(x)$;

(C) $2f'(x)$;　　　　　　　　　　　(D) $2f(x)f'(x)$.

6. 设 $f(0) = 0$，则 $f(x)$ 在点 $x = 0$ 可导的充分必要条件是(　　).

(A) $\lim\limits_{h \to 0} \dfrac{1}{h^2} f(1 - \cosh)$ 存在;　　(B) $\lim\limits_{h \to 0} \dfrac{1}{h} f(1 - \mathrm{e}^h)$ 存在;

(C) $\lim\limits_{h \to 0} \dfrac{1}{h^2} f(h - \sinh)$ 存在;　　(D) $\lim\limits_{h \to 0} \dfrac{1}{h} [f(2h) - f(h)]$ 存在.

7. 设函数 $f(x)$ 在 $x = 0$ 处可导，且 $f(0) = 0$，对于函数 $g(x) = \begin{cases} \dfrac{f(x)}{x}, & x \neq 0, \\ a, & x = 0 \end{cases}$ 确定 a 的值，使 $g(x)$ 在 $(-\infty, +\infty)$ 上连续.

8. 讨论函数 $f(x) = \begin{cases} \dfrac{x}{1 - \mathrm{e}^{\frac{1}{x}}}, & x \neq 0, \\ 0, & x = 0 \end{cases}$ 在 $x = 0$ 处的连续性与可导性.

9. 在什么条件下，函数 $f(x) = \begin{cases} x^\alpha \sin\dfrac{1}{x}, & x > 0, \\ 0, & x \leqslant 0, \end{cases}$ (1) 在点 $x = 0$ 处连续;　(2) 在 $x = 0$ 处可

导;　(3) 在点 $x=0$ 处导数连续;　(4) 在 $x=0$ 处二阶可导.

10. 求下列函数的导数 y':

(1) $y=\arcsin\sqrt{\dfrac{1-x}{1+x}}$;

(2) $y=\cos^2 x^3$;

(3) $y=\arctan\sqrt{x^2-1}-\dfrac{\ln x}{\sqrt{x^2-1}}$;

(4) $y=\dfrac{1}{[\arcsin(1-x)]^2}$;

(5) $y=x^{x^x}+x^x+x$;

(6) $y=a^{x^x}+x^{a^x}+x^{x^a}$;

(7) 设 $f(x)=x(x-1)(x-2)\cdots(x-100)$, 求 $f'(0)$.

11. 已知函数 $y=\mathrm{e}^{ax}\sin bx\ (b\ne 0)$ 对一切 x 均满足方程 $y''+y'+y=0$, 求实数 a,b.

12. 设 $\varphi(u)$ 为二阶可导函数, 且 $y=\ln[\varphi(x^2)]$, 求 y''.

13. 求与直线 $2x-6y+1=0$ 垂直且与曲线 $y=x^3+3x^2-5$ 相切的直线方程.

14. 在哪一点, 抛物线 $y=x^2-2x+5$ 的切线与第一象限的分角线垂直?

15. (1) 求曲线 $y=\dfrac{x^2+1}{x+1}$ 上在点 $(1,1)$ 处的切线方程;

(2) 设这条切线与 x 轴, y 轴的交点分别是 A,B, 坐标原点是 O, 求 $\triangle OAB$ 的面积.

16. 设 $f(x)$ 在 $x=a$ 处可微, 试以 $f(a)$ 与 $f'(a)$ 表示 $\lim\limits_{x\to a}\dfrac{x^2 f(x)-a^2 f(a)}{x-a}$.

17. 对于函数 $f(x)$, 设 $f'(0)=2$, 求极限 $\lim\limits_{n\to\infty}n^2\left[f\left(\dfrac{3}{n}\right)-f(0)\right]^2$.

18. 设 $\begin{cases}x=2t+|t|,\\ y=5t^2+4t|t|,\end{cases}$ 求当 $t=0$ 时的导数 $\dfrac{\mathrm{d}y}{\mathrm{d}x}$.

19. 设可导函数对于任意 x_1,x_2, 有 $f(x_1+x_2)=f(x_1)f(x_2)$, 且 $f'(0)=1$, 试证 $f'(x)=f(x)$.

20. 设 $f(x)$ 在 $(-\infty,+\infty)$ 上有定义且在 $x=0$ 处连续, 又对任意 x_1,x_2 均有 $f(x_1+x_2)=f(x_1)+f(x_2)$.

(1) 证明 $f(x)$ 在 $(-\infty,+\infty)$ 上连续;

(2) 又设 $f'(0)=a$ (常数), 证明 $f(x)=ax$.

21. 设 $f(x)=\begin{cases}\mathrm{e}^x,& x<0,\\ ax^2+bx+c,& x\geqslant 0,\end{cases}$ 确定 a,b,c, 使 $f''(0)$ 存在.

22. 设函数 $f(1+x)=af(x)$, 且 $f'(0)=b\ (a,b\ne 0)$, 问 $f'(1)$ 是否存在? 若存在求其值.

23. 设 $f(x)$ 在 $(-\infty,+\infty)$ 上有定义, 对任意 $x,y\in(-\infty,+\infty)$ 均有 $f(x+y)=f(x)+f(y)+xy$, 且 $f'(0)=1$, 求 $f'(x)$.

24. 已知函数 $f(x)$ 可导, 且对任何实数 x,y 满足 $f(x+y)=\mathrm{e}^x f(y)+\mathrm{e}^y f(x)$, 且 $f'(0)=\mathrm{e}$, 证明 $f'(x)=f(x)+\mathrm{e}^{x+1}$.

25. 求直线方程, 使它与曲线 $(y-2)^2=x+5$ 相切, 并与该曲线在点 $(-4,3)$ 处的切线垂直.

26. $f(x)$ 在 (a,b) 内有定义, 且对区间内任意 x_1,x_2 恒有 $|f(x_2)-f(x_1)|\leqslant(x_2-x_1)^2$, 求证: $f(x)$ 在该区间内是一个常数.

27. 设 $f(x)$ 在 $[a,b]$ 上连续, 且 $f(a)=f(b)=0$, $f'(a)f'(b)>0$, 试证方程 $f(x)=0$ 在 (a,b) 内至少存在一个实根.

第三章　导数的应用

在上一章中, 我们学习了导数及其求导法则. 因为函数在某一点的导数由该点的局部(某个邻域)决定, 所以导数研究的是函数的局部性质. 如果我们想进一步研究函数在某区间上的整体性质, 还需要借助微分中值定理. 微分中值定理是沟通函数与其导数之间的一座桥梁, 是应用导数的局部性质去研究函数在某区间的整体性质的重要工具. 微分中值定理是一系列中值定理的总称, 包括罗尔定理、拉格朗日(Lagrange)定理、柯西定理、泰勒(Taylor)公式等, 微分中值定理在数学分析中处于十分重要的地位, 构成了微分学的理论核心.

第一节　微分中值定理

先讲罗尔定理, 然后根据它推出拉格朗日中值定理和柯西中值定理.

一、函数的极值与罗尔中值定理

为了应用方便, 在学习罗尔定理之前, 先学习函数极值的概念和费马(Fermat)引理.

定义 1.1　设 $f(x)$ 在闭区间 $[a,b]$ 上是连续函数, 如果对于一点 x_0, 存在 x_0 的某一邻域 $U(x_0)$, 使对于此邻域中的任意点 x, 都有 $f(x) \leqslant f(x_0)$, 则称 $f(x)$ 在 x_0 有一极大值 $f(x_0)$, x_0 称为极大值点, 如图 3.1 所示, $f(x)$ 在 x_1, x_2 等点皆有极大值; 同样, 如果在 x_0 的某一邻域 $U(x_0)$ 中总有 $f(x) \geqslant f(x_0)$, 则称 $f(x)$ 在 x_0 有一极小值 $f(x_0)$, x_0 称为极小值点, 图 3.1 中 $f(x)$ 在 x_1', x_2' 等点皆有极小值. 极大值与极小值统称为极值. 极大值点与极小值点统称为极值点. 如果在上面的两个不等式中等号不成立, 则称为严格意义下的极值.

定理 1.1 (费马引理)　设函数 $f(x)$ 在点 x 的某邻域 $U(x_0)$ 内有定义, 并且在 x_0 处可导, 如果 $f(x)$ 在 x_0 处取得极值, 那么 $f'(x_0) = 0$.

证明　不妨设 $f(x)$ 在 x_0 处取得极大值 (如果 $f(x)$ 在 x_0 处取得极小值, 可类似地证明). 于是, 对于 $x_0 + \Delta x \in U(x_0)$, 有

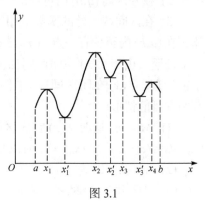

图 3.1

$$f(x_0 + \Delta x) \leqslant f(x_0),$$

从而当 $\Delta x > 0$ 时，$\dfrac{f(x_0 + \Delta x) - f(x_0)}{\Delta x} \leqslant 0$；当 $\Delta x < 0$ 时，$\dfrac{f(x_0 + \Delta x) - f(x_0)}{\Delta x} \geqslant 0$. 根据函数 $f(x)$ 在 x_0 可导的条件及极限的保号性，便得到

$$f'(x_0) = f'_+(x_0) = \lim_{\Delta x \to 0^+} \frac{f(x_0 + \Delta x) - f(x_0)}{\Delta x} \leqslant 0,$$

$$f'(x_0) = f'_-(x_0) = \lim_{\Delta x \to 0^-} \frac{f(x_0 + \Delta x) - f(x_0)}{\Delta x} \geqslant 0.$$

所以 $f'(x_0) = 0$.

通常称导数等于零的点为函数的驻点(或稳定点、临界点).

费马引理告诉我们，如果曲线 $y = f(x)$ 在 x_0 处取得极值，并且曲线 $y = f(x)$ 在 x_0 点具有切线 P(图 3.2)，那么切线 P 必为水平的.

我们要介绍的第一个中值定理——罗尔定理，几何解释如图 3.3，就是说 $[a,b]$ 上的一条连续曲线 $y = f(x)$，除端点外处处有不垂直于 x 轴的切线，且两个端点的纵坐标相等，那么在区间内部一定存在水平切线的点.

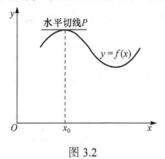

图 3.2　　　　　　　　　　　　　　图 3.3

定理 1.2 (罗尔定理)　如果函数 $f(x)$ 满足

(1) 在闭区间 $[a,b]$ 上连续；

(2) 在开区间 (a,b) 内可导；

(3) 在区间端点处的函数值相等，即 $f(a) = f(b)$，

那么在 (a,b) 内至少有一点 $\xi(a < \xi < b)$，使得 $f'(\xi) = 0$.

证明　由于 $f(x)$ 在闭区间 $[a,b]$ 上连续，根据闭区间上连续函数的最大值最小值定理，$f(x)$ 在闭区间 $[a,b]$ 上必定取得它的最大值 M 和最小值 m. 这样，只有两种可能情形：

(1) $M = m$. 这时 $f(x)$ 在闭区间 $[a,b]$ 上必然取相同的数值 $M : f(x) = M$. 由此，$\forall x \in (a,b)$，有 $f'(x_0) = 0$. 所以 $\forall \xi \in (a,b)$，有 $f'(\xi) = 0$.

(2) $M > m$. 因为 $f(a) = f(b)$，所以 M 和 m 这两个数中至少有一个不等于 $f(x)$ 在闭区间 $[a,b]$ 的端点处的函数值. 为确定起见，不妨设 $M \neq f(a)$ (如果

$m \neq f(a)$, 证法完全类似), 那么必定在开区间 (a,b) 内有一点 ξ 使 $f(\xi) = M$. 因此, $\forall x \in [a,b]$, 有 $f(x) \leqslant f(\xi)$, 从而由费马引理可知 $f'(\xi) = 0$.

但是有一点需要注意, 如果定理的条件不全满足, 则其结论就不一定成立. 然而也不能认为: 如果定理的条件不全成立, 就一定没有适合定理结论的点 ξ 存在. 事实上, 可以很容易地举例子来说明. 这就表明, 定理的条件是充分的, 但不是必要的.

二、拉格朗日中值定理

罗尔定理中 $f(a) = f(b)$ 这个条件是相当特殊的, 它使罗尔定理的应用受到限制. 如果把 $f(a) = f(b)$ 这个条件取消, 但仍保留其余两个条件, 并相应地改变结论, 那么就得到微分学中十分重要的拉格朗日中值定理.

定理 1.3 (拉格朗日中值定理)　如果函数 $f(x)$ 满足

(1) 在闭区间 $[a,b]$ 上连续;

(2) 在开区间 (a,b) 内可导,

那么在 (a,b) 内至少有一点 $\xi(a < \xi < b)$, 使得等式

$$f(b) - f(a) = f'(\xi)(b - a) \tag{3.1.1}$$

成立.

在证明之前, 先看一下定理的几何意义. 如果把(3.1.1)式改写为

$$\frac{f(b) - f(a)}{b - a} = f'(\xi),$$

从图 3.4 可看出, $\dfrac{f(b) - f(a)}{b - a}$ 为弦 AB 的斜率, 而 $f'(\xi)$ 为曲线在 C 处的切线的斜率. 因此拉格朗日中值定理的几何意义是: 如果连续曲线 $y = f(x)$ 的弧 $\overparen{AB}$ 上除端点外处处具有不垂直于 x 轴的切线, 那么该弧上至少有一点 C, 使得曲线在 C 处的切线平行于弦 AB.

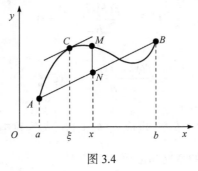

图 3.4

从图 3.3 看出, 在罗尔定理中, 由于 $f(a) = f(b)$, 弦 AB 是平行于 x 轴的. 因

此点 C 处的切线实际上也是平行于弦 AB 的. 由此可见, 罗尔定理是拉格朗日中值定理的特殊情形.

从上述拉格朗日中值定理与罗尔定理的关系, 自然想到利用罗尔定理来证明拉格朗日中值定理. 但是在拉格朗日中值定理中, 函数不一定具备 $f(a) = f(b)$ 这个条件, 为此我们设想构造一个与 $f(x)$ 有密切联系的函数 $\varphi(x)$ (称为辅助函数), 使 $\varphi(x)$ 满足条件 $\varphi(a) = \varphi(b)$. 然后对 $\varphi(x)$ 应用罗尔定理, 再把对 $\varphi(x)$ 所得的结论转化到 $f(x)$ 上, 证得所要的结果. 我们从拉格朗日中值定理的几何解释中来寻找辅助函数, 从图 3.4 中看到, 有向线段 NM 的值是 x 的函数, 把它表示为 $\varphi(x)$, 它与 $f(x)$ 有密切的联系, 且当 $x = a$ 及 $x = b$ 时, 点 M 和点 N 重合, 即有 $\varphi(a) = \varphi(b) = 0$. 为求得函数 $\varphi(x)$ 的表达式, 设直线 AB 的方程为 $y = L(x)$, 则

$$L(x) = f(a) + \frac{f(b) - f(a)}{b - a}(x - a).$$

由于点 M, N 的纵坐标依次为 $f(x)$ 及 $L(x)$, 故表示有向线段 NM 的值的函数为

$$\varphi(x) = f(x) - L(x) = f(x) - f(a) - \frac{f(b) - f(a)}{b - a}(x - a).$$

这个函数就是我们要找的辅助函数, 下面就利用这个辅助函数来证明拉格朗日中值定理.

证明　引进辅助函数

$$\varphi(x) = f(x) - L(x) = f(x) - f(a) - \frac{f(b) - f(a)}{b - a}(x - a),$$

容易验证 $\varphi(x)$ 满足罗尔定理的条件: $\varphi(a) = \varphi(b) = 0$; $\varphi(x)$ 在闭区间 $[a, b]$ 上连续, 在开区间 (a, b) 内可导, 且

$$\varphi'(x) = f'(x) - \frac{f(b) - f(a)}{b - a}.$$

根据罗尔定理, 可知在 (a, b) 内至少有一点 ξ, 使 $\varphi'(\xi) = 0$, 即

$$f'(\xi) - \frac{f(b) - f(a)}{b - a} = 0.$$

由此得

$$\frac{f(b) - f(a)}{b - a} = f'(\xi),$$

即 $f(b) - f(a) = f'(\xi)(b - a)$.

显然, 公式(3.1.1)对于 $b < a$ 也成立. (3.1.1)式称为**拉格朗日中值定理**.

三、拉格朗日中值定理的意义与应用

拉格朗日中值定理是一个非常重要的中值定理, 不仅表现在罗尔定理是它的

特殊情形, 还表现在它搭建了自变量增量和函数增量之间的桥梁, 可以推导出其他一些有用的推论.

设 x 为区间 $[a,b]$ 上一点, $x+\Delta x$ 为该区间的另一点 ($\Delta x > 0$ 或 $\Delta x < 0$), 则公式(3.1.1)在区间 $[x, x+\Delta x]$ (当 $\Delta x > 0$ 时)或 $[x+\Delta x, x]$ (当 $\Delta x < 0$ 时)上就成为

$$f(x+\Delta x) - f(x) = f'(x+\theta\Delta x)\cdot\Delta x \qquad (0 < \theta < 1). \tag{3.1.2}$$

这里数值 θ 在 0 与 1 之间, 所以 $x+\theta\Delta x$ 是在 x 与 $x+\Delta x$ 之间.

如果记 $f(x)$ 为 y, 则(3.1.2)式又可写成

$$\Delta y = f'(x+\theta\Delta x)\cdot\Delta x \quad (0 < \theta < 1). \tag{3.1.3}$$

我们知道, 函数的微分 $dy = f'(x)\cdot\Delta x$ 是函数增量 Δy 的近似表达式, 一般说来, 以 dy 近似代替 Δy 时所产生的误差只有当 $\Delta x \to 0$ 时才趋于零; 而(3.1.3)式却给出了自变量取得有限增量 Δx ($|\Delta x|$ 不一定很小)时, 函数增量 Δy 的准确表达式. 因此, 这个定理也称为有限增量定理, (3.1.3)式称为有限增量公式. 拉格朗日中值定理在微分学中占有重要地位, 有时也称这个定理为微分中值定理. 在某些问题中当自变量 x 取得有限增量 Δx 而需要函数增量的准确表达式时, 拉格朗日中值定理就显出它的价值.

从拉格朗日中值定理(定理 1.3)立刻可得下面三个非常重要的推论.

推论 1 若 $f(x)$ 在 (a,b) 内有 $f'(x) \equiv 0$, 则在 (a,b) 内 $f(x)$ 为一常数.

证明 对于 (a,b) 内任意两点 x_1, x_2, 设 $x_1 < x_2$, 在 $[x_1, x_2]$ 上应用拉格朗日定理有

$$f(x_2) - f(x_1) = f'(\xi)(x_2 - x_1), \quad \xi \in (x_1, x_2).$$

注意到 $f'(\xi) \equiv 0$, 即得

$$f(x_2) = f(x_1).$$

而这个等式对 (a,b) 内任意两点都成立, 这就证明了 $f(x)$ 在 (a,b) 内为一常数.

推论 2 若函数 $f(x)$ 及 $g(x)$ 在 (a,b) 内, 有

$$f'(x) = g'(x)$$

成立, 则在 (a,b) 内 $f(x) = g(x) + c$ (c 为一常数).

证明不难由推论 1 得到.

为了叙述推论 3, 先引进下面的一个概念.

若 $f(x)$ 在 $[a,b]$ 上有定义, 且存在常数 L, 使对 $[a,b]$ 上任意两点 x', x'' 成立

$$|f(x') - f(x'')| \leqslant L|x' - x''|,$$

则说 $f(x)$ 在 $[a,b]$ 上满足**利普希茨(Lipschitz)条件**.

推论 3 若 $f(x)$ 在 $[a,b]$ 上存在有界导数, 则 $f(x)$ 在 $[a,b]$ 满足利普希茨条件.

证明 由于 $f'(x)$ 有界, 即在 $[a,b]$ 上有 $|f'(x)| \leqslant L$ (L 为一常数). 利用拉格朗

日中值定理, 对 $[a,b]$ 内任意两点 x' 及 x'',

$$\left|f(x') - f(x'')\right| = \left|f'(\xi)(x' - x'')\right| \leqslant L|x' - x''|.$$

这就是利普希茨条件, 于是推论 3 得证.

例 1.1　证明当 $x > 0$ 时, $\dfrac{x}{1+x} < \ln(1+x) < x$.

证明　设 $f(x) = \ln(1+x)$, 显然 $f(x)$ 在区间 $[0, x]$ 上满足拉格朗日中值定理的条件, 根据定理, 应有

$$f(x) - f(0) = f'(\xi)(x - 0), \quad 0 < \xi < x.$$

由于 $f(0) = 0, f'(x) = \dfrac{1}{1+x}$, 因此上式即为

$$\ln(1+x) = \frac{x}{1+\xi}.$$

由于 $0 < \xi < x$, 有

$$\frac{x}{1+x} < \frac{x}{1+\xi} < x,$$

即

$$\frac{x}{1+x} < \ln(1+x) < x \quad (x > 0).$$

四、柯西中值定理及其意义

上面已经指出, 如果连续曲线弧 $\overgroup{AB}$ 上除端点外处处具有不垂直于横轴的切线, 那么这段弧上至少有一点 C, 使曲线在点 C 处的切线平行于弦 AB. 设 $\overgroup{AB}$ 由参数方程

$$\begin{cases} X = F(x), \\ Y = f(x) \end{cases} \quad (a \leqslant x \leqslant b)$$

表示(图 3.5), 其中 x 为参数. 那么曲线上点 (X, Y) 处的切线的斜率为

$$\frac{\mathrm{d}Y}{\mathrm{d}X} = \frac{f'(x)}{F'(x)}.$$

弦 AB 的斜率为

$$\frac{f(b) - f(a)}{F(b) - F(a)}.$$

假定点 C 对应于参数 $x = \xi$, 那么曲线上点 C 处的切线平行于弦 AB, 可表示为

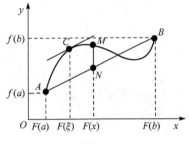

图 3.5

$$\frac{f(b) - f(a)}{F(b) - F(a)} = \frac{f'(\xi)}{F'(\xi)}.$$

与这一事实相对应的是柯西中值定理.

定理 1.4(柯西中值定理) 若 $f(x)$ 与 $F(x)$ 满足

(1) 在闭区间 $[a,b]$ 上连续;

(2) 在开区间 (a,b) 内可导;

(3) 对于任一 $x \in (a,b)$, $F'(x) \neq 0$,

那么在 (a,b) 内至少存在一点 ξ, 使

$$\frac{f(b) - f(a)}{F(b) - F(a)} = \frac{f'(\xi)}{F'(\xi)} \tag{3.1.4}$$

成立.

证明 首先注意到 $F(b) - F(a) \neq 0$, 这是由于 $F(b) - F(a) = F'(\eta)(b-a)$, 其中 $a < \eta < b$, 根据假定 $F'(\eta) \neq 0$, 又 $b - a \neq 0$, 所以 $F(b) - F(a) \neq 0$. 类似拉格朗日中值定理的证明, 我们仍然以表示有向线段 NM 的值的函数 $\varphi(x)$(图 3.5)作为辅助函数. 这里, 点 M 的纵坐标为 $Y = f(x)$, 点 N 的纵坐标为

$$Y = f(a) + \frac{f(b) - f(a)}{F(b) - F(a)}[F(x) - F(a)].$$

所以 $\varphi(x) = f(x) - \left\{ f(a) + \dfrac{f(b) - f(a)}{F(b) - F(a)}[F(x) - F(a)] \right\}$.

容易验证, 这个辅助函数 $\varphi(x)$ 适合罗尔定理的条件: $\varphi(a) = \varphi(b) = 0$; $\varphi(x)$ 在闭区间 $[a,b]$ 上连续, 在开区间 (a,b) 内可导且

$$\varphi'(x) = f'(x) - \frac{f(b) - f(a)}{F(b) - F(a)} \cdot F'(x).$$

根据罗尔定理, 可知在 (a,b) 内必定存在一点 ξ, 使得 $\varphi'(\xi) = 0$, 即

$$f'(\xi) - \frac{f(b) - f(a)}{F(b) - F(a)} \cdot F'(\xi) = 0,$$

由此得

$$\frac{f(b)-f(a)}{F(b)-F(a)}=\frac{f'(\xi)}{F'(\xi)}.$$

很明显, 如果 $F(x)=x$, 那么 $F(b)-F(a)=b-a$, $F'(x)=1$, 因而公式(3.1.4)就可以写成

$$f(b)-f(a)=f'(\xi)(b-a) \qquad (a<\xi<b).$$

这样就变成拉格朗日中值定理了.

五、洛必达法则及其原理

如果当 $x\to a$(或 $x\to\infty$)时, 两个函数 $f(x)$ 与 $F(x)$ 都趋于零或都趋于无穷大, 那么极限 $\lim\limits_{\substack{x\to a\\(x\to\infty)}}\dfrac{f(x)}{F(x)}$ 可能存在, 也可能不存在. 通常把这种极限称为未定式, 并分别简记为 $\dfrac{0}{0}$ 或 $\dfrac{\infty}{\infty}$. 在第一章中讨论过的重要极限 $\lim\limits_{x\to 0}\dfrac{\sin x}{x}$ 就是 $\dfrac{0}{0}$ 的一个例子. 对于这类极限, 即使它存在也不能用 "商的极限等于极限的商" 这一法则. 下面将根据柯西中值定理来推出求这类极限的一种简便且重要的方法.

我们着重讨论 $x\to a$ 时的未定式 $\dfrac{0}{0}$ 的情形, 关于这情形有以下定理.

定理 1.5 $\left(\dfrac{0}{0}$型, $x\to a\right)$　设

(1) 当 $x\to a$ 时, 函数 $f(x)$ 及 $F(x)$ 都趋于零;

(2) 在点 a 的某去心邻域内, $f'(x)$ 及 $F'(x)$ 都存在且 $F'(x)\neq 0$;

(3) $\lim\limits_{x\to a}\dfrac{f'(x)}{F'(x)}$ 存在(或为无穷大),

那么 $\lim\limits_{x\to a}\dfrac{f(x)}{F(x)}=\lim\limits_{x\to a}\dfrac{f'(x)}{F'(x)}$.

这就是说, 当 $\lim\limits_{x\to a}\dfrac{f'(x)}{F'(x)}$ 存在时, $\lim\limits_{x\to a}\dfrac{f(x)}{F(x)}$ 也存在且等于 $\lim\limits_{x\to a}\dfrac{f'(x)}{F'(x)}$; 当 $\lim\limits_{x\to a}\dfrac{f'(x)}{F'(x)}$ 为无穷大时, $\lim\limits_{x\to a}\dfrac{f(x)}{F(x)}$ 也是无穷大. 这种在一定条件下通过分子分母分别求导再求极限来确定未定式的值的方法称为洛必达(L'Hospital)法则.

证明　因为求 $\dfrac{f(x)}{F(x)}$ 当 $x\to a$ 时的极限与 $f(a)$ 及 $F(a)$ 无关, 所以可以假定 $f(a)=F(a)=0$, 于是由条件(1), (2)知道, $f(x)$ 及 $F(x)$ 在点 a 的某一邻域内是连续的. 设 x 是该邻域内的一点, 那么在以 x 及 a 为端点的区间上, 柯西中值定理的条件均满足, 因此有

$$\frac{f(x)}{F(x)} = \frac{f(x)-f(a)}{F(x)-F(a)} = \frac{f'(\xi)}{F'(\xi)} \quad (\xi 在 x 与 a 之间).$$

令 $x \to a$, 并对上式两端求极限, 注意到 $x \to a$ 时 $\xi \to a$, 再根据条件(3)便得到要证明的结论.

如果 $\dfrac{f'(x)}{F'(x)}$ 当 $x \to a$ 时仍属 $\dfrac{0}{0}$ 型, 且这时 $f'(x)$, $F'(x)$ 能满足定理中 $f(x)$, $F(x)$ 所要满足的条件, 那么可以继续使用洛必达法则先确定 $\lim\limits_{x \to a}\dfrac{f'(x)}{F'(x)}$, 从而确定 $\lim\limits_{x \to a}\dfrac{f(x)}{F(x)}$, 即 $\lim\limits_{x \to a}\dfrac{f(x)}{F(x)} = \lim\limits_{x \to a}\dfrac{f'(x)}{F'(x)} = \lim\limits_{x \to a}\dfrac{f''(x)}{F''(x)}$, 且可以以此类推.

这个定理的结果, 可以推广到 $x \to a^+$, $x \to a^-$, $x \to +\infty$, $x \to -\infty$, $x \to \infty$ 的情形, 即如果

$$\lim_{x \to a^+}\frac{f(x)}{F(x)}, \quad \lim_{x \to a^-}\frac{f(x)}{F(x)}, \quad \lim_{x \to -\infty}\frac{f(x)}{F(x)}, \quad \lim_{x \to +\infty}\frac{f(x)}{F(x)}, \quad \lim_{x \to \infty}\frac{f(x)}{F(x)}$$

都是 $\dfrac{0}{0}$ 未定式, 那么在与上述定理相仿的条件下, 相应地也有类似结果, 例如, 有

$$\lim_{x \to \infty}\frac{f(x)}{F(x)} = \lim_{x \to \infty}\frac{f'(x)}{F'(x)}.$$

例 1.2　求 $\lim\limits_{x \to 1}\dfrac{x^3-3x+2}{x^3-x^2-x+1}$.

解　它是 $\dfrac{0}{0}$ 未定式.

$$\lim_{x \to 1}\frac{x^3-3x+2}{x^3-x^2-x+1} = \lim_{x \to 1}\frac{3x^2-3}{3x^2-2x-1} = \lim_{x \to 1}\frac{6x}{6x-2} = \frac{3}{2}.$$

注意, 上式中的 $\lim\limits_{x \to 1}\dfrac{6x}{6x-2}$ 已不是未定式, 不能对它应用洛必达法则, 否则要导致错误.

例 1.3　求 $\lim\limits_{x \to 0}\dfrac{x-x\cos x}{x-\sin x}$.

解　它是 $\dfrac{0}{0}$ 未定式.

$$\lim_{x \to 0}\frac{x-x\cos x}{x-\sin x} = \lim_{x \to 0}\frac{1-\cos x+x\sin x}{1-\cos x} \quad \left(仍为\frac{0}{0}\right)$$

$$= \lim_{x \to 0}\frac{\sin x+\sin x+x\cos x}{\sin x}$$

$$= \lim_{x \to 0} \left(2 + \frac{x \cos x}{\sin x} \right)$$

$$= 2 + \lim_{x \to 0} \frac{x}{\sin x} \lim_{x \to 0} \cos x$$

$$= 2 + 1$$

$$= 3.$$

定理 1.6 $\left(\dfrac{\infty}{\infty} \text{型}, x \to a \right)$　设

(1) 当 $x \to a$ 时，$\lim\limits_{x \to a} f(x) = \infty$，$\lim\limits_{x \to a} F(x) = \infty$；

(2) 在点 a 的某去心邻域内，$f'(x)$ 及 $F'(x)$ 都存在且 $F'(x) \neq 0$；

(3) $\lim\limits_{x \to a} \dfrac{f'(x)}{F'(x)}$ 存在(或为无穷大)，

则 $\lim\limits_{x \to a} \dfrac{f(x)}{F(x)} = \lim\limits_{x \to a} \dfrac{f'(x)}{F'(x)}$.

和定理 1.5 相仿，这个定理的结果也适用于 $x \to a^+$，$x \to a^-$，$x \to +\infty$，$x \to -\infty$，$x \to \infty$ 的情形.

例 1.4　求 $\lim\limits_{x \to 0^+} \dfrac{\ln \sin mx}{\ln \sin nx} (m \neq 0, n \neq 0)$.

解　由 $\lim\limits_{x \to 0^+} \sin mx = \lim\limits_{x \to 0^+} \sin nx = 0$，所以上述极限是 $\dfrac{\infty}{\infty}$ 型.

$$\lim_{x \to 0^+} \frac{\ln \sin mx}{\ln \sin nx} = \lim_{x \to 0^+} \frac{m}{n} \cdot \frac{\cos mx \sin nx}{\cos nx \sin mx} = \frac{m}{n} \lim_{x \to 0^+} \frac{\sin nx}{\sin mx} = 1.$$

例 1.5　求 $\lim\limits_{x \to +\infty} \dfrac{x^{\alpha}}{\mathrm{e}^x}$（$\alpha$ 为任意正实数）.

解　$\lim\limits_{x \to +\infty} \dfrac{x^{\alpha}}{\mathrm{e}^x} = \lim\limits_{x \to +\infty} \dfrac{\alpha x^{\alpha-1}}{\mathrm{e}^x} = \cdots = \lim\limits_{x \to +\infty} \dfrac{\alpha(\alpha-1)\cdots(\alpha-k+1)x^{\alpha-k}}{\mathrm{e}^x}$.

若 α 为整数，则求导 α 次后，即变成

$$\lim_{x \to +\infty} \frac{\alpha(\alpha-1)\cdots(\alpha-\alpha+1)}{\mathrm{e}^x} = 0.$$

若 α 不是整数，则必存在 k，使 $\alpha - k < 0$，于是求导 k 次后得

$$\lim_{x \to +\infty} \frac{\alpha(\alpha-1)\cdots(\alpha-k+1)}{x^{k-\alpha}\mathrm{e}^x} = 0.$$

总之，不论 α 是否为整数，总有 $\lim\limits_{x \to +\infty} \dfrac{x^{\alpha}}{\mathrm{e}^x} = 0$.

除了上述两种未定型外，还有 $0 \cdot \infty$，$\infty - \infty, 0^0, 1^{\infty}, \infty^0$ 等未定型. 由于它们都可

化为 $\dfrac{0}{0}$ 型或 $\dfrac{\infty}{\infty}$ 型, 因此也常用洛必达法则求出其值.

将这些未定型化为 $\dfrac{0}{0}$ 型或 $\dfrac{\infty}{\infty}$ 型的步骤如下, "$\to$" 表示可化为

(i) $0 \cdot \infty$ 型 $\to \dfrac{1}{\infty} \cdot \infty$ 型或 $0 \cdot \infty$ 型 $\to 0 \cdot \dfrac{1}{0}$ 型;

(ii) $\infty - \infty$ 型 $\to \dfrac{1}{0} - \dfrac{1}{0}$ 型, 再经过通分 $\to \dfrac{0-0}{0 \cdot 0}$ 型;

(iii) 对于 0^0 型, 1^∞ 型及 ∞^0 型, 取对数 $\to 0 \cdot \ln 0$ 型, $\infty \cdot \ln 1$ 型及 $0 \cdot \ln \infty$ 型 (只是记号!) $\to 0 \cdot \infty$ 型, $\infty \cdot 0$ 型及 $0 \cdot \infty$ 型.

下面举例来具体说明.

例 1.6　求 $\lim\limits_{x \to 0^+} x^\alpha \ln x$　$(\alpha > 0)$.

解　当 $x \to 0^+$ 时, $x^\alpha \to 0$, $\ln x \to -\infty$, 所以它是 $0 \cdot \infty$ 的未定型. 我们将 $x^\alpha \ln x$ 改写为 $\dfrac{\ln x}{\dfrac{1}{x^\alpha}}$, 它就是 $\dfrac{\infty}{\infty}$ 型. 于是

$$\lim_{x \to 0^+} x^\alpha \ln x = \lim_{x \to 0^+} \frac{\ln x}{\dfrac{1}{x^\alpha}} = \lim_{x \to 0^+} \frac{x^{-1}}{-\alpha x^{-\alpha - 1}} = \lim_{x \to 0^+} \frac{1}{-\alpha x^{-\alpha}} = 0.$$

例 1.7　求 $\lim\limits_{x \to 0} \left(\dfrac{1}{\sin x} - \dfrac{1}{x} \right)$.

解　它是 $\infty - \infty$ 型.

$$\begin{aligned}
\lim_{x \to 0} \left(\frac{1}{\sin x} - \frac{1}{x} \right) &= \lim_{x \to 0} \frac{x - \sin x}{x \sin x} \quad \left(\text{是} \frac{0}{0} \text{型} \right) \\
&= \lim_{x \to 0} \frac{1 - \cos x}{\sin x + x \cos x} \\
&= \lim_{x \to 0} \frac{\sin x}{2 \cos x - x \sin x} \\
&= 0.
\end{aligned}$$

例 1.8　求 $\lim\limits_{x \to 0^+} x^x$.

解　它是 0^0 型.

由于 $x^x = e^{x \ln x}$, 所以 $\lim\limits_{x \to 0^+} x^x = e^{\lim\limits_{x \to 0^+} x \ln x}$. 而

$$\lim_{x \to 0^+} x \ln x = \lim_{x \to 0^+} \frac{\ln x}{\dfrac{1}{x}} = 0,$$

得 $\lim\limits_{x \to 0^+} x^x = e^0 = 1.$

例 1.9　求 $\lim\limits_{x \to 0}\left(\dfrac{\sin x}{x}\right)^{\frac{1}{x^2}}$.

解　它是 1^∞ 型.

设 $A = \lim\limits_{x \to 0}\left(\dfrac{\sin x}{x}\right)^{\frac{1}{x^2}}$，于是

$$\ln A = \lim_{x \to 0}\frac{1}{x^2}\ln\frac{\sin x}{x} = \lim_{x \to 0}\frac{\ln\dfrac{\sin x}{x}}{x^2}$$

就化为 $\dfrac{0}{0}$ 型，且

$$\begin{aligned}
\lim_{x \to 0}\frac{\ln\dfrac{\sin x}{x}}{x^2} &= \lim_{x \to 0}\frac{\dfrac{x}{\sin x}\left[\dfrac{x\cos x - \sin x}{x^2}\right]}{2x} \\
&= \lim_{x \to 0}\frac{x\cos x - \sin x}{2x^2 \sin x} \\
&= \lim_{x \to 0}\frac{x\cos x - \sin x}{2x^3} \\
&= \lim_{x \to 0}\frac{-x\sin x}{6x^2} \\
&= \lim_{x \to 0}\frac{-x^2}{6x^2} \\
&= -\frac{1}{6},
\end{aligned}$$

即 $\ln A = -\dfrac{1}{6}$. 所以 $A = e^{-\frac{1}{6}}$.

例 1.10　求 $A = \lim\limits_{x \to 0^+}(\cot x)^{\frac{1}{\ln x}}$.

解　它是 ∞^0 型.

此时

$$\ln A = \lim_{x \to 0^+}\frac{\ln\cot x}{\ln x} = \lim_{x \to 0^+}\frac{-\dfrac{1}{\cot x \sin^2 x}}{\dfrac{1}{x}} = -1,$$

所以 $A = \dfrac{1}{\mathrm{e}}$.

例 1.11　计算 $\lim\limits_{x \to 0} \left(\dfrac{a^{x+1} + b^{x+1} + c^{x+1}}{a + b + c} \right)^{\frac{1}{x}}$.

解　它是 1^{∞} 型.

设 $y = \left(\dfrac{a^{x+1} + b^{x+1} + c^{x+1}}{a + b + c} \right)^{\frac{1}{x}}$,

$$\ln y = \frac{1}{x}[\ln(a^{x+1} + b^{x+1} + c^{x+1}) - \ln(a + b + c)],$$

$$\lim_{x \to 0} \ln y = \lim_{x \to 0} \frac{\ln(a^{x+1} + b^{x+1} + c^{x+1}) - \ln(a + b + c)}{x}$$

$$= \frac{a \ln a + b \ln b + c \ln c}{a + b + c} = \ln(a^a b^b c^c)^{\frac{1}{a+b+c}}.$$

所以 $\lim\limits_{x \to 0} \left(\dfrac{a^{x+1} + b^{x+1} + c^{x+1}}{a + b + c} \right)^{\frac{1}{x}} = \lim\limits_{x \to 0} y = \mathrm{e}^{\ln(a^a b^b c^c)^{\frac{1}{a+b+c}}} = (a^a b^b c^c)^{\frac{1}{a+b+c}}.$

最后, 我们指出在使用洛必达法则求未定式的极限时, 须注意两点:

(1) 洛必达法则只能对 $\dfrac{0}{0}$ 或 $\dfrac{\infty}{\infty}$ 型才可以直接使用, 其他未定式必须先化成这两种类型之一, 然后再应用洛必达法则.

(2) 洛必达法则只说明当 $\lim \dfrac{f'(x)}{g'(x)} = A$(有限或无限)时, $\lim \dfrac{f(x)}{g(x)} = A$. 也就是说在遇到 $\lim \dfrac{f'(x)}{g'(x)}$ 不存在的时候, 并不能判断 $\lim \dfrac{f(x)}{g(x)}$ 也不存在, 只是这时不能利用洛必达法则, 而需用其他方法讨论 $\lim \dfrac{f(x)}{g(x)}$.

使用洛必达法则时要特别注意这一点, 每一步应用时一定要观察是否满足洛必达法则的条件.

例 1.12　求 $\lim\limits_{x \to \infty} \dfrac{x + \sin x}{x}$.

解　这时如果对分子、分母分别求导, 则成为求 $\lim\limits_{x \to \infty} \dfrac{1 + \cos x}{1} = \lim\limits_{x \to \infty}(1 + \cos x)$. 右边极限是不存在的. 但事实上可以求得

$$\lim_{x \to \infty} \frac{x + \sin x}{x} = \lim_{x \to \infty} \left(1 + \frac{1}{x} \sin x \right) = 1.$$

习　题　3.1

1. 对函数 $f(x) = \sin x$ 及 $F(x) = x + \cos x$ 在区间 $\left[0, \dfrac{\pi}{2} \right]$ 上验证柯西中值定理的正确性.

2. 证明方程 $x^3 - 2x^2 + C = 0$ 在区间 $[0,1]$ 上不可能有两个不同的实根(C 为任意常数).

3. 设 $f(x)$ 在 $[a,b]$ 上连续, 在 (a,b) 内可导, 如果 $f(x) = 0$ 在 $[a,b]$ 上有 n 个不同的实根, 证明: $f'(x) = 0$ 在 (a,b) 内至少有 $n-1$ 个不同的实根.

4. 证明: 当 $|x| \leqslant \dfrac{1}{2}$ 时, $3 \arccos x - \arccos(3x - 4x^3) = \pi$.

5. 若方程 $a_0 x^n + a_1 x^{n-1} + \cdots + a_{n-1} x = 0$ 有一个正根 $x = x_0$, 证明方程
$$a_0 n x^{n-1} + a_1(n-1)x^{n-2} + \cdots + a_{n-1} = 0$$
必有一个小于 x_0 的正根.

6. 验证拉格朗日中值定理对函数 $y = 4x^3 - 5x^2 + x - 2$ 在区间 $[0,1]$ 上的正确性.

7. 若函数 $f(x)$ 在 (a,b) 内具有二阶导数, 且 $f(x_1) = f(x_2) = f(x_3)$, 其中 $a < x_1 < x_2 < x_3 < b$, 证明: 在 (x_1, x_3) 内至少有一点 x_0, 使得 $f''(x_0) = 0$.

8. 设 $a > b > 0$, 证明: $\dfrac{a-b}{a} < \ln \dfrac{a}{b} < \dfrac{a-b}{b}$.

9. 证明不等式:

(1) 当 $x > 1$ 时, $\mathrm{e}^x > \mathrm{e} \cdot x$;

(2) $\dfrac{1}{1+n} < \ln \left(1 + \dfrac{1}{n} \right) < \dfrac{1}{n}$($n$ 为正整数).

10. 如果函数 $f(x)$ 在 $(-\infty, +\infty)$ 内满足关系式 $f'(x) = f(x)$, 且 $f(0) = 1$, 求证 $f(x) = \mathrm{e}^x$.

11. 如果 $x \geqslant 0$, 证明 $\sqrt{x+1} - \sqrt{x} = \dfrac{1}{2\sqrt{x+\theta}}, 0 < \theta < 1$, 并证明 $\lim\limits_{x \to 0^+} \theta = \dfrac{1}{4}$, $\lim\limits_{x \to +\infty} \theta = \dfrac{1}{2}$.

12. 设 $f(x)$ 在 $[0,1]$ 上可导, 且 $0 < f(x) < 1$, 对于 $(0,1)$ 内的 x, $f'(x) \neq 1$, 证明在 $(0,1)$ 内有一点 x_0, 使 $f(x_0) = x_0$.

13. 证明方程 $x^5 + x - 1 = 0$ 只有一个正根.

14. 设函数 $y = f(x)$ 在 $x = 0$ 的某邻域内具有 n 阶导数, 且 $f(0) = f'(0) = \cdots = f^{(n-1)}(0) = 0$, 试用柯西中值定理证明 $\dfrac{f(x)}{x^n} = \dfrac{f^{(n)}(\theta x)}{n!}(0 < \theta < 1)$.

15. 利用中值定理求极限 $\lim\limits_{x \to +\infty} x^2 [\ln \arctan(x+1) - \ln \arctan x]$.

16. 用洛必达法则求下列极限:

(1) $\lim\limits_{x \to 0} \dfrac{\mathrm{e}^x + \mathrm{e}^{-x} - 2}{1 - \cos x}$;　　　　　　　　(2) $\lim\limits_{x \to +\infty} \dfrac{\dfrac{\pi}{2} - \arctan x}{\dfrac{1}{x}}$;

(3) $\lim\limits_{x\to 0}\dfrac{e^x-\cos x}{x\sin x}$;

(4) $\lim\limits_{x\to 0}\dfrac{xe^{2x}+xe^x-2e^{2x}+2e^x}{(e^x-1)(1-\cos x)}$;

(5) $\lim\limits_{x\to\frac{\pi}{2}}\dfrac{\ln\sin x}{(\pi-2x)^2}$;

(6) $\lim\limits_{x\to+\infty}\dfrac{\ln\left(1+\dfrac{1}{x}\right)}{\operatorname{arccot} x}$;

(7) $\lim\limits_{x\to 0}\dfrac{\ln(1+x^2)}{\sec x-\cos x}$;

(8) $\lim\limits_{x\to 0}\left(\dfrac{1}{\sin x}-\dfrac{1}{x}\right)$;

(9) $\lim\limits_{x\to+\infty}\left(\dfrac{2}{\pi}\cdot\arctan x\right)^x$;

(10) $\lim\limits_{x\to 0^+}x^{\sin x}$.

17. 验证极限 $\lim\limits_{x\to 0}\dfrac{x^2\cdot\sin\dfrac{1}{x}}{\sin x}$ 存在, 但不能用洛必达法则求出.

18. 已知 $\lim\limits_{x\to 1}\dfrac{x^2+bx+c}{\sin\pi x}=5$, 求 b,c 的值.

19. 讨论函数 $f(x)=\begin{cases}\left[\dfrac{(1+x)^{\frac{1}{x}}}{e}\right]^{\frac{1}{x}}, & x>0,\\[4mm] 0, & x\leqslant 0\end{cases}$ 在点 $x=0$ 处的连续性.

20. 设 $f(x)$ 在 $[a,b]$ 上连续, 在 (a,b) 上内有二阶导数, 试证: 存在 $c\in(a,b)$ 使

$$f(b)-2f\left(\dfrac{a+b}{2}\right)+f(a)=\dfrac{(b-a)^2}{4}f''(c).$$

第二节　泰勒公式及其应用

一、函数微分在近似计算中的精度问题与提高精度的思路

在第二章中我们学习过利用微分来进行一些近似计算, 然而在很多场合, 用一次多项式来局部近似往往达不到误差精度的要求. 对于比较复杂的函数, 我们希望能用一个简单的函数来近似表达并且误差精度控制在给定的范围, 这将会带来很大的方便. 最为简单的逼近途径就是通过加法运算来控制逼近的程度.

为什么多项式会成为函数逼近的首选呢? 因为对于一般函数而言, 在一点处的局部性质只是该点附近有关的性质, 即使在一点附近做细致入微地观察, 始终是 "管中窥豹". 但对于多项式函数, 我们只要知道它在一点局部的足够丰富的信息, 就不用扩大视野, 因为这时多项式函数已经被这一点局部的信息所确定.

用多项式逼近一个函数, 方法很多, 这里只介绍其中的一种. 对于给定的函数 $f(x)$, 我们想通过待定系数的多项式来估计这个函数 $f(x)$, 对于这个多项式,

我们将不断地添加项, 以便更好地估算出函数表达式.

比如说估算 $x = x_0$ 处的函数值, 最简单的多项式是一个常数, 假设 $P(x) = k$, 它只是在某点处的一条水平线. 假设只用这个单项式, 我们如何来估计函数 $f(x)$? 至少保证在 x_0 点的函数值与 $f(x_0)$ 相等, 所以单项式 $P(x) = k = f(x_0)$, 这时 $P(x)$ 就是过点 $(x_0, f(x_0))$ 的一条水平直线, 即 $y = f(x_0)$, 这是一个关于 $f(x)$ 很粗糙地估计. 要想曲线 $y = P(x)$ 与曲线 $y = f(x)$ 在点 $(x_0, f(x_0))$ 附近靠得更近, 也就是说提高近似程度, 应该进而要求它们在点 $(x_0, f(x_0))$ 处有公共切线(图 3.6), 即应有

$$P(x_0) = f(x_0), \qquad P'(x_0) = f'(x_0),$$

那怎样才能做到这样呢?

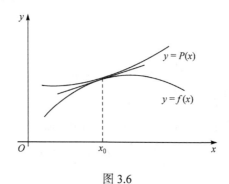

图 3.6

设 $P(x) = f(x_0) + a_1 \cdot (x - x_0)$ 为一次多项式, 已经满足 $P(x_0) = f(x_0)$, 要想使 $P'(x_0) = f'(x_0)$ 应有

$$a_1 = f'(x_0),$$

即 $P(x) = f(x_0) + f'(x_0)(x - x_0)$, 此时 $P(x)$ 为过 $(x_0, f(x_0))$ 的切线.

现在想进一步提高精度, 尝试再加入一个平方项, 仿照前面, 令

$$P(x) = f(x_0) + f'(x_0) \cdot (x - x_0) + a_2 (x - x_0)^2,$$

此时的二次多项式 $P(x)$ 已经满足

$$P(x_0) = f(x_0), \quad P'(x_0) = f'(x_0),$$

现在进一步希望

$$P''(x_0) = f''(x_0),$$

那就要求 $P''(x_0) = 2a_2 = f''(x_0)$, 所以

$$a_2 = \frac{f''(x_0)}{2}.$$

此时 $P(x) = f(x_0) + f'(x_0)(x - x_0) + \dfrac{1}{2} f''(x_0)(x - x_0)^2$, 从图形上看二次多项式

$y = P(x)$ 与 $y = f(x)$ 有相同的弯曲方向(图 3.7).

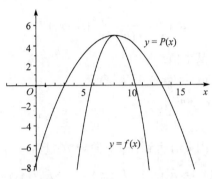

图 3.7

我们可以推想: 在点 $x = x_0$ 处, $f(x)$ 与 $P(x)$ 的三阶导数, 以至于更高阶的导数都相等, 那么在点 $(x_0, f(x_0))$ 附近, 曲线 $y = P(x)$ 与曲线 $y = f(x)$ 的靠近程度就会更高.

按照上面的方法, 可以找到一个 n 次多项式

$$P(x) = f(x_0) + f_1'(x_0)(x - x_0) + \frac{f''(x_0)}{2}(x - x_0)^2 + \cdots + \frac{f^{(n)}(x_0)}{n!}(x - x_0)^n,$$

但它是否逼近 $f(x)$ 呢?

二、泰勒多项式及其意义

根据以上讨论, 如果想在 $x = x_0$ 附近用一个多项式 $P_n(x)$ 来逼近 $f(x)$, 那么这个多项式可取为

$$P_n(x) = f(x_0) + f'(x_0)(x - x_0) + \frac{f''(x_0)}{2!}(x - x_0)^2 + \cdots + \frac{f^{(n)}(x_0)}{n!}(x - x_0)^n. \quad (3.2.1)$$

这个多项式称为 $f(x)$ 在 $x = x_0$ 点的 n 次泰勒多项式. 为了进一步研究这个多项式和 $f(x)$ 究竟相差多少, 需分析误差(称为余项)

$$R_n(x) = f(x) - P_n(x).$$

为此我们有如下定理.

定理 2.1 (泰勒中值定理) 若函数 $f(x)$ 在含有 x_0 的某个开区间 (a,b) 内具有直到 $(n+1)$ 阶导数, 则当 x 在 (a,b) 内时, $f(x)$ 可以表示为 $(x - x_0)$ 的一个 n 次多项式与一个余项 $R_n(x)$ 之和:

$$f(x) = f(x_0) + f'(x_0)(x - x_0) + \frac{f''(x_0)}{2!}(x - x_0)^2 + \cdots + \frac{f^{(n)}(x_0)}{n!}(x - x_0)^n + R_n(x),$$

$$(3.2.2)$$

其中

$$R_n(x) = \frac{f^{(n+1)}(\xi)}{(n+1)!}(x-x_0)^{n+1}, \tag{3.2.3}$$

这里 ξ 是 x_0 与 x 之间的某个值.

证明　令 $R_n(x) = f(x) - P_n(x)$, 只需证明

$$R_n(x) = \frac{f^{(n+1)}(\xi)}{(n+1)!}(x-x_0)^{n+1} \quad (\xi \text{ 在 } x \text{ 与 } x_0 \text{ 之间}).$$

由假设知 $R_n(x)$ 在 (a,b) 内具有直到 $(n+1)$ 阶导数, 且

$$R_n(x_0) = R_n'(x_0) = R_n''(x_0) = \cdots = R_n^{(n)}(x_0) = 0.$$

对于函数 $R_n(x)$ 和 $(x-x_0)^{n+1}$, 在以 x 及 x_0 为端点的区间上应用柯西中值定理得

$$\frac{R_n(x)}{(x-x_0)^{n+1}} = \frac{R_n(x) - R_n(x_0)}{(x-x_0)^{n+1} - 0} = \frac{R_n'(\xi_1)}{(n+1)(\xi_1-x_0)^n} \quad (\xi_1 \text{ 在 } x \text{ 与 } x_0 \text{ 之间}).$$

再对函数 $R_n'(x)$ 和 $(n+1)(x-x_0)^{n+1}$ 在以 ξ_1 及 x_0 为端点的区间上应用柯西中值定理得

$$\frac{R_n'(\xi_1)}{(n+1)(\xi_1-x_0)^n} = \frac{R_n'(\xi_1) - R_n'(x_0)}{(n+1)(\xi_1-x_0)^n - 0} = \frac{R_n''(\xi_2)}{n(n+1)(\xi_2-x_0)^{n-1}},$$

其中, ξ_2 在 ξ_1 与 x_0 之间.

照此方法继续做下去, 经过 $(n+1)$ 次以后, 得

$$\frac{R_n(x)}{(x-x_0)^{n+1}} = \frac{R_n^{(n+1)}(\xi)}{(n+1)!} \quad (\xi \text{ 在 } x \text{ 与 } x_0 \text{ 之间}).$$

注意　由 $P_n^{(n+1)}(x) = 0$ 得

$$R_n^{(n+1)}(x) = f^{(n+1)}(x), \quad R_n^{(n+1)}(\xi) = f^{(n+1)}(\xi).$$

故 $R_n(x) = \dfrac{f^{(n+1)}(\xi)}{(n+1)!}(x-x_0)^{n+1}$ (ξ 在 x 与 x_0 之间).

公式(3.2.2)称为函数 $f(x)$ 按 $(x-x_0)$ 的幂展开到 n 阶的泰勒公式, 而 $R_n(x)$ 的表达式(3.2.3)称为拉格朗日型余项.

当 $n = 0$ 时, 泰勒公式变成拉格朗日中值公式:

$$f(x) = f(x_0) + f'(\xi)(x-x_0) (\xi \text{ 在 } x \text{ 与 } x_0 \text{ 之间}),$$

因此泰勒中值定理是拉格朗日中值定理的推广.

由泰勒中值定理可知, 以(3.2.1)式的多项式 $P_n(x)$ 近似表达函数 $f(x)$ 时, 其误差为 $|R_n(x)|$, 如果对于某个固定的 n, 当 x 在开区间 (a,b) 内变动时, $|f^{(n+1)}(x)|$ 总不超过一个常数 M, 则有估计

$$|R_n(x)| = \left| \frac{f^{(n+1)}(\xi)}{(n+1)!}(x-x_0)^{n+1} \right| \leqslant \frac{M}{(n+1)!}|x-x_0|^{n+1}$$

及

$$\lim_{x \to x_0} \frac{R_n(x)}{(x-x_0)^n} = 0.$$

由此可见, 误差在 $x \to x_0$ 时是比 $(x-x_0)^n$ 高阶的无穷小, 即 $R_n(x) = o[(x-x_0)^n]$ 称为佩亚诺(Peano)型余项. 这样, 前面提出的问题得到了圆满解决.

在不需要余项的精确表达式时, n 阶泰勒公式也可以写成

$$f(x) = f(x_0) + f'(x_0)(x-x_0) + \frac{f''(x_0)}{2!}(x-x_0)^2 + \cdots$$
$$+ \frac{f^{(n)}(x_0)}{n!}(x-x_0)^n + o[(x-x_0)^n]. \tag{3.2.4}$$

公式(3.2.4)称为函数 $f(x)$ 按 $(x-x_0)$ 的幂展开的带有佩亚诺型余项的 n 阶泰勒公式.

在泰勒公式(3.2.4)中, 如果令 $x_0 = 0$, 则 ξ 在 0 与 x 之间, 令 $\xi = \theta \cdot x(0 < \theta < 1)$, 泰勒公式变成比较简单的形式, 即所谓麦克劳林(Maclaurin)公式

$$f(x) = f(0) + f'(0)x + \frac{f''(0)}{2!}x^2 + \cdots + \frac{f^{(n)}(0)}{n!}x^n + \frac{f^{(n+1)}(\theta x)}{(n+1)!}x^{n+1}, \quad 0 < \theta < 1. \tag{3.2.5}$$

由此得到近似公式

$$f(x) \approx f(0) + f'(0)x + \frac{f''(0)}{2!}x^2 + \cdots + \frac{f^{(n)}(0)}{n!}x^n,$$

误差估计相应地变成 $|R_n(x)| \leqslant \dfrac{M}{(n+1)!}|x|^{n+1}$ 及 $\lim\limits_{x \to x_0} \dfrac{R_n(x)}{x^n} = 0$, 即当 $x \to x_0$ 时

$$R_n(x) = o(x^n).$$

故带有佩亚诺型余项的 n 阶麦克劳林公式可写为

$$f(x) = f(0) + f'(0)x + \frac{f''(0)}{2!}x^2 + \cdots + \frac{f^{(n)}(0)}{n!}x^n + o(x^n).$$

泰勒多项式的基本思想是用一个简单的函数来局部近似一个复杂的函数, 蕴含着局部与整体、有限与无限、具体与抽象、简单与复杂的辩证思想.

三、高阶微分

在泰勒公式

$$f(x) = f(x_0) + f'(x_0)(x - x_0) + \cdots + \frac{f^{(n)}(x_0)}{n!}(x - x_0)^n + o(\Delta x^n)$$

中, $\dfrac{f^{(n)}(x_0)}{n!}(x - x_0)^n$ 一项是在利用泰勒多项式

$$f(x_0) + f'(x_0)(x - x_0) + \cdots + \frac{f^{(n-1)}(x_0)}{(n-1)!}(x - x_0)^{n-1}$$

对 $f(x)$ 进行近似计算时, 因为精度不够而从高阶无穷小 $o(\Delta x^n)$ 中分离出了与 Δx^n 等价的无穷小量得到的. 由于

$$\frac{f^{(n)}(x_0)}{n!}(x - x_0)^n = \frac{1}{n!}f^{(n)}(x_0)\mathrm{d}x^n,$$

所以称 $f^{(n)}(x_0)\mathrm{d}x^n$ 为 f 在 x_0 处的 n 阶微分.

四、泰勒多项式的应用

例 2.1　写出函数 $f(x) = \mathrm{e}^x$ 的 n 阶麦克劳林展开式.

解　因为 $f'(x) = f''(x) = \cdots = f^{(n)}(x) = \mathrm{e}^x$, 所以

$$f(0) = f'(0) = f''(0) = \cdots = f^{(n)}(0) = \mathrm{e}^0 = 1.$$

把这些值代入公式(3.2.5), 并注意到 $f^{(n+1)}(\theta x) = \mathrm{e}^{\theta x}$, 便得

$$\mathrm{e}^x = 1 + x + \frac{1}{2!}x^2 + \cdots + \frac{1}{n!}x^n + \frac{\mathrm{e}^{\theta x}}{(n+1)!}x^{n+1}, \quad 0 < \theta < 1.$$

由这个公式可得 e^x 用 n 次多项式表达的近似式

$$\mathrm{e}^x \approx 1 + x + \frac{1}{2!}x^2 + \cdots + \frac{1}{n!}x^n,$$

这时所产生的误差(设 $x > 0$)

$$|R_n(x)| = \left| \frac{\mathrm{e}^{\theta x}}{(n+1)!}x^{n+1} \right| \leqslant \frac{\mathrm{e}^x}{(n+1)!}x^{n+1} \quad (0 < \theta < 1).$$

如果取 $x = 1$, 则得无理数 e 的近似值为

$$\mathrm{e}^x \approx 1 + 1 + \frac{1}{2!} + \cdots + \frac{1}{n!},$$

其误差

$$|R_n(x)| < \frac{\mathrm{e}}{(n+1)!} < \frac{3}{(n+1)!},$$

当 $n = 10$ 时, 可算出 $\mathrm{e}^x \approx 2.718281$, 其误差不超过百万分之一.

例 2.2　求函数 $f(x) = \sin x$ 的 n 阶麦克劳林展开式.

解　因为 $f^{(n)}(x) = \sin\left(x + \dfrac{n\pi}{2}\right),\ f^{(n)}(0) = \sin\dfrac{n\pi}{2}$, 则

$$f(0) = 0, f'(0) = 1, f''(0) = 0, f'''(0) = -1, f^{(4)}(0) = 0, \cdots,$$

它们顺序循环地取四个数 $0, 1, 0, -1$, 于是按公式(3.2.5)得（令 $n = 2m$）

$$\sin x = x - \frac{1}{3!}x^3 + \frac{1}{5!}x^5 + \cdots + (-1)^{m-1}\frac{1}{(2m-1)!}x^{2m-1} + R_{2m}(x),$$

其中

$$R_{2m}(x) = \frac{\sin[\theta x + (2m+1)\pi/2]}{(2m+1)!}x^{2m+1} \quad (0 < \theta < 1).$$

如果取 $m = 1$, 则得近似公式 $\sin x \approx x$, 这时误差为

$$|R_2(x)| = \left|\frac{\sin\left(\theta x + \dfrac{3\pi}{2}\right)}{3!}x^3\right| \leqslant \frac{1}{6}|x|^3 \quad (0 < \theta < 1).$$

如果 m 分别取 2 和 3, 则可得 $\sin x$ 的 3 次和 5 次近似多项式

$$\sin x \approx x - \frac{1}{3!}x^3 \quad \text{和} \quad \sin x \approx x - \frac{1}{3!}x^3 + \frac{1}{5!}x^5,$$

其误差的绝对值依次不超过 $\dfrac{1}{5!}|x|^5$ 和 $\dfrac{1}{7!}|x|^7$, 以上三个近似多项式及正弦函数的图形都画在图 3.8 中, 以便比较.

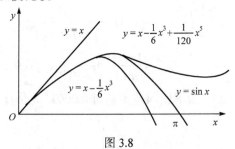

图 3.8

例 2.3　求函数 $y = \cos x$ 在 $x = 1$ 处的 n 阶泰勒展开式, 并写出拉格朗日型余项.

解　因为 $f(x) = \cos x,\ (\cos x)^{(n)} = \cos\left(x + n \cdot \dfrac{\pi}{2}\right)$, 则

$$f(1) = \cos 1, \quad f^{(n)}(1) = \cos\left(1 + n \cdot \frac{\pi}{2}\right).$$

所以

$$f(x) = \cos 1 + \cos\left(1 + \frac{\pi}{2}\right)(x-1) + \frac{\cos(1+\pi)}{2!}(x-1)^2 + \cdots$$

$$+ \frac{\cos\left(1 + n \cdot \frac{\pi}{2}\right)}{n!}(x-1)^n + R_n(x),$$

其中 $R_n(x) = \dfrac{\cos\left[\xi + (n+1)\dfrac{\pi}{2}\right]}{(n+1)!}(x-1)^{n+1}$, ξ 在 1 与 x 之间.

例 2.4　求函数 $y = \ln(1+x)$ 的 n 阶麦克劳林展开式, 写出其拉格朗日型余项. 若用此公式计算 $\ln 1.1$ 的值, 试确定 n 的值, 使误差不超过 0.0001.

解　因为 $f(x) = \ln(1+x)$, $f^{(n)}(x) = [\ln(1+x)]^{(n)} = (-1)^{n-1}\dfrac{(n-1)!}{(1+x)^n}$, 则

$$f(0) = 0, \quad f^{(n)}(0) = (-1)^{n-1}(n-1)!.$$

于是

$$f(x) = \ln(1+x) = x - \frac{1}{2!}x^2 + \frac{2!}{3!}x^3 - \frac{3!}{4!}x^4 + \cdots + \frac{(-1)^{n-1}(n-1)!}{n!}x^n + R_n(x)$$

$$= x - \frac{1}{2}x^2 + \frac{1}{3}x^3 - \frac{1}{4}x^4 + \cdots + \frac{(-1)^{n-1}}{n}x^n + R_n(x).$$

因为 $f^{(n+1)}(\xi) = (-1)^n \dfrac{n!}{(1+\xi)^{n+1}}$, 所以

$$R_n(x) = \frac{f^{(n+1)}(\xi)}{(n+1)!}x^{n+1} = (-1)^n \frac{n! x^{n+1}}{(n+1)!(1+\xi)^{n+1}}$$

$$= \frac{(-1)^n}{n+1} \cdot \frac{x^{n+1}}{(1+\xi)^{n+1}}, \quad \xi 在 0 与 x 之间.$$

要计算 $\ln 1.1$, 可取 $x = 0.1$, 为了使误差不超过 0.0001, 先估计 $R_n(x)$, 若要 $|R_n(x)| < 0.0001$, 即

$$\left| \frac{(-1)^n x^{n+1}}{(n+1)(1+\xi)^{n+1}} \right| < 0.0001.$$

将 $x = 0.1$ 代入, 即只要

$$\left| \frac{(-1)^n x^{n+1}}{(n+1)(1+\xi)^{n+1}} \right| < \left| \frac{(0.1)^{n+1}}{(n+1)(1+\xi)^{n+1}} \right| < \frac{(0.1)^{n+1}}{n+1} < (0.1)^{n+1} \leqslant 0.0001.$$

解得 $n \geqslant 3$, 因此

$$\ln 1.1 \approx 0.1 - \frac{1}{2}(0.1)^2 + \frac{1}{3}(0.1)^3 = 0.09533.$$

泰勒公式可用于求极限.

例 2.5　求 $\lim\limits_{x \to +\infty}\left[x - x^2 \ln\left(1 + \frac{1}{x}\right)\right]$.

解　这不是未定式, 用通常的办法求极限很困难, 可考虑将函数 $\ln(1 + u)$ 展开成麦克劳林展开式.

令 $u = \frac{1}{x}$, 则当 $x \to +\infty$ 时, $u \to 0$.

$$原式 = \lim_{u \to 0}\left[\frac{1}{u} - \frac{1}{u^2}\ln(1 + u)\right] = \lim_{u \to 0}\frac{u - \ln(1 + u)}{u^2},$$

因为分母为二次, 所以将 $\ln(1 + u)$ 展开成二次多项式

$$\ln(1 + u) = u - \frac{1}{2}u^2 + o(u^2),$$

故原式 $= \lim\limits_{u \to 0}\dfrac{u - \ln(1 + u)}{u^2} = \lim\limits_{u \to 0}\dfrac{u - u + \dfrac{1}{2}u^2 - o(u^2)}{u^2} = \dfrac{1}{2}$.

例 2.6　求 $\lim\limits_{x \to 0}\dfrac{\cos x - 1 + \dfrac{1}{2!}x^2 - \dfrac{1}{4!}x^4}{x^6}$.

解　此题是 $\frac{0}{0}$ 型未定式, 若用洛必达法则, 需要反复运用多次才能得出结果 (读者可试做), 如用 $\cos x$ 的麦克劳林展开式就简便多了.

因为 $\cos x = 1 - \frac{1}{2!}x^2 + \frac{1}{4!}x^4 - \frac{1}{6!}x^6 + o(x^6)$, 所以

$$\cos x - 1 + \frac{1}{2!}x^2 - \frac{1}{4!}x^4 = -\frac{1}{6!}x^6 + o(x^6),$$

故原式 $= \lim\limits_{x \to 0}\dfrac{-\dfrac{1}{6!}x^6 + o(x^6)}{x^6} = -\dfrac{1}{6!}$.

例 2.7　确定常数 a, b, 使 $\lim\limits_{x \to +\infty}(\sqrt{2x^2 + 4x - 1} - ax - b) = 0$.

解　因为

$$\sqrt{2x^2 + 4x - 1} = \sqrt{2}x\sqrt{1 + \left(\frac{2}{x} - \frac{1}{2x^2}\right)}$$

$$= \sqrt{2}x + \sqrt{2} - \frac{\sqrt{2}}{4x} + \varepsilon \quad \left(\lim_{x \to +\infty}\varepsilon = 0\right),$$

所以

$$\sqrt{2x^2+4x-1}-ax-b=(\sqrt{2}-a)x+(\sqrt{2}-b)-\frac{\sqrt{2}}{4x}+\varepsilon.$$

由此可知, 欲使

$$\lim_{x\to+\infty}(\sqrt{2x^2+4x-1}-ax-b)=\lim_{x\to+\infty}\left[(\sqrt{2}-a)x+(\sqrt{2}-b)-\frac{\sqrt{2}}{4x}+\varepsilon\right]=0,$$

必须 $a=\sqrt{2},\ b=\sqrt{2}$.

例2.8　设 $f(x)$ 在 $[0,1]$ 上有二阶导数, $0\le x\le1$ 时 $|f(x)|\le1,\ |f''(x)|<2$. 试证: 当 $0\le x\le1$ 时, $|f'(x)|\le3$.

证明　因为

$$f(1)=f(x)+f'(x)(1-x)+\frac{1}{2}f''(\xi)(1-x)^2,$$

$$f(0)=f(x)+f'(x)(-x)+\frac{1}{2}f''(\eta)(-x)^2,$$

所以

$$f(1)-f(0)=f'(x)+\frac{1}{2}f''(\xi)(1-x)^2-\frac{1}{2}f''(\eta)x^2,$$

$$|f'(x)|\le|f(1)|+|f(0)|+\frac{1}{2}|f''(\xi)|(1-x)^2+\frac{1}{2}|f''(\eta)|x^2$$

$$\le2+(1-x)^2+x^2$$

$$\le2+1=3.$$

常用展开式:

(1)　$e^x=1+x+\frac{1}{2!}x^2+\cdots+\frac{1}{n!}x^n+R_n(x),\ R_n(x)=\frac{e^{\theta x}}{(n+1)!}x^{n+1}\ (0<\theta<1);$

(2)　$\sin x=x-\frac{1}{3!}x^3+\frac{1}{5!}x^5+\cdots+(-1)^{m-1}\frac{1}{(2m-1)!}x^{2m-1}+R_{2m}(x),$

　　　$R_{2m}(x)=\frac{\sin[\theta x+(2m+1)\pi/2]}{(2m+1)!}x^{2m+1}\ (0<\theta<1);$

(3)　$\cos x=1-\frac{1}{2!}x^2+\frac{1}{4!}x^4+\cdots+(-1)^{m-1}\frac{1}{(2m)!}x^{2m}+R_{2m+1}(x),$

　　　$R_{2m+1}(x)=\frac{\cos[\theta x+(m+1)\pi]}{(2m+2)!}x^{2m+2}\ (0<\theta<1);$

(4) $\dfrac{1}{1+x} = 1 - x + x^2 - x^3 + \cdots + (-1)^{n-1}x^n + R_n(x),$

$R_n(x) = \dfrac{(-1)^n}{(n+1)(1+\theta x)^{n+2}} x^{n+1} \ (0 < \theta < 1);$

(5) $\ln(1+x) = x - \dfrac{1}{2}x^2 + \dfrac{1}{3}x^3 + \cdots + (-1)^{n-1}\dfrac{1}{n}x^n + R_n(x),$

$R_n(x) = \dfrac{(-1)^n}{(n+1)(1+\theta x)^{n+1}} x^{n+1} \quad (0 < \theta < 1);$

(6) $(1+x)^\alpha = 1 + \alpha x + \dfrac{\alpha(\alpha-1)}{2!}x^2 + \cdots + \dfrac{\alpha(\alpha-1)\cdots(\alpha-n+1)}{n!}x^n + R_n(x),$

$R_n(x) = \dfrac{\alpha(\alpha-1)\cdots(\alpha-n)}{(n+1)!}(1+\theta x)^{\alpha-n-1}x^{n+1} \ (0 < \theta < 1).$

习　题　3.2

1. 求函数 $f(x) = \sqrt{x}$ 按 $(x-4)$ 的幂展开的带有拉格朗日型余项的 3 阶泰勒展开式.

2. 求函数 $f(x) = \ln x$ 按 $(x-2)$ 的幂展开的带有佩亚诺型余项的 n 阶泰勒展开式.

3. 求函数 $f(x) = \dfrac{1}{x}$ 按 $(x+1)$ 的幂展开的带有拉格朗日型余项的 n 阶泰勒展开式.

4. 求函数 $f(x) = x \cdot e^x$ 的带有佩亚诺型余项的 n 阶麦克劳林展开式.

5. 证明 $\sqrt{1+x} = 1 + \dfrac{1}{2}x - \dfrac{1}{8}x^2 + \dfrac{x^3}{16(1+\theta x)^{\frac{5}{2}}} \ (0 < \theta < 1).$

6. 利用泰勒公式求下列极限:

(1) $\lim\limits_{x \to 0} \dfrac{\cos x - e^{-x^2/2}}{x^4}$;

(2) $\lim\limits_{x \to +\infty} (\sqrt[3]{x^3 + 3x^2} - \sqrt[4]{x^4 - 2x^3})$;

(3) $\lim\limits_{x \to 0} \dfrac{e^x \sin x - x(1+x)}{x^3}$;

(4) $\lim\limits_{x \to \infty} \dfrac{\sin x - x\cos x}{\sin^3 x}$;

(5) $\lim\limits_{x \to 0} \dfrac{1 - \cos(\sin x)}{2\ln(1+x^2)}.$

7. 验证当 $0 < x \leqslant \dfrac{1}{2}$ 时, 由公式 $e^x \approx 1 + x + \dfrac{1}{2}x^2 + \dfrac{1}{6}x^3$, 计算 e^x 近似值所产生的误差小于 0.01, 并求出 $\sqrt{e}$ 的近似值, 使其误差小于 0.01.

8. 若 $f(x)$ 在 $[a,b]$ 上有二阶导数, $f'(a) = f'(b) = 0$, 试证: $\exists \xi \in (a,b)$, 使得

$$|f''(\xi)| \geqslant \dfrac{4}{(b-a)^2}|f(b) - f(a)|.$$

9. 设 $f(x)$ 在 $[0,1]$ 上二阶可导, $f(0) = f(1)$, 且 $|f''(x)| \leqslant 2$. 试证: $|f'(x)| \leqslant 1$, $x \in [0,1]$.

第三节　函数的单调性与极值

一、函数的单调性

函数的单调性，也叫函数的增减性，可以定性描述在一个指定区间内，函数值变化与自变量变化的关系.

定义 3.1　设函数 $f(x)$ 的定义域为 D，区间 $I \subset D$. 如果对于区间 I 上任意两点 x_1 及 x_2，当 $x_1 < x_2$ 时，恒有 $f(x_1) \leqslant f(x_2)$，则称函数 $f(x)$ 在区间 I 上是单调增加的(图 3.9)；如果对于区间 I 上任意两点 x_1 及 x_2，当 $x_1 < x_2$ 时，恒有

$$f(x_1) \geqslant f(x_2),$$

则称函数 $f(x)$ 在区间 I 上是单调减少的(图 3.10). 单调增加和单调减少的函数统称为单调函数. 如果等号恒不成立，则称为严格单调增加或严格单调减少.

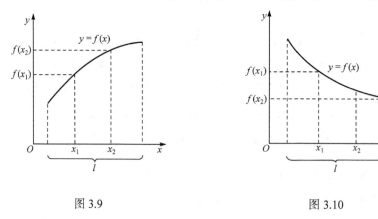

图 3.9　　　　　　　　　　　　　　　图 3.10

例如，函数 $f(x) = x^2$ 在区间 $[0, +\infty)$ 上是严格单调增加的，在区间 $(-\infty, 0]$ 上是严格单调减少的；在区间 $(-\infty, +\infty)$ 内函数 $f(x) = x^2$ 不是单调的(图 3.11).

又如，函数 $f(x) = x^3$ 在区间 $(-\infty, +\infty)$ 内是严格单调增加的(图 3.12).

从上面两个图形我们可以看到，严格单调函数是没有极值点的，以及函数在严格单调的区间上也不存在极值点.

二、函数的单调性与极值的关系

用定义判断函数的单调性较困难，这一节将用导数的知识讨论函数单调性.

从几何上看，如图 3.13 所示，函数 $y = f(x)$ 的图形单调递增，而曲线上任意点处的切线与 x 轴正向的夹角 α 为锐角(在个别点为零)，即 $f'(x) = \tan \alpha \geqslant 0$.

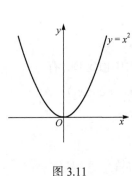

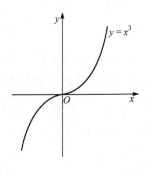

图 3.11　　　　　　　　　　　　　　　　图 3.12

如图 3.14 所示, 函数 $y = f(x)$ 的图形单调递减, 而曲线上任意点处的切线与 x 轴正向的夹角 α 为钝角(在个别点为零), 即 $f'(x) = \tan\alpha \leqslant 0$.

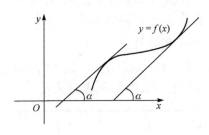

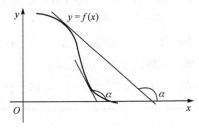

图 3.13　　　　　　　　　　　　　　　　图 3.14

由此可见函数的单调性与导数的符号有密切的联系.

定理 3.1　若 $f(x)$ 在 $[a,b]$ 上连续, 在 (a,b) 内可导, 则 $f(x)$ 在 $[a,b]$ 上单调增加(或单调减少)的必要且充分条件为在 (a,b) 内 $f'(x) \geqslant 0$ (或 $f'(x) \leqslant 0$).

定理结果常用符号简示为

$f(x)$ 在 $[a,b]$ 单调增加 $\Leftrightarrow f'(x) \geqslant 0$　　或　　$f(x)$ 在 $[a,b]$ 单调减少 $\Leftrightarrow f'(x) \leqslant 0$.

证明　我们就单调增加的情形给出证明.

先证必要性, 即证 $f(x)$ 在 $[a,b]$ 单调增加 $\Rightarrow f'(x) \geqslant 0$.

因 $f(x)$ 在 (a,b) 内可导, 故对 (a,b) 内任一点 x_0, 有

$$f'(x_0) = \lim_{x \to x_0} \frac{f(x) - f(x_0)}{x - x_0}.$$

又因 $f(x)$ 单调增加, 所以不论 $x > x_0$ 还是 $x < x_0$, 总有

$$\frac{f(x) - f(x_0)}{x - x_0} \geqslant 0.$$

于是按照极限性质, 便得到

$$f'(x_0) = \lim_{x \to x_0} \frac{f(x) - f(x_0)}{x - x_0} \geqslant 0.$$

再证充分性, 即证 $f'(x) \geqslant 0 \Rightarrow f(x)$ 单调增加.

设 x_1, x_2 为 $[a,b]$ 内任意两点, 不妨设 $x_1 < x_2$, 由中值定理, 有

$$f(x_2) - f(x_1) = f'(\xi)(x_2 - x_1) \quad (x_1 < \xi < x_2).$$

因为假设 $f'(x) \geqslant 0$, 且 $x_2 - x_1 > 0$, 由上式得知, 必有

$$f(x_2) - f(x_1) \geqslant 0.$$

即 $f(x_2) \geqslant f(x_1)$ $(x_2 > x_1)$, 这就是说 $f(x)$ 是单调增加的.

从充分性的证明中容易看出, 可以有以下结论.

推论 1　设 $y = f(x)$ 在 $[a,b]$ 上连续, 在 (a,b) 内可导, 那么

(1) 如果在 (a,b) 内 $f'(x) > 0$, 那么 $f(x)$ 在 $[a,b]$ 上严格单调增加;

(2) 如果在 (a,b) 内 $f'(x) < 0$, 那么 $f(x)$ 在 $[a,b]$ 上严格单调减少.

例 3.1　讨论函数 $f(x) = 2x^3 - 9x^2 + 12x - 3$ 的增减性.

解　函数定义域为 $(-\infty, +\infty)$. $f'(x) = 6x^2 - 18x + 12 = 6(x-1)(x-2)$. 令 $f'(x) = 0$, 得驻点 $x_1 = 1, x_2 = 2$, 将 $(-\infty, +\infty)$ 分为 $(-\infty, 1)$, $(1,2)$, $(2,+\infty)$, 列表如下:

x	$(-\infty,1)$	$(1,2)$	$(2,+\infty)$
$f'(x)$	$+$	$-$	$+$
$f(x)$	↗	↘	↗

$(-\infty, 1]$, $[2, +\infty)$ 为单调增加区间, $(1,2)$ 为单调减少区间. 如图 3.15 所示.

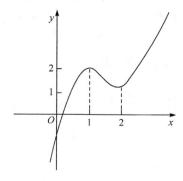

图 3.15

例 3.2　确定函数 $y = \sqrt[3]{x^2}$ 的单调区间.

解　函数定义域为 $(-\infty,+\infty)$. 当 $x \neq 0$ 时, $y' = \dfrac{2}{3\sqrt[3]{x}}$; 当 $x = 0$ 时, 函数的导数不存在. $f(x)$ 在 $(-\infty,+\infty)$ 内无驻点. $x = 0$ 是导数不存在的点, 它将 $(-\infty,+\infty)$ 分成 $(-\infty,0)$ 及 $(0,+\infty)$, 列表如下:

x	$(-\infty,0)$	$(0,+\infty)$
$f'(x)$	$-$	$+$
$f(x)$	↘	↗

$(-\infty,0)$ 为单减区间, $(0,+\infty)$ 为单增区间. 如图 3.16 所示.

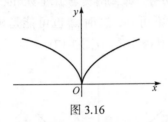

图 3.16

如果函数 $f(x)$ 在定义区间上连续, 除去有限个导数不存在的点外导数存在且连续, 那么只需用方程 $f'(x) = 0$ 的根及 $f'(x)$ 不存在的点来划分函数 $f(x)$ 的定义区间, 就能保证 $f'(x)$ 在各个部分区间内保持固定符号, 因而函数 $f(x)$ 在每个部分区间上单调. 于是确定函数 $f(x)$ 单调区间的步骤如下:

(1) 求 $f'(x)$;

(2) 求 $f'(x) = 0$ 的根及 $f'(x)$ 不存在的点(在定义域内);

(3) 将(2)中的点按从小到大的顺序插入定义域中得到单调区间.

例 3.3　试证: 当 $x > 0$ 时, 有 $\sin x > x - \dfrac{x^3}{6}$.

证明　设 $g(x) = \sin x - \left(x - \dfrac{x^3}{6} \right)$, 则

$$g'(x) = \cos x - 1 + \frac{x^2}{2}, \quad g''(x) = x - \sin x > 0.$$

故 $g'(x)$ 在 $(0,+\infty)$ 内单调增加, 而 $g'(0) = 0$. 所以当 $x > 0$ 时, $g'(x) > g'(0) = 0$. 故 $g(x)$ 在 $(0,+\infty)$ 内单增, 即当 $x > 0$ 时, $g(x) > g(0)$, 又 $g(0) = 0$. 所以 $g(x) > 0$, 即

$$\sin x - \left(x - \frac{x^3}{6} \right) > 0, \quad 即 \sin x > x - \frac{x^3}{6}.$$

例 3.4　若 $f(0) = 0$, $f''(x) > 0$, 证明函数 $F(x) = \dfrac{f(x)}{x}$ 在 $(0,+\infty)$ 内单调增加.

证明　因为 $f''(x) > 0$, 故

$$F'(x) = \frac{xf'(x) - f(x)}{x^2}.$$

令 $g(x) = xf'(x) - f(x)$, $g'(x) = xf''(x) > 0$, $x \in (0, +\infty)$. 所以 $g(x)$ 在 $(0, +\infty)$ 内单调增加, 故当 $x > 0$ 时, $g(x) > g(0) = 0$, 即 $g(x) > 0$. 故 $F'(x) > 0$, 即 $F(x)$ 在 $(0, +\infty)$ 内单调增加.

在第一节中, 我们已经学习了极值与极值点的知识. 下面就来讨论一下如何确定一个函数的极值.

首先来看一下, 如果 x_0 是 $f(x)$ 的极值点, x_0 将满足什么条件?

(1) 若函数 $f(x)$ 在 x_0 可导, 那么由费马引理易知必有 $f'(x_0) = 0$.

(2) 若函数 $f(x)$ 在 x_0 不可导, 这时 x_0 也可能是极值点. 例如 $y = |x|$, 它在 $x = 0$ 不可导, 但是 $x = 0$ 是其极小值点(图 3.17).

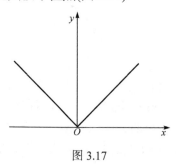

图 3.17

这就告诉我们, $f(x)$ 的极值点, 只需要从 $f'(x)$ 的零点和 $f'(x)$ 不存在的点当中去找. 但这些点只是可能达到极值的点, 并不一定是极值点.

综合以上讨论, 我们可以总结成下面这个重要法则.

定理 3.2 (极值的必要条件)　若 x_0 是 $f(x)$ 的极值点, 那么 x_0 只可能是 $f'(x)$ 的零点或 $f(x)$ 的不可导点.

既然这个定理给出的只是极值点的必要条件, 那么根据此定理, 求出所有可能使 $f(x)$ 达到极值的点之后, 就必须进一步加以判定, 这些点究竟是不是极值点. 接下来, 我们给出极值点的两个充分性判别法.

定理 3.3 (极值判别法之一)　设 $f(x)$ 在 x_0 连续且在 $(x_0 - \delta, x_0)$ 和 $(x_0, x_0 + \delta)$ (其中 $\delta > 0$)可导, 那么

(1) 若在 $(x_0 - \delta, x_0)$ 内 $f'(x) < 0$, 而在 $(x_0, x_0 + \delta)$ 内 $f'(x) > 0$, 则 x_0 为极小值点;

(2) 若在 $(x_0 - \delta, x_0)$ 内 $f'(x) > 0$, 而在 $(x_0, x_0 + \delta)$ 内 $f'(x) < 0$, 则 x_0 为极大值点;

(3) 若 $f'(x)$ 在这两个区间内不变号, 则 x_0 不是极值点.

证明　(1) 按照判断函数单调增加和单调减少的定理, $f(x)$ 在 $(x_0 - \delta, x_0)$ 内

严格减少, 而在 $(x_0, x_0 + \delta)$ 内严格增加, 故 $f(x_0)$ 必为极小值.

(2) 同理可证.

(3) 此时 $f(x)$ 在 $(x_0 - \delta, x_0 + \delta)$ 内严格单调, 从而 x_0 不可能是极值点.

如果 $f'(x_0) = 0$ 而 $f''(x_0) \neq 0$, 那么也可以用 $f''(x_0)$ 的符号来判断 $f(x_0)$ 是否为极值, 这就是下面的定理.

定理 3.4 (极值判别法之二) 设 $f'(x_0) = 0$,

(1) 若 $f''(x_0) < 0$, 则 $f(x_0)$ 是极大值;

(2) 若 $f''(x_0) > 0$, 则 $f(x_0)$ 是极小值.

证明 (1) 按二阶导数的定义, 且注意到 $f'(x_0) = 0$, 有

$$f''(x_0) = \lim_{x \to x_0} \frac{f'(x) - f'(x_0)}{x - x_0} = \lim_{x \to x_0} \frac{f'(x)}{x - x_0} < 0.$$

于是, 由极限性质知道, 在 x_0 附近有

$$\frac{f'(x)}{x - x_0} < 0.$$

也就是存在 $\delta > 0$, 当 $x_0 - \delta < x < x_0$ 时 $f'(x) > 0$, 当 $x_0 < x < x_0 + \delta$ 时 $f'(x) < 0$, 所以 $f(x_0)$ 是极大值.

(2) 同理可证.

例 3.5 确定函数 $f(x) = 2x^3 - 9x^2 + 12x - 3$ 的极值.

解 函数的定义域为 $(-\infty, +\infty)$. $f'(x) = 6x^2 - 18x + 12 = 6(x-1)(x-2)$. 导数为零的点: $x_1 = 1, x_2 = 2$.

列表分析如下:

x	$(-\infty, 1)$	1	$(1, 2)$	2	$(2, +\infty)$
$f'(x)$	+	0	−	0	+
$f(x)$	↗	极大值	↘	极小值	↗

函数 $f(x)$ 的极大值 $f(1) = 2$, 极小值 $f(2) = 1$(图 3.18).

三、函数的最值及其意义

在生产实践及科学实验中, 经常遇到最好、最省、最低、最大和最小等问题. 例如质量最好、用料最省、效益最高、成本最低、利润最大、投入最小等等, 这类问题常常归结为求函数的最大值或最小值问题. 这类问题在数学上有时可归结为求某一函数的最大值或最小值问题.

怎样求出函数在某一区间上的最大值和最小值呢? 对于这个问题, 可以先看

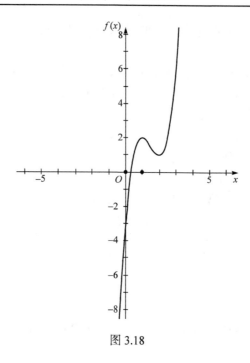

图 3.18

一下函数图形.

设有一函数 $y = f(x)$, 它在区间 $[a,b]$ 上的图形如图 3.19 所示. 从图上清楚地看到, $f'(x) = 0$ 的解为 x_1, x_2, x_3, x_4, x_5; 函数在 x_3 和 x_5 处有极大值 $f(x_3), f(x_5)$; 在 x_1 和 x_4 处有极小值 $f(x_1), f(x_4)$; 在 x_2 处没有极值. 那么, 在区间 $[a,b]$ 上, 函数的最大值和最小值究竟是什么呢? 这就需要把区间内的所有极值和区间两端的函数值 $f(a), f(b)$ 一起进行比较. 其中最大的一个就是最大值, 最小的一个就是最小值, 所以函数在某一区间上的最大值及最小值, 也叫全局极值. 从图 3.19 我们得出, 函数在 $x = x_3$ 处有最大值 $y_{最大} = f(x_3)$, 在 $x = b$ 处有最小值 $y_{最小} = f(b)$. 通常把 $y_{最大}$ 记为 $y_{\max}$, 把 $y_{最小}$ 记作 $y_{\min}$.

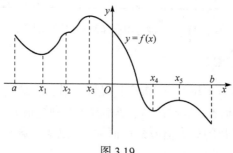

图 3.19

接下来假设函数 $f(x)$ 在 $[a,b]$ 上连续, 在开区间 (a,b) 内除有限个点外可导,且至多有有限个驻点, 讨论 $f(x)$ 在 $[a,b]$ 上的最大值和最小值的求法.

首先, 由闭区间上连续函数的性质可知, $f(x)$ 在 $[a,b]$ 上的最大值和最小值一定存在.

其次, 如果最大值(或最小值) $f(x_0)$ 在开区间 (a,b) 内的点 x_0 处取得, 那么按 $f(x)$ 在开区间内除有限个点外可导且至多有有限个驻点的假定, 可知 $f(x_0)$ 一定也是 $f(x)$ 的极大值(或极小值), 从而 x_0 一定是 $f(x)$ 的驻点或不可导点. 又 $f(x)$ 的最大值和最小值也可能在区间的端点处取得. 因此, 可用如下方法求 $f(x)$ 在 $[a,b]$ 上的最大值和最小值.

(1) 求出 $f(x)$ 在 (a,b) 内的驻点及不可导的点 $x_1,x_2,\cdots,x_n$;

(2) 比较 $f(a),f(x_1),f(x_2),\cdots,f(x_n),f(b)$ 的大小, 其中最大的便是 $f(x)$ 在 $[a,b]$ 上的最大值, 最小的便是 $f(x)$ 在 $[a,b]$ 上的最小值.

例 3.6 求函数 $f(x)=x^4-2x^3$ 在区间 $[1,2]$ 上的最大值与最小值.

解 $f'(x)=4x^3-6x^2=2x^2(2x-3)$, 由 $f'(x)=0$ 得 $f(x)$ 在 $[1,2]$ 内部只有一个驻点, 即 $x=\dfrac{3}{2}$, 算出

$$f\left(\frac{3}{2}\right)=-\frac{27}{16}, \quad f(1)=-1, \quad f(2)=0.$$

即知 $x=2$ 是最大值点, 最大值 $f(2)=0$; $x=\dfrac{3}{2}$ 是最小值点, 最小值 $f\left(\dfrac{3}{2}\right)=-\dfrac{27}{16}$.

例 3.7 求函数 $f(x)=|x^2-3x+2|$ 在 $[-3,4]$ 上的最大值与最小值.

解
$$f(x)=\begin{cases} x^2-3x+2, & x\in[-3,1]\cup[2,4], \\ -x^2+3x-2, & x\in(1,2). \end{cases}$$

$$f'(x)=\begin{cases} 2x-3, & x\in[-3,1)\cup(2,4], \\ -2x+3, & x\in(1,2). \end{cases}$$

令 $f'(x)=0$, 得驻点为 $x=\dfrac{3}{2}$; 不可导点为 $x=1$ 和 $x=2$. 又

$$f(-3)=20, \quad f(1)=0, \quad f\left(\frac{3}{2}\right)=\frac{1}{4}, \quad f(2)=0, \quad f(4)=6,$$

所以最大值 $M=f(-3)=20$, 最小值 $m=f(1)=f(2)=0$.

在一些特殊情况下, 求最大值或最小值的方法很简单.

(1) 如果函数 $f(x)$ 在区间 $[a,b]$ 上单调, 则最值在端点取得.

(2) 如果函数 $f(x)$ 在区间 $[a,b]$ 上连续, 在区间 $[a,b]$ 内部只有一个极值点, 这个极值点是极大(小)值点时, 它就是最大(小)值点.

例 3.8　求数列 $\left\{\dfrac{\sqrt{n}}{n+10^4}\right\}$ 的最大项.

解　令 $f(x)=\dfrac{\sqrt{x}}{x+10^4}(0<x<+\infty)$, 则

$$f'(x)=\frac{10^4-x}{2\sqrt{x}(x+10^4)^2},$$

令 $f'(x)=0$ 得驻点 $x=10^4$. 当 $0<x<10^4$ 时, $f'(x)>0$; 当 $10^4<x<+\infty$ 时, $f'(x)<0$, 故 $x=10^4$ 是极大值点, 而 $f(x)$ 在定义域内只有一个驻点, 故为最大值点, 其最大值

$$f(10^4)=\frac{10^2}{2\times10^4}=\frac{1}{200}.$$

故 $f(n)=\dfrac{\sqrt{n}}{n+10^4}$ 的最大项为 $n=10^4$ 项.

例 3.9　将长为 a 的铁丝切成两段, 一段围成正方形, 另一段围成圆形, 问这两段铁丝各长多少时, 正方形与圆形面积之和为最小?

解　设圆形周长为 x, 则正方形周长为 $a-x$, 而两面积之和为

$$A=\left(\frac{a-x}{4}\right)^2+\pi\left(\frac{x}{2\pi}\right)^2=\frac{4+\pi}{16\pi}x^2-\frac{a}{8}x+\frac{a^2}{16}.$$

由 $A'=\dfrac{4+\pi}{8\pi}x-\dfrac{a}{8}$, 令 $A'=0$, 得 $x=\dfrac{\pi a}{4+\pi}$. 又

$$A''=\frac{1}{2\pi}+\frac{1}{8}>0,$$

故当圆的周长 $x=\dfrac{\pi a}{4+\pi}$, 正方形周长为 $\dfrac{4a}{4+\pi}$ 时 A 的值为最小.

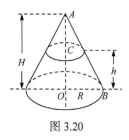

图 3.20

例 3.10　设有一小圆锥内接于确定的大圆锥内, 小圆锥的顶点恰好在大圆锥底面中心, 且它们的轴线重合, 试证明, 当小圆锥的高等于大圆锥高的三分之一时, 小圆锥体积最大.

解　设大圆锥底面半径为 R, 高为 H, 内接小圆锥高为 h, 底面半径为 r, 其中 R, H, r, h 均大于零, 由图 3.20 利用相似三角形, 有

$$\frac{r}{H-h}=\frac{R}{H},\ 即\ r=R\left(1-\frac{h}{H}\right).$$

又小圆锥体积为

$$V_{小} = \frac{1}{3}\pi r^2 h,$$

故

$$V_{小} = \frac{\pi R^2}{3}\left(1 - \frac{h}{H}\right)^2 h, \quad 0 < h < H.$$

上式对 h 求导, 得

$$\frac{\mathrm{d}V_{小}}{\mathrm{d}h} = \frac{\pi R^2}{3}\left[\left(1 - \frac{h}{H}\right)^2 - 2\left(1 - \frac{h}{H}\right)\frac{h}{H}\right].$$

令 $\dfrac{\mathrm{d}V_{小}}{\mathrm{d}h} = 0$, 由 $1 - 3\dfrac{h}{H} = 0$ $\left(因为 1 - \dfrac{h}{H} \neq 0\right)$, 得定义域内唯一驻点

$$h_0 = \frac{H}{3}.$$

由问题实际意义知, $h = \dfrac{H}{3}$ 就是小圆锥最大体积的高或

$$\left.\frac{\mathrm{d}^2 V_{小}}{\mathrm{d}h^2}\right|_{h=\frac{H}{3}} = \left.\frac{\pi R^2}{3H}\left(\frac{6h}{H} - 4\right)\right|_{h=\frac{H}{3}} = -\frac{2RH}{H} < 0,$$

即当 $h = \dfrac{H}{3}$ 时内接小圆锥体积最小.

例 3.11 (销售总利润最大问题) 某工厂生产某种产品, 年产量为 x 百台, 总成本为 $C(x)$ 万元, 其中固定成本 2 万元, 每生产 1 百台, 成本增加 1 万元, 市场上每年可销售此种商品 4 百台, 其销售总收入为

$$R(x) = \begin{cases} 4x - \dfrac{1}{2}x^2, & 0 \leqslant x \leqslant 4, \\ 8, & x > 4. \end{cases}$$

问每年生产多少台, 总利润为最大? 在总利润最大的基础上再生产 1 百台, 总利润如何变化?

解 总成本 $C(x) = 2 + x$, 于是利润

$$L(x) = R(x) - C(x) = \begin{cases} 3x - \dfrac{1}{2}x^2 - 2, & 0 \leqslant x \leqslant 4, \\ 6 - x, & x > 4. \end{cases}$$

即

$$L'(x) = \begin{cases} 3 - x, & 0 < x \leqslant 4, \\ -1, & x > 4, \end{cases}$$

令 $L'(x) = 0$, 得驻点 $x = 3$.

因为 $L''(3) = -1 < 0$, 所以 $x = 3$ 为极大值点, 也是最大值点.

因此每年生产 3 百台, 总利润为最大, 最大利润为 $L(3) = 2.5$ 万元. 又因为 $\Delta L = L(4) - L(3) = -0.5$ 万元, 在总利润最大的基础上再生产 1 百台, 总利润将减少 0.5 万元.

利用函数的最大值和最小值还可以证明不等式.

例 3.12　设 $p > 1, q > 1$, 且 $\dfrac{1}{p} + \dfrac{1}{q} = 1$, 证明: 对任意 $x > 0$, 有 $\dfrac{1}{p} x^p + \dfrac{1}{q} \geqslant x$.

证明　设 $f(x) = \dfrac{1}{p} x^p + \dfrac{1}{q} - x$, $x \in (0, +\infty)$, 则

$$f'(x) = x^{p-1} - 1,$$

令 $f'(x) = 0$ 得唯一驻点 $x = 1$. 又由 $f''(1) = (p-1)x^{p-2}\big|_{x=1} = p - 1 > 0$ 知 $x = 1$ 为 $f(x)$ 的极小值点, 也是最小值点, 且最小值 $f(1) = \dfrac{1}{p} + \dfrac{1}{q} - 1 = 0$.

故对任意 $x > 0$, 有 $f(x) = \dfrac{1}{p} x^p + \dfrac{1}{q} - x \geqslant f(1) = 0$, 即 $\dfrac{1}{p} x^p + \dfrac{1}{q} \geqslant x$ 成立.

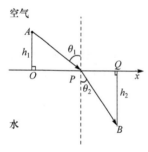

图 3.21

例 3.13　一束光线由空气中点 A 经过水面折射后到达水中点 B (图 3.21), 已知光在空气中和水中传播的速度分别是 v_1 和 v_2, 光线在介质中总是沿着耗时最少的路径传播. 试确定光线的传播路径.

解　设点 A 到水面的垂直距离为 $AO = h_1$, 点 B 到水面的垂直距离为 $BQ = h_2$, x 轴沿水面过点 O 和 Q, OQ 的长度为 l.

由于光线总是沿着耗时最少的路径传播, 因此光线在同一均匀介质中必沿直线传播. 设光线的传播路径与 x 轴的交点为 P, $OP = x$, 则光线从 A 到 B 的传播路径必为折线 APB, 其所需要的传播时间为

$$T(x) = \frac{\sqrt{h_1^2 + x^2}}{v_1} + \frac{\sqrt{h_2^2 + (l-x)^2}}{v_2}, \quad x \in [0, l].$$

下面来确定 x 满足什么条件时, $T(x)$ 在 $[0, l]$ 上取得最小值.

由于

$$T'(x) = \frac{1}{v_1} \cdot \frac{x}{\sqrt{h_1^2 + x^2}} - \frac{1}{v_2} \cdot \frac{l-x}{\sqrt{h_2^2 + (l-x)^2}}, \quad x \in [0, l],$$

其中

$$T'(0) = -\frac{l}{v_2 \sqrt{h_2^2 + l^2}} < 0, \quad T'(l) = \frac{l}{v_1 \sqrt{h_1^2 + l^2}} > 0.$$

$$T''(x) = \frac{1}{v_1} \cdot \frac{h_1^2}{(h_1^2 + x^2)^{\frac{3}{2}}} + \frac{1}{v_2} \cdot \frac{h_2^2}{[h_1^2 + (l-x)^2]^{\frac{3}{2}}} > 0, \quad x \in [0, l],$$

又 $T'(x)$ 在 $[0, l]$ 上连续，故 $T'(x)$ 在 $(0, l)$ 内存在唯一零点 x_0，且 x_0 是 $T(x)$ 在 $(0, l)$ 内的唯一极小值点，从而也是 $T(x)$ 在 $[0, l]$ 上的最小值点.

设 x_0 满足 $T'(x) = 0$，即

$$\frac{1}{v_1} \cdot \frac{x_0}{\sqrt{h_1^2 + x_0^2}} = \frac{1}{v_2} \cdot \frac{l - x_0}{\sqrt{h_2^2 + (l - x_0)^2}}.$$

记

$$\frac{x_0}{\sqrt{h_1^2 + x_0^2}} = \sin \theta_1, \quad \frac{l - x_0}{\sqrt{h_2^2 + (l - x_0)^2}} = \sin \theta_2,$$

则得到

$$\frac{\sin \theta_1}{v_1} = \frac{\sin \theta_2}{v_2}.$$

这就是说，当点 P 满足以上条件时，APB 就是光线的传播路径. 上式就是光学中著名的折射定律，其中 θ_1，θ_2 分别是光线的入射角和折射角(图 3.21).

习 题 3.3

1. 讨论函数 $y = e^x - x - 1$ 的单调性.

2. 讨论函数 $f(x) = x^3 - 6x^2 + 9x + 3$ 的单调性.

3. 确定下列函数的单调区间：

(1) $y = \dfrac{10}{4x^3 - 9x^2 + 6x}$; (2) $y = \sqrt[3]{(2x - a)(a - x)^2} \ (a > 0)$.

4. 若函数 $f(x) = \dfrac{ax^2 + bx + a + 1}{x^2 + 1}$ 在 $x = -\sqrt{3}$ 处取得极小值 $f(-\sqrt{3}) = 0$，求 a 与 b 的值，再求函数 $f(x)$ 的极大值.

5. 证明不等式:

(1) 当 $x > 0$ 时, $1 + x\ln(x + \sqrt{1+x^2}) > \sqrt{1+x^2}$; 　(2) 当 $x > 4$ 时, $2^x > x^2$.

6. 求下列函数的极值:

(1) $f(x) = x^3 + 3x^2 - 24x - 20$; 　(2) $f(x) = e^x \cos x$.

7. 已知 $y = f(x)$ 满足 $xf''(x) + 3x[f'(x)]^2 = 1 - e^{-x}$. 如果 $f(x)$ 在 $x_0 \neq 0$ 处有极值, 问它是极大值还是极小值?

8. 求函数 $f(x) = |x^2 - 3x + 2|$ 在闭区间 $[-10, 10]$ 上的最大值和最小值.

9. 半顶角为 $\frac{\pi}{4}$ 的圆锥形容器内已有 b 升的盐水, 若现在开始 ($t = 0$) 往容器内加注盐水, 经过 t 秒钟后, 注入的盐水量为 at^2 升, 试问从开始起, 经过几秒后, 容器内液面上升速度最快?

10. 由直线 $y = 0, x = 8$ 及抛物线 $y = x^2$ 围成一个曲边三角形, 在曲边 $y = x^2$ 上求一点, 使曲线在该点处的切线与直线 $y = 0$ 及 $x = 8$ 所围成的三角形面积最大.

11. 确定方程 $e^x = ax^2$ 实根的个数.

12. 把一根直径为 d 的圆木锯成矩形梁, 问矩形截面的高 h 和宽 b 应如何选择才能使梁的抗弯强度 p 最大? (抗弯强度 $p = \frac{1}{6}bh^2$)

13. 一张 1.4m 高的图片挂在墙上, 它的底边高于观察者的眼睛 1.8m, 问观察者在距墙多远处才能看图最清楚(视角最大)?

14. 若 $p > 1$, 则对于 $[0,1]$ 内任一 x 有 $x^p + (1-x)^p \geq \frac{1}{2^{p-1}}$.

15. 设 $f(x)$ 在 $(-\infty, +\infty)$ 上可导, 且 $f(x) + f'(x) > 0$. 证明: $f(x)$ 至多有一个零点.

第四节　函数的凸凹性与其图像的拐点

一、函数的凸凹性

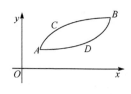

图 3.22

前面研究了函数的单调性, 这对描绘函数的图形有很大作用, 但由函数的解析式作函数的图形只知道函数的增减情形, 有时仍不能掌握图形的形态. 如图 3.22 上的弧 $\overset{\frown}{ACB}$ 与弧 $\overset{\frown}{ADB}$ 都是上升的, 但形状不同, 图上的弧 $\overset{\frown}{ACB}$ 是向上凸的, 而弧 $\overset{\frown}{ADB}$ 是向上凹的.

下面我们来研究曲线的凹凸性及其判定法. 几何上观察到, 有的曲线弧(图 3.23), 如果任取两点, 则连接这两点的弦总位于这两点间的弧段的上方或任意点的切线在弧的下方, 而有的曲线弧则正好相反(图 3.24).

曲线的这种性质就是曲线的凹凸性, 因此曲线的凹凸性可以用连接曲线弧上

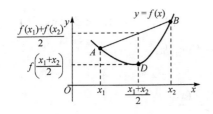

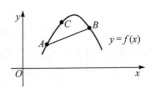

图 3.23　　　　　　　　　　　　图 3.24

任何两点的弦的中点与曲线弧上相应点(即具有相同的横坐标的点)的位置关系来描述. 下面给出曲线凹凸性的定义.

定义 4.1　设 $f(x)$ 在 $[a,b]$ 上连续, 如果对 (a,b) 内任意两点 x_1,x_2, 恒有

$$f\left(\frac{x_1+x_2}{2}\right) \leqslant \frac{f(x_1)+f(x_2)}{2} \quad (\text{图 3.23}),$$

那么称 $f(x)$ 在 $[a,b]$ 上的图形是(向上)凹的(或凹弧), "$\leqslant$"改为"$<$"便是严格凹的定义; 如果恒有

$$f\left(\frac{x_1+x_2}{2}\right) \geqslant \frac{f(x_1)+f(x_2)}{2} \quad (\text{图 3.24}),$$

那么称 $f(x)$ 在 $[a,b]$ 上的图形是(向上)凸的(或凸弧), "$\geqslant$"改为"$>$"便是严格凸的定义.

例 4.1　证明: $f(x)=\ln x$ 的图形在 $(0,+\infty)$ 内是凸的.

证明　任取两点 $x_1,x_2 \in (0,+\infty)$, 设 $x_1 < x_2$, 有

$$f\left(\frac{x_1+x_2}{2}\right) = \ln\frac{x_1+x_2}{2} > \ln\sqrt{x_1 x_2} = \frac{\ln x_1 + \ln x_2}{2} = \frac{f(x_1)+f(x_2)}{2}.$$

所以 $f(x)=\ln x$ 的图形在 $(0,+\infty)$ 内是凸的.

用定义判别函数图形的凹凸性往往比较困难, 下面给出一个简便的判定法.

定理 4.1　设 $f(x)$ 在 $[a,b]$ 上连续, 在 (a,b) 内具有一阶和二阶导数, 那么

(1) 若在 (a,b) 内 $f''(x)>0$, 则 $f(x)$ 在 $[a,b]$ 上的图形是凹的;

(2) 若在 (a,b) 内 $f''(x)<0$, 则 $f(x)$ 在 $[a,b]$ 上的图形是凸的.

证明　情形(1). 设 x_1,x_2 为 (a,b) 内任意两点, 且 $x_1 < x_2$. 记 $x_0 = \dfrac{x_1+x_2}{2}$, 并记

$$x_2 - x_0 = x_0 - x_1 = h,$$

由一阶泰勒公式, 注意 $f''(x)>0$, 得

$$f(x_1) = f(x_0) + f'(x_0)(x_1-x_0) + \frac{f''(\xi_1)}{2!}(x_1-x_0)^2 \quad (a < x_1 < \xi_1 < x_0 < b)$$

$$> f(x_0) + f'(x_0)(x_1-x_0) = f(x_0) - f'(x_0)h,$$

$$f(x_2) = f(x_0) + f'(x_0)(x_2 - x_0) + \frac{f''(\xi_2)}{2!}(x_2 - x_0)^2 \qquad (a < x_0 < \xi_2 < x_2 < b)$$
$$> f(x_0) + f'(x_0)(x_2 - x_0) = f(x_0) + f'(x_0)h,$$

两式相加, 得 $f(x_1) + f(x_2) > 2f(x_0)$, 即

$$f(x_0) < \frac{f(x_1) + f(x_2)}{2},$$

即 $f\left(\dfrac{x_1 + x_2}{2}\right) < \dfrac{f(x_1) + f(x_2)}{2}$, 这说明 $f(x)$ 在 $[a,b]$ 上的图形是凹的.

同理可证(2).

例 4.2　判断 $y = \ln(1 + x^2)$ 的凹凸性.

解　先求函数的一、二阶导数:

$$y' = \frac{2x}{1 + x^2}, \quad y'' = \frac{2(1 - x^2)}{(1 + x^2)^2}. \tag{3.4.1}$$

由(3.4.1)式知: 当 $x < -1$ 或 $x > 1$ 时, $y'' < 0$; 当 $-1 < x < 1$ 时, $y'' > 0$. 因此曲线在区间 $(-\infty, -1) \bigcup (1, +\infty)$ 内是凸的; 在区间 $(-1, 1)$ 是凹的(图 3.25).

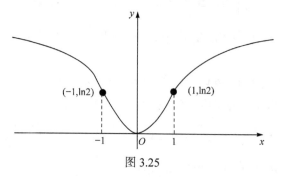

图 3.25

曲线上的点 $(-1, \ln 2)$ 和 $(1, \ln 2)$ 是凹弧和凸弧的分界点, 这种点就是我们下面要研究的曲线的拐点.

二、函数图像的拐点

一般地, 设 $y = f(x)$ 在区间 I 上连续, x_0 是 I 的内点, 如果曲线 $y = f(x)$ 在经过 $(x_0, f(x_0))$ 时, 曲线的凹凸性改变了, 那么就称点 $(x_0, f(x_0))$ 为曲线的拐点.

如何寻找曲线 $y = f(x)$ 的拐点呢?

我们知道, 由 $f''(x)$ 的符号可以判定曲线的凹凸性, 如果 $f''(x_0) = 0$, 而 $f''(x)$ 在 x_0 的左右两侧邻近异号, 那么点 $(x_0, f(x_0))$ 就是一个拐点. 值得注意的是 $f''(x)$ 不存在的点也可能是 $f''(x)$ 的符号发生变化的分界点, 也可能有拐点. 综上所述, 求连续曲线 $y = f(x)$ 的拐点可按如下步骤:

(1) 求 $f''(x)$, 并令 $f''(x)=0$, 求出根, 再找出 $f''(x)$ 不存在的点 $x_1,x_2,\cdots,x_n$;

(2) $x_1,x_2,\cdots,x_n$ 把 $f(x)$ 的定义域分为部分区间, 讨论每个区间 $f''(x)$ 的符号;

(3) 列表讨论, 找出凹凸区间及拐点.

例 4.3　求三次曲线 $y=3x^2-x^3$ 的凹凸区间及拐点.

解　先算出函数的一、二阶导数:

$$y'=6x-3x^2, \quad y''=6-6x.$$

令 $y''=0$, 解得 $x=1$, 列表如下:

x	$(-\infty,1)$	1	$(1,+\infty)$
y''	$+$	0	$-$
$y=f(x)$ 的图形	$\smile$	拐点 $(1,2)$	$\frown$

　　顺便指出, 因为三次多项式的二阶导数是一次多项式, 故 $y''=0$ 只有一个根, 并在根的左右符号异号, 所以任何三次多项式都有且仅有一个拐点.

例 4.4　求曲线 $y=\mathrm{e}^{-x^2}$ 的凹凸区间及拐点.

解　先求出函数的一、二阶导数:

$$y'=-2x\mathrm{e}^{-x^2}, \quad y''=(4x^2-2)\mathrm{e}^{-x^2}.$$

令 $y''=0$, 解得 $x=\pm\dfrac{1}{\sqrt{2}}$, 现列表讨论如下:

x	$\left(-\infty,-\dfrac{1}{\sqrt{2}}\right)$	$-\dfrac{1}{\sqrt{2}}$	$\left(-\dfrac{1}{\sqrt{2}},\dfrac{1}{\sqrt{2}}\right)$	$\dfrac{1}{\sqrt{2}}$	$\left(\dfrac{1}{\sqrt{2}},+\infty\right)$
y''	$+$	0	$-$	0	$+$
$y=f(x)$ 的图形	$\smile$	拐点 $\left(-\dfrac{1}{\sqrt{2}},\dfrac{1}{\sqrt{\mathrm{e}}}\right)$	$\frown$	拐点 $\left(\dfrac{1}{\sqrt{2}},\dfrac{1}{\sqrt{\mathrm{e}}}\right)$	$\smile$

例 4.5　问曲线 $y=x^4$ 是否有拐点?

解　$y'=4x^3$, $y''=12x^2$. 显然只有 $x=0$ 是方程 $y''=0$ 的根; 但当 $x\neq0$ 时, 无论 $x<0$ 或 $x>0$ 都有 $y''>0$, 因此 $(0,0)$ 不是这曲线的拐点, 曲线 $y=x^4$ 没有拐点, 在 $(-\infty,+\infty)$ 内是凹的. 由此可知: $f''(x)$ 不存在的点也可能是拐点.

例 4.6　求曲线 $y=\sqrt[3]{x}$ 的拐点.

解　函数在 $(-\infty,+\infty)$ 内连续, 当 $x\neq0$ 时,

$$y'=\frac{1}{3\sqrt[3]{x^2}}, \quad y''=\frac{-2}{9x\sqrt[3]{x^2}}.$$

当 $x = 0$ 时，y'，y'' 都不存在，故二阶导数在 $(-\infty, +\infty)$ 内不连续，且不具有零点，但 $x = 0$ 是 y'' 不存在的点，它把 $(-\infty, +\infty)$ 分成两个部分：$(-\infty, 0)$，$(0, +\infty)$.

在 $(-\infty, 0)$ 内，$y'' > 0$，函数图形在 $(-\infty, 0)$ 内是凹的；

在 $(0, +\infty)$ 内，$y'' < 0$，函数图形在 $(0, +\infty)$ 内是凸的.

故点 $(0, 0)$ 是曲线的拐点.

例 4.7　证明：$\dfrac{e^x + e^y}{2} < e^{\frac{x+y}{2}}$ $(x \neq y)$.

证明　令 $f(x) = e^x$，$f''(x) = e^x > 0$，$x \in (-\infty, +\infty)$，故 $f(x) = e^x$ 在 $(-\infty, +\infty)$ 内是凹的，由凹弧的定义，对任意 x, y，有

$$f\left(\frac{x+y}{2}\right) < \frac{f(x) + f(y)}{2}, \ \text{即}\ e^{\frac{x+y}{2}} < \frac{e^x + e^y}{2} \ (x \neq y).$$

习　题　3.4

1. 讨论下列曲线的凹凸性和拐点：

(1) $y = (x+1)^4 + e^x$；　(2) $y = e^{\arctan x}$.

2. 利用函数凹凸性证明不等式：

(1) $\dfrac{1}{2}(x^n + y^n) > \left(\dfrac{x+y}{2}\right)^n$ $(x > 0, y > 0, x \neq y, n > 1)$；

(2) $x \ln x + y \ln y > (x+y) \ln \dfrac{x+y}{2}$ $(x > 0, y > 0, x \neq y)$.

3. 求 a, b 的值，使点 $(1, 3)$ 是曲线 $y = ax^3 + bx^2$ 的拐点.

4. 求 a, b, c 的值，使 $y = x^3 + ax^2 + bx + c$ 有一拐点 $(1, -1)$，且在 $x = 0$ 处有极大值 1.

5. 设 $y = f(x)$ 在 $x = x_0$ 的某个邻域内具有三阶连续导数，如果 $f'(x_0) = 0$，$f''(x_0) = 0$，而 $f'''(x_0) \neq 0$，问 $(x_0, f(x_0))$ 是否为拐点，为什么？

6. 试决定曲线 $y = ax^3 + bx^2 + cx + d$ 中的 a, b, c, d，使得 $x = -2$ 处曲线有水平切线，$(1, -10)$ 为拐点，且点 $(-2, 44)$ 在曲线上.

7. 求 k 的值，使曲线 $y = k(x^2 - 3)^2$ 的拐点处的法线通过原点.

8. 证明：曲线 $y = \dfrac{x-1}{x^2+1}$ 有三个拐点位于同一直线上.

第五节　函数图形的描绘

一、函数图像的渐近线

有些函数的定义域和值域都是有限区间，其图形仅限于一定的范围之内，如圆、椭圆等. 有些函数的定义域或值域是无穷区间，其图形向无穷远处延伸，如

双曲线、抛物线等. 为了把握曲线在无限变化中的趋势, 先介绍曲线的渐近线的概念.

定义 5.1　如果曲线 $y = f(x)$ 上的一动点沿着曲线移向无穷远时, 该点与某条直线 L 的距离趋向于零, 则直线 L 就称为曲线 $y = f(x)$ 的一条渐近线(图 3.26).

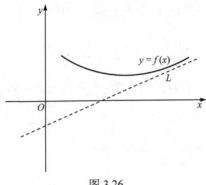

图 3.26

渐近线分为水平渐近线、铅直渐近线和斜渐近线三种.

1. 水平渐近线

若函数 $y = f(x)$ 的定义域是无穷区间, 且 $\lim\limits_{x \to \infty} f(x) = C$, 则称 $y = C$ 为曲线 $y = f(x)$ 的水平渐近线.

2. 铅直(垂直)渐近线

若函数 $y = f(x)$ 在点 x_0 处间断, 且 $\lim\limits_{x \to x_0} f(x) = \infty$, 则称直线 $x = x_0$ 为曲线 $y = f(x)$ 的铅直(垂直)渐近线.

例如, 对函数 $y = \dfrac{1}{x-1}$, 因为 $\lim\limits_{x \to \infty} \dfrac{1}{x-1} = 0$, 所以直线 $y = 0$ 是 $y = \dfrac{1}{x-1}$ 的水平渐近线; 又因为 $\lim\limits_{x \to 1} \dfrac{1}{x-1} = \infty$, 所以 $x = 1$ 是 $y = \dfrac{1}{x-1}$ 的铅直渐近线(图 3.27).

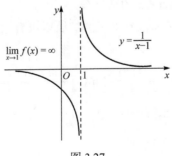

图 3.27

3. 斜渐近线

设函数 $y = f(x)$, 如果

$$\lim_{x \to \infty}[f(x) - (ax + b)] = 0,$$

则称直线 $f = ax + b$ 为 $y = f(x)$ 的斜渐近线, 其中

$$a = \lim_{x \to \infty}\frac{f(x)}{x}(a \neq 0), \quad \lim_{x \to \infty}[f(x) - ax] = b.$$

注　如果 $\lim\limits_{x \to \infty}\dfrac{f(x)}{x}$ 不存在, 或虽然它存在但 $\lim\limits_{x \to \infty}[f(x) - ax]$ 不存在, 可以断定 $y = f(x)$ 不存在斜渐近线.

例 5.1　求曲线 $y = \dfrac{x^3}{x^2 + 2x - 3}$ 的渐近线.

解　因为

$$\lim_{x \to 1}f(x) = \lim_{x \to 1}\frac{x^3}{(x-1)(x+3)} = \infty,$$

$$\lim_{x \to -3}f(x) = \lim_{x \to -3}\frac{x^3}{(x-1)(x+3)} = \infty,$$

所以直线 $x = 1$ 及 $x = -3$ 是曲线的两条铅直渐近线.

又因为

$$a = \lim_{x \to \infty}\frac{f(x)}{x} = \lim_{x \to \infty}\frac{x^2}{x^2 + 2x - 3} = 1,$$

$$b = \lim_{x \to \infty}[f(x) - ax] = \lim_{x \to \infty}\left[\frac{x^3}{x^2 + 2x - 3} - x\right] = \lim_{x \to \infty}\frac{-2x^2 + 3x}{x^2 + 2x - 3} = -2,$$

所以直线 $y = x - 2$ 是曲线 $y = \dfrac{x^3}{x^2 + 2x - 3}$ 的一条斜渐近线(图 3.28).

例 5.2　讨论 $y = x + \arctan x$ 的渐近线.

解　因为这个函数在 $(-\infty, +\infty)$ 内连续, 所以没有铅直渐近线.

又因为

$$a = \lim_{x \to \infty}\frac{f(x)}{x} = \lim_{x \to \infty}\left(1 + \frac{\arctan x}{x}\right) = 1,$$

$$b = \lim_{x \to \infty}[f(x) - ax] = \lim_{x \to \infty}[x + \arctan x - x]$$

$$= \lim_{x \to \infty}\arctan x,$$

$$b_1 = \lim_{x \to +\infty} \arctan x = \frac{\pi}{2}, \qquad b_2 = \lim_{x \to -\infty} \arctan x = -\frac{\pi}{2},$$

所以 $y = x + \arctan x$ 有两条斜渐近线 $y = x + \dfrac{\pi}{2}$ 及 $y = x - \dfrac{\pi}{2}$ (图 3.29).

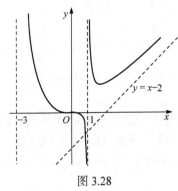

图 3.28

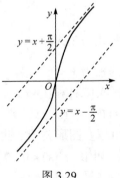

图 3.29

二、函数图形的描绘

　　为了形象地表示一个函数的变化状况, 有必要利用函数的图形. 按照定义, 函数 $y = f(x)$ 的图形, 就是 xOy 坐标系中一切坐标为 $(x, f(x))$ 这样的点的集合. 因此, 作函数图形最直接的办法是描点绘图法. 但为了标出图形上的每一个点, 都需要计算一次函数值. 为了得到较准确的图形表示, 计算工作量很大. 我们希望尽可能地减少这一工作量. 为此就要有选择地进行描点, 使得所标出的点是最能反映函数变化特征的 "关键点". 例如: 函数的升降和凹凸等性质转变的点, 等等. 为了寻找这样的点, 可以利用前面已经讨论过的求极值点和求拐点的办法. 描点作图当然只能在有限的范围内进行. 为了对函数图形的全貌有较好的了解, 还需要考察动点沿函数图形趋于无穷远时的渐近状况. 由此可以掌握函数的性态, 并把函数的图形画得比较准确.

　　利用导数描绘函数图形的一般步骤如下:

　　(1) 确定函数的定义域、奇偶性和周期性;

　　(2) 求出方程 $f'(x) = 0, f''(x) = 0$ 在定义域内的全部实根, 找出 $f'(x), f''(x)$ 不存在的点, 讨论函数的单调性、凹凸性, 求出极值和拐点;

　　(3) 求出渐近线;

　　(4) 补充特殊点并描点作图.

例 5.3 描绘函数 $y = \dfrac{1}{\sqrt{2\pi}} e^{-\frac{x^2}{2}}$ 的图形.

解 (1) 所给函数 $f(x) = \dfrac{1}{\sqrt{2\pi}} e^{-\frac{x^2}{2}}$ 的定义域为 $(-\infty, +\infty)$. 由于

$$f(-x) = \frac{1}{\sqrt{2\pi}} e^{-\frac{x^2}{2}} = f(x),$$

所以 $f(x)$ 是偶函数, 它的图形关于 y 轴对称, 下面我们可以只讨论 $[0,+\infty)$ 上该函数的图形.

(2) 求出 $f'(x) = -\frac{x}{\sqrt{2\pi}} e^{-\frac{x^2}{2}}$, $f''(x) = \frac{1}{\sqrt{2\pi}} e^{-\frac{x^2}{2}} (x^2-1)$. 在 $[0,+\infty)$ 上, 方程 $f'(x) = 0$ 的根为 $x = 0$; 方程 $f''(x) = 0$ 的根为 $x = 1$, 用点 $x = 0$ 和 $x = 1$ 把 $[0,+\infty)$ 划分成两个区间 $[0,1]$ 和 $[1,+\infty)$.

在 $(0,1)$ 内, $f'(x) < 0$, $f''(x) < 0$, 所以在 $[0,1]$ 上的曲线弧下降而且是凸的, 结合 $f'(0) = 0$ 以及图形关于 y 轴对称可知, 当 $x = 0$ 时, 函数 $f(x)$ 取得极大值.

在 $(1,+\infty)$ 内, $f'(x) < 0$, $f''(x) > 0$, 所以在 $[1,+\infty)$ 上的曲线弧下降而且是凹的. 上述的这些结果, 可以列成下表:

x	0	$(0,1)$	1	$(1,+\infty)$
$f'(x)$	0	−	−	+
$f''(x)$		−	0	+
$y = f(x)$ 的图形	极大值 $f(0) = \dfrac{1}{\sqrt{2\pi}}$	↘	拐点 $\left(1, \dfrac{1}{\sqrt{2\pi e}}\right)$	↘

(3) 由于 $\lim\limits_{x \to +\infty} f(x) = 0$, 所以图形有一条水平渐近线 $y = 0$.

(4) 算出 $f(0) = \dfrac{1}{\sqrt{2\pi}}$, $f(1) = \dfrac{1}{\sqrt{2\pi e}}$, 从而得到函数 $y = \dfrac{1}{\sqrt{2\pi}} e^{-\frac{x^2}{2}}$ 图形上的两点 $\left(0, \dfrac{1}{\sqrt{2\pi}}\right)$ 和 $\left(1, \dfrac{1}{\sqrt{2\pi e}}\right)$.

结合前面讨论的结果, 画出函数 $y = \dfrac{1}{\sqrt{2\pi}} e^{-\frac{x^2}{2}}$ 在 $[0,+\infty)$ 上的图形. 最后利用对称性, 便可得到函数在 $(-\infty,0]$ 上的图形(图 3.30).

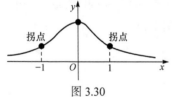

图 3.30

例 5.4　作函数 $y = \dfrac{(x-3)^2}{4(x-1)}$ 的图形.

解　(1) 所给函数的定义域为 $(-\infty,1)$ 及 $(1,+\infty)$, 而

$$y' = f'(x) = \frac{(x-3)(x+1)}{4(x-1)^2}, \qquad y'' = f''(x) = \frac{2}{(x-1)^3}.$$

(2) 令 $f'(x) = 0$ 得其根为 $x = -1$, $x = 3$.

于是点 -1, 3 将定义域分成区间: $(-\infty,-1)$, $(-1,1)$, $(1,3)$, $(3,+\infty)$. 列表如下:

x	$(-\infty,-1)$	-1	$(-1,1)$	1	$(1,3)$	3	$(3,+\infty)$
$f'(x)$	$+$	0	$-$	不存在	$-$	0	$+$
$f''(x)$	$-$	$-$	$-$	不存在	$+$	$+$	$+$
$y=f(x)$ 的图形	⤴	极大值 $f(-1)=-2$	⤵		⤵	极小值 $f(3)=0$	⤴

(3) 因为 $\lim\limits_{x\to 1}\dfrac{(x-3)^2}{4(x-1)}=\infty$, 所以直线 $x=1$ 是函数的铅直渐近线.

下面看斜渐近线.

$$a=\lim_{x\to\infty}\frac{f(x)}{x}=\lim_{x\to\infty}\frac{(x-3)^2}{4x(x-1)}=\frac14,$$

$$b=\lim_{x\to\infty}[f(x)-ax]=\lim_{x\to\infty}\left[\frac{(x-3)^2}{4(x-1)}-\frac14 x\right]=-\frac54,$$

得斜渐近线 $y=\dfrac14 x-\dfrac54$.

(4) 算出 $x=-1$, $x=3$ 处的函数值: $f(-1)=-2$, $f(3)=0$, 从而得到函数图形上两点 $(-1, 2)$, $(3,0)$.

适当补充一些点, 例如计算: $f(-2)=-\dfrac{25}{12}$, $f(0)=-\dfrac94$, $f(2)=\dfrac14$, 就可以补充描出点 $\left(-2,-\dfrac{25}{12}\right)$, $\left(0,-\dfrac94\right)$, $\left(2,\dfrac14\right)$. 结合(2), (3)得到的结论就可以画出图形 (图 3.31).

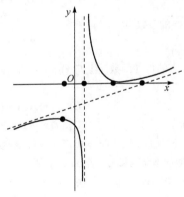

图 3.31

习　题　3.5

1. 求下列函数图形的渐近线.

(1) $y = \dfrac{\ln x}{\sqrt{x}}$;　　　　　(2) $y = \dfrac{x^3}{2(x-1)^2}$;　　　　　(3) $y = x + \sin \dfrac{1}{x}$.

2. 描绘下列函数的图形:

(1) $y = x^3 - x^2 - x + 1$;　　　　　(2) $y = 1 + \dfrac{36x}{(x+3)^2}$;

(3) $y = x^2 + \dfrac{1}{x}$;　　　　　(4) $y = \dfrac{x^3}{(x-1)^2}$.

总　习　题　三

一、选择题:

1. 设 $f(x)$ 有二阶连续导数, 且 $f'(0) = 0$, $\lim\limits_{x \to 0} \dfrac{f''(x)}{|x|} = 1$, 则(　　).

(A) $f(0)$ 是 $f(x)$ 的极大值;

(B) $f(0)$ 是 $f(x)$ 的极小值;

(C) $(0, f(0))$ 是曲线 $y = f(x)$ 的拐点;

(D) $f(0)$ 不是 $f(x)$ 的极值, $(0, f(0))$ 也不是曲线 $y = f(x)$ 的拐点.

2. 设函数 $f(x)$ 具有二阶导数, $g(x) = f(0)(1-x) + f(1)x$, 则在区间 $[0,1]$ 上(　　).

(A) 当 $f'(x) \geqslant 0$ 时, $f(x) \geqslant g(x)$;　　　　(B) 当 $f'(x) \geqslant 0$ 时, $f(x) \leqslant g(x)$;

(B) 当 $f''(x) \geqslant 0$ 时, $f(x) \geqslant g(x)$;　　　　(D) 当 $f''(x) \geqslant 0$ 时, $f(x) \leqslant g(x)$.

3. 曲线 $y = \dfrac{x^2 + x}{x^2 - 1}$ 的渐近线的条数为(　　).

(A) 0;　　　　　(B) 1;　　　　　(C) 2;　　　　　(D) 3.

4. 设 $f(x), g(x)$ 是恒大于零的可导函数, 且 $f'(x)g(x) - f(x)g'(x) < 0$, 则当 $a < x < b$ 时, 有(　　).

(A) $f(x)g(b) > f(b)g(x)$;　　　　(B) $f(x)g(a) > f(a)g(x)$;

(C) $f(x)g(x) > f(b)g(b)$;　　　　(D) $f(x)g(x) > f(a)g(a)$.

5. 设函数 $y = f(x)$ 具有二阶导数, 且 $f'(x) > 0, f''(x) > 0$, Δx 为自变量 x 在点 x_0 处的增量, Δy 与 $\mathrm{d}y$ 分别为 $f(x)$ 在 x_0 处对应增量与微分, 若 $\Delta x > 0$, 则(　　).

(A) $0 < \mathrm{d}y < \Delta y$;　　(B) $0 < \Delta y < \mathrm{d}y$;　　(C) $\Delta y < \mathrm{d}y < 0$;　　(D) $\mathrm{d}y < \Delta y < 0$.

二、计算及证明:

1. 证明: $2\arctan x < 3\ln(1+x) \, (x > 0)$.

2. 证明: $x\ln\dfrac{1+x}{1-x}+\cos x \geqslant 1+\dfrac{x^2}{2}(-1<x<1).$

3. 证明: 设 $e<a<b<e^2$, 证明: $\ln^2 b-\ln^2 a>\dfrac{4}{e^2}(b-a).$

4. 对任意实数 x, 证明不等式 $1+x\ln(x+\sqrt{1+x^2}) \geqslant \sqrt{1+x^2}.$

5. 设 $f_n(x)=x^n+x^{n-1}+\cdots+x^2+x$, 求证: (1) 对任意自然数 $n>1$, 方程 $f_n(x)=1$ 在 $\left(\dfrac{1}{2},1\right)$ 内只有一个根; (2) 设 $x_n\in\left(\dfrac{1}{2},1\right)$ 是 $f_n(x)=1$ 的根, 则 $\lim\limits_{n\to\infty}x_n=\dfrac{1}{2}.$

6. 讨论曲线 $y=4\ln x+k$ 与 $y=4x+\ln^4 x$ 的交点个数.

7. 设函数 $f(x)$, $g(x)$ 在 $[a,b]$ 上连续, 在 (a,b) 内具有二阶导数且存在相等的最大值, $f(a)=g(a),f(b)=g(b)$, 证明存在 $\xi\in(a,b)$, 使得 $f''(\xi)=g''(\xi).$

8. 设 $f(x)$ 在 $[0,1]$ 上存在二阶导数, 且 $f(0)=f(1)=0$, $\min\limits_{x\in[0,1]}f(x)=-1$, 证明: 存在 $\xi\in(0,1)$, 使 $f''(\xi)\geqslant 8.$

9. 设 $f(x)$ 在 $[0,1]$ 上具有二阶导数, 且满足条件 $|f(x)|\leqslant a$, $|f''(x)|\leqslant b$, 其中 a,b 都是非负常数, c 是 $[0,1]$ 内任意一点.

(1) 写出 $f(x)$ 在点 $x=c$ 处带拉格朗日余项的一阶泰勒公式;

(2) 证明: $|f'(c)|\leqslant 2a+\dfrac{b}{2}.$

10. 已知函数 $f(x)$ 在 $[0,1]$ 上连续, 在 $(0,1)$ 内可导, 且 $f(0)=0,f(1)=1$. 证明:

(1) 存在 $\xi\in(0,1)$, 使得 $f(\xi)=1-\xi$;

(2) 存在两个不同的点 $\eta,\zeta\in(0,1)$, 使得 $f'(\eta)f'(\zeta)=1.$

11. 设奇函数 $f(x)$ 在 $[-1,1]$ 上具有二阶导数, 且 $f(1)=1$, 证明:

(1) 存在 $\xi\in(0,1)$, 使得 $f'(\xi)=1$;

(2) 存在 $\eta\in(-1,1)$, 使得 $f''(\eta)+f'(\eta)=1.$

12. 设 $y=f(x)$ 在 $(-1,1)$ 内具有二阶连续导数且 $f''(x)\neq 0$, 试证:

(1) 对于 $(-1,1)$ 内任意 $x\neq 0$, 存在唯一 $\theta(x)\in(0,1)$, 使得 $f(x)=f(0)+xf'[\theta(x)x]$ 成立;

(2) $\lim\limits_{x\to 0}\theta(x)=\dfrac{1}{2}.$

13. 设函数 $f(x)$ 在区间 $[0,1]$ 上具有二阶导数, 且 $f(1)>0$, $\lim\limits_{x\to 0^+}\dfrac{f(x)}{x}<0$. 证明:

(1) 方程 $f(x)=0$ 在区间 $(0,1)$ 内至少存在一个实根;

(2) 方程 $f(x)f''(x)+[f'(x)]^2=0$ 在区间 $(0,1)$ 内至少存在两个不同实根.

14. 设 $f(x)$ 在 $[-1,1]$ 上具有三阶连续导数, 且 $f(-1)=0$ $f(1)=1$, $f'(0)=0$, 证明: 在 $(-1,1)$ 上至少存在一点 ξ, 使 $f'''(\xi)=3.$

15. 设 $f(x)$ 在 $[0,1]$ 上可导, 且 $f(0)=0,f(1)=1$, 证明: 对满足 $\alpha+\beta=1$ 的正数 α,β, 在 $(0,1)$ 内存在相异两点 ξ,η, 使 $\dfrac{\alpha}{f'(\xi)}+\dfrac{\beta}{f'(\eta)}=1.$

16. 求下列极限:

(1) $\lim\limits_{x\to 1}\dfrac{x-x^x}{1-x+\ln x}$;

(2) $\lim\limits_{x\to\infty}\left[\left(a_1^{\frac{1}{x}}+a_2^{\frac{1}{x}}+\cdots+a_n^{\frac{1}{x}}\right)\Big/n\right]^{nx}$　(其中$a_1,a_2,\cdots,a_n>0$).

17. 求证:

(1) $\forall n\in N,\exists\theta_n\in(0,1)$, 使得 $\mathrm{e}=1+1+\dfrac{1}{2!}+\cdots+\dfrac{1}{n!}+\dfrac{\mathrm{e}^{\theta_n}}{(n+1)!}$;

(2) 证明 e 为无理数.

18. 设 $f(x)$ 在 **R** 上二次可导, 且 $\forall x\in\mathbf{R}$, 有 $|f(x)|\leqslant M_0$, $|f''(x)|\leqslant M_2$, 证明: $\forall h>0$, 有 $|f'(x)|\leqslant\dfrac{M_0}{h}+\dfrac{h}{2}M_2.$

19. 设 $f(x)$ 一阶可导, 且 $f''(x_0)$ 存在. 求证:
$$\lim\limits_{h\to 0}\dfrac{f(x_0+2h)-2f(x_0+h)+f(x_0)}{h^2}=f''(x_0).$$

20. 设 $f(x)$ 是非负函数, 在 $[a,b]$ 上二阶可导, 且 $f''(x)\neq 0$. 求证: 方程 $f(x)=0$ 在 (a,b) 内如果有根, 就只能有一个根.

21. 设函数 $f(x)$ 在 $[0,1]$ 上连续, 在 $(0,1)$ 上可导, 且 $f(0)=f(1)=0$, $f\left(\dfrac{1}{2}\right)=1$. 证明: (1) 存在 $\xi\in\left(\dfrac{1}{2},1\right)$, 使得 $f(\xi)=\xi$;

(2) 对于任意实数 λ, 必存在 $\eta\in(0,\xi)$, 使得 $f'(\eta)-\lambda[f(\eta)-\eta]=1$.

22. 设 $f(x)$ 在 $[1,+\infty)$ 上连续, 在 $(1,+\infty)$ 上可导, 已知函数 $\mathrm{e}^{-x}f'(x)$ 在 $(1,+\infty)$ 上有界, 证明函数 $\mathrm{e}^{-x}f(x)$ 在 $(1,+\infty)$ 上也有界.

23. 设函数 $f(x)$ 在 $[0,1]$ 上二阶可导, 且满足 $|f''(x)|\leqslant 1$, $f(x)$ 在区间 $(0,1)$ 内取到最大值 $\dfrac{1}{4}$. 证明: $|f(0)|+|f(1)|\leqslant 1$.

部分习题答案

习 题 1.2

1. (1) $(-\infty,0)\cup(0,3]$;　　(2) $(-\infty,1]\cup[2,+\infty)$;　　(3) $\left[-\dfrac{1}{3},1\right]$;　　(4) $[-2,-1)\cup(-1,1)\cup(1,+\infty)$;

(5) $(2k\pi,(2k+1)\pi),k\in\mathbf{Z}$.

2. $[-\sqrt{5},\sqrt{5}]$.

3. $f(8)=7+\cos 7, f(x)=x-1+\cos(x-1)$.

4. $f(-2)=5, f(0)=1, f(2)=4$.

5. (1) $(2,3)$;　　(2) (e^2,e^3).

6. $y=\begin{cases} x, & -\infty<x<1, \\ \sqrt{x}, & 1\leqslant x\leqslant 16, \\ \log_2 x, & 16<x<+\infty, \end{cases}$ 定义域为 $(-\infty,+\infty)$.

8. (1) 奇函数;　(2) 偶函数;　(3) 偶函数;　(4) 偶函数;　(5) 偶函数.

9. (1) $y=\arctan u; u=\sqrt{v}; v=1+x^2$;　　(2) $y=\ln u; u=\cos v; v=x^3$.

10. $f[\varphi(x)]=\begin{cases} e^{x+2}, & x<-1, \\ x+2, & -1\leqslant x<0, \\ e^{x^2-1}, & 0\leqslant x<\sqrt{2}, \\ x^2-1, & x\geqslant\sqrt{2}. \end{cases}$

12. $f(n)=0.8^n P_0$.

13. $S(t)=\begin{cases} \dfrac{1}{2}t^2, & 0<t\leqslant 1, \\ -1+2t-\dfrac{1}{2}t^2, & 1<t<\sqrt{2}, \\ 0, & \sqrt{2}\leqslant t<2. \end{cases}$

习 题 1.3

4. (1) 1;　(2) $\dfrac{1-b}{1-a}$;　(3) $-\dfrac{1}{2}$;　(4) 0;　(5) $\dfrac{1}{3}$;　(6) 2;　(7) e^2;　(8) e;　(9) 1;

(10) $\dfrac{1}{2}$;   (11) 2.

5. (1) 3;   (2) 1;   (3) 1;   (4) $\dfrac{1}{3}$.

8. $\dfrac{a+2b}{3}$.

11. 2.

<h1 style="text-align:center">习 题 1.4</h1>

2. $\lim\limits_{x\to -5}f(x)=12$, $\lim\limits_{x\to 1}f(x)$ 不存在, $\lim\limits_{x\to 2}f(x)=2$, $\lim\limits_{x\to 3}f(x)=4$.

3. $\lim\limits_{x\to 0^-}f(x)=0$.

4. (1) $3x^2$;   (2) 0;   (3) $\dfrac{1}{4}$;   (4) 6;   (5) $\dfrac{n(n+1)}{2}$;   (6) $\dfrac{1}{2}$;   (7) 0.

5. $a=1,b=-1$.

6. $a=9,b=24$.

7. $\begin{cases} a=6, \\ b=-4 \end{cases}$ 或 $\begin{cases} a=-4, \\ b=16. \end{cases}$

8. $k=-3$.

<h1 style="text-align:center">习 题 1.5</h1>

1. $y=x\sin x$ 在 $(-\infty,+\infty)$ 上无界, 但当 $x\to\infty$ 时, 此函数不是无穷大.

3. (1) $\dfrac{1}{4}$;   (2) 0;   (3) $\dfrac{2}{5}$;   (4) $\sqrt{3}$;   (5) $-\dfrac{1}{2}$;   (6) $\dfrac{1}{2}$;   (7) $-\sqrt{2}$;   (8) $\sqrt{2}$;   (9) 4;

(10) $\dfrac{1}{4}$;   (11) $\dfrac{1}{2}\pi$;   (12) $-\dfrac{3}{2}$;   (13) $-\dfrac{7}{12}$;   (14) x;   (15) $-\sin x$;   (16) $\dfrac{1}{2}$;   (17) $\dfrac{3}{4}$;

(18) $\dfrac{2}{3}$;   (19) -1;   (20) $\dfrac{\pi^2}{2}$;   (21) -2;   (22) 3;   (23) 1;   (24) 1;   (25) 0.

<h1 style="text-align:center">习 题 1.6</h1>

1. $a=4$.

2. 不能断言 $f(x)$ 在点 x_0 连续.

4. (1) $x=-1$ 和 $x=1$ 为第二类间断点;

   (2) $x=1$ 为第一类间断点;

   (3) $x=k\pi+\dfrac{\pi}{2}(k\in\mathbf{Z})$ 为第二类间断点;

(4) $x=0$ 为第二类间断点；$x=1$ 为第一类间断点；

(5) $x=3$ 为第一类间断点；

(6) $x=0$ 为第一类间断点；$x=1$ 为第一类间断点；$x=2k+1(k\in\mathbf{N}^+)$ 为第二类间断点.

5. $a=0$.

6. $k=\pm2$.

7. $a=-\dfrac{\pi}{2}$.

8. $a=5,b=3$.

9. $a=5,b=-2,c=2$.

10. $f(x)=\begin{cases}\dfrac{1}{x}, & |x|<1, \\ 0, & |x|=1, \\ -\dfrac{1}{x}, & |x|>1.\end{cases}$

$x=-1$ 为第一类间断点；$x=1$ 为第一类间断点；$x=0$ 为第二类(无穷)间断点.

11. (1) $\dfrac{4}{3}$； (2) 1； (3) $a^b\ln a$； (4) $\dfrac{1}{2}$； (5) 1； (6) e； (7) $-\infty$； (8) $\dfrac{1}{2}$；

(9) e^{x+1}； (10) $e^{\cot a}$； (11) e^{-6}； (12) e^{rt}； (13) e^{-1}； (14) $e^{-\frac{1}{2}}$； (15) -2； (16) $e^{\frac{2}{\pi}}$；

(17) $e^{\frac{1}{2}}$.

16. 提示：$m\leqslant\dfrac{f(x_1)+f(x_2)+\cdots+f(x_n)}{n}\leqslant M$，其中 M,m 分别为 $f(x)$ 在 $[x_1,x_n]$ 上的最大值与最小值.

18. 0.

总 习 题 一

1. (1) -1； (2) $a=3,b=2$； (3) 1； (4) e^{x-1}； (5) 0； (6) 3.

2. (1) D； (2) B； (3) C； (4) B.

3. $f(x)=x^2+1$.

4. $f(x)=2(1-x^2)$.

5. (1) $\sqrt[3]{a}$； (2) $\dfrac{1}{1-x}$； (3) 3； (4) -1； (5) $\sqrt{ab}$； (6) $-\dfrac{7}{18}$； (7) e^{-1}； (8) $-\dfrac{1}{2}$.

6. $x=-2$ 为第二类间断点；$x=0$ 为第一类间断点.

7. $f(g(x))$ 在 $x=0$ 连续.

8. (1) $x=0$ 为第一类间断点；

   (2) $x=1$ 为第一类间断点；$x=1+\dfrac{1}{\ln 2}$ 为第二类间断点.

9. -1.

10. (1) $f(x) = \begin{cases} 1+a+b & x=1, \\ 1-a+b & x=-1, \\ \dfrac{1}{x^2} & |x|>1; \end{cases}$　　(2) $a=b=0.$

11. $f(x) = \begin{cases} x, & x<0, \\ 0, & x=0, \\ x^2, & x>0, \end{cases}$ $f(x)$ 在 $(-\infty,+\infty)$ 内连续.

习　题　2.1

1. (1) $f'_-(0)=0,\ f'_+(0)=1;$　　(2) $f'_-(0)=0,\ f'_+(0)=0.$

2. $\dfrac{1}{n}x^{\frac{1}{n}-1}.$

3. (1) $f'(x_0);$　　(2) $-f'(x_0);$　　(3) $f'(x_0);$　　(4) $2f'(x_0);$　　(5) $(\alpha+\beta)f'(x_0);$

　(6) $f'(0).$

4. $f'(1)$ 不存在.

5. (1) 切线方程为 $y-8x+5=0,$ 法线方程为 $8y+x-25=0;$

　(2) $\left(-\dfrac{3}{4},-\dfrac{39}{8}\right);$ (3) 不存在这样的点.

7. 在 $x=0$ 处连续, 不可导.

8. $a=2,b=-1.$

10. $\dfrac{2}{3}.$

习　题　2.2

1. (1) $9x^2-2;$　　　　　　　　　　　　　(2) $\tan x + x\sec^2 x;$

　(3) $\dfrac{x\cos x - \sin x}{x^2};$　　　　　　　　(4) $\dfrac{x(3x^2-\csc^2 x)\ln x - x^3 - \cot x}{x\ln^2 x};$

　(5) $\dfrac{1}{x\ln^2 x} - 3\csc^2 x;$　　　　　　(6) $-\dfrac{1}{\sqrt{x}(\sqrt{x}-1)^2};$

　(7) $\dfrac{2x}{(x^2+1)^2} - \dfrac{3x\cos x - 3\sin x}{x^2};$　　(8) $x(2\cos x - x\sin x) + \sqrt{x}\left(\dfrac{3}{2} - \dfrac{1}{x^2}\right);$

　(9) $(1+3x^2)\tan x + x(1+x^2)\sec^2 x.$

2. (1) $f'(0)=-2, f'(-2)=-\dfrac{2}{25};$　　(2) $f'(-1)=-14, f'(1)=6.$

3. $b=-2, c=1,$ 曲线方程为 $y=x^3-2x^2+x.$

4. $b=-1, c=1.$

5. $a=-1, b=3.$

6. $\varphi(a)$.

7. $a = -1$.

8. $a = 2, b = 1$.

9. (1) $\dfrac{\ln x}{x\sqrt{1+\ln^2 x}}$;　　　(2) $-\dfrac{\ln 2}{x^2} 2^{\sin\frac{1}{x}} \cos\dfrac{1}{x}$;　　　(3) $-\dfrac{e^{\sqrt{x}}}{2\sqrt{x}} \sin e^{\sqrt{x}}$;

(4) $A\omega \cos(\omega t + \varphi_0)$;　　　(5) $\dfrac{\cos\dfrac{x}{2}}{4\sqrt{\sin\dfrac{x}{2}}}$;　　　(6) $x(4-x^2)^{-\frac{3}{2}}$;

(7) $-\dfrac{2x}{\ln 2} \tan x^2$;　　　(8) $\dfrac{4x}{1+(1+x^2)^2} \arctan(1+x^2)$;　(9) $\dfrac{2x^{-\frac{2}{3}} + 3x^{-\frac{1}{2}}}{6(\sqrt[3]{x} + \sqrt{x})}$.

10. (1) $\dfrac{x}{\sqrt{1+x^2}} \ln(x+\sqrt{1+x^2}) + 1$;　(2) $\dfrac{2^x \ln 2}{1+2^{2x}} - \dfrac{2x}{1+x^4}$;　　　(3) $\dfrac{2}{1+\cos 2x}$;

(4) $\sec x$;　　　(5) $\sin 2x \sin x^2 + 2x \sin^2 x \cos x^2$;　　　(6) $\arcsin\dfrac{x}{2}$.

11. $[f(2x)]' = -4\sin 8x$,　$f'(2x) = -2\sin 8x$.

12. (1) $\dfrac{f'(x)}{2\sqrt{f(x)}}$;　　(2) $e^{f(x)}[f'(e^x)e^x + f'(x)f(e^x)]$;　　(3) $-\dfrac{\sin\sqrt{x}}{2\sqrt{x}} f'(\cos\sqrt{x})$;

(4) $f'(x)f'[f(x)]$;　　(5) $2e^{2x}f'(e^{2x})f'(f(e^{2x}))$;　　(6) $-\dfrac{f'(x)}{f^2(x)}$.

13. (1) $\dfrac{y-1}{x(2-y)}$;　　(2) $-\dfrac{y^2 + \sin(x+y^2)}{2xy + e^y + 2y\sin(x+y^2)}$;　　(3) $\dfrac{\cos y - \cos(x+y)}{x\sin y + \cos(x+y)}$;

(4) $\dfrac{y(2\sqrt{1-x^2}e^{2x} - \ln y)}{\sqrt{1-x^2}(\arcsin x + y\sec^2 y)}$.

14. 切线方程为 $x + y - 1 = 0$.

16. $(x+5)^2 + (y+10)^2 = 15^2$.

17. $x + 2y - 1 = 0$.

18. (1) $(\sin x)^{\cos x}\left(\dfrac{\cos^2 x}{\sin x} - \sin x \ln\sin x\right)$;　　(2) $x\sqrt{\dfrac{1-x}{1+x^2}}\left(\dfrac{1}{x} - \dfrac{1}{2(1-x)} - \dfrac{x}{1+x^2}\right)$;

(3) $\dfrac{x - (1+x)\ln(1+x)}{2x^2(1+x)}$;　　　(4) $a^{x-b}b^{a-x}x^{b-a}\left(\ln\dfrac{a}{b} + \dfrac{b-a}{x}\right)$.

19. (1) $\dfrac{\sin t + t\cos t}{\cos t - t\sin t}$;　　(2) $\dfrac{t^2+1}{t^2-1}$;　　(3) 0;　　(4) $\dfrac{t}{2}$.

20. $x - y - \dfrac{\pi a}{2} + 2a = 0$.

21. $2x + y - 1 = 0$.

22. (1) $(\cos^2 x - \sin x)e^{\sin x}$;　　(2) $6x\cos x^3 - 9x^4 \sin x^3$;　　(3) $(4x^2 - 2)e^{-x^2}$;

(4) $\dfrac{x}{(1-x^2)^{\frac{3}{2}}}$;　　(5) $\dfrac{2\ln x - 3}{x^3}$;　　(6) $\dfrac{2x}{3\ln 2(x^2-1)}$.

23. $y'(0) = 3, y''(0) = 12, y'''(0) = 9$.

24. (1) $12xf''(x^2) + 8x^3 f'''(x^2)$;　　(2) $6f'(x)f''(x) + 2f(x)f'''(x)$.

25. $\dfrac{(u^2 + v^2)(uu'' + vv'') + (u'v - uv')^2}{(u^2 + v^2)^{\frac{3}{2}}}$.

26. (1) $(209 - x - x^2)\cos x - 15(2x + 1)\sin x$;

(2) $y^{(n)} = \dfrac{(-1)^n n!}{5}\left[\dfrac{64}{(x-4)^{n+1}} + \dfrac{1}{(x+1)^{n+1}}\right]$;

(3) $y^{(n)} = -4^{n-1}\sin\left(4x + \dfrac{n-1}{2}\pi\right)$.

27. $\dfrac{2(x^2 + y^2)}{(x - y)^3}$.

28. $-2y^{-5}(1 + y^2)$.

29. (1) $\dfrac{2 + t^2}{(\cos t - t\sin t)^3}$;　　(2) $\dfrac{1}{f''(t)}$.

30. $-\dfrac{1}{4}$.

33. $n!\varphi(a)$.

习　题　2.3

1. (1) $\dfrac{2}{\sqrt{1 - x^2}}\arcsin x\,\mathrm{d}x$;　　(2) $\dfrac{1}{x^2}\mathrm{e}^{\cos\frac{1}{x}}\sin\dfrac{1}{x}\,\mathrm{d}x$;

(3) $-\dfrac{2\sin 2x(1 + \sin x) - \cos x\cos 2x}{(1 + \sin x)^2}\,\mathrm{d}x$;　　(4) $\dfrac{2x\cos 2x - \sin 2x}{x^2}\,\mathrm{d}x$;

(5) $\sec t\,\mathrm{d}t$;　(6) $\dfrac{1}{x\sqrt{x^2 - 1}}\,\mathrm{d}x$.

2. $\mathrm{d}y = 0.02$,　$\Delta y = 0.0201$,　$\Delta y - \mathrm{d}y = 0.0001$.

3. (1) $\dfrac{1}{2}x^2 + C$;　(2) $\ln x + C$;　(3) $-\dfrac{1}{x} + C$;　(4) $\dfrac{1}{2}\sin 2x + C$;

(5) $-\ln\cos x + C$;　(6) $2\sqrt{x} + C$;　(7) $\dfrac{1}{2}\mathrm{e}^{x^2} + C$.

4. $\dfrac{1 - \ln x}{2x^3}$.

5. 大约 1.1184g 铜.

6. (1) 1.0067;　(2) 0.7704;　(3) 0.01.

总　习　题　二

1. (1) k;　　(2) 0;　　(3) $f'(x) = \begin{cases} \cos x, & x > 0, \\ 2, & x < 0; \end{cases}$　　(4) 2;　　(5) $-\sqrt[3]{\dfrac{1}{6}}$;　　(6) $\dfrac{1}{3}$;　　(7) 1;　　(8) 3.

2. C.　3. A.　4. B.　5. D.　6. B.

7. $a = f'(0)$.

8. 连续但不可导.

9. (1) 当 $\alpha > 0$ 时, $f(x)$ 在 $x = 0$ 处连续;　(2) 当 $\alpha > 1$ 时, $f(x)$ 在 $x = 0$ 处可导;

(3) 当 $\alpha > 2$ 时, $f(x)$ 在 $x = 0$ 处导数连续;　(4) 当 $\alpha > 3$ 时, $f(x)$ 在 $x = 0$ 处二阶可导.

10. (1) $-\dfrac{1}{\sqrt{2x - 2x^2}(1 + x)}$;　(2) $-3x^2 \sin 2x^3$;　(3) $\dfrac{x \ln x}{(x^2 - 1)^{\frac{3}{2}}}$;

(4) $\dfrac{2}{\sqrt{2x - x^2}[\arcsin(1 - x)]^3}$;　(5) $x^{x^x}[x^x \ln x(1 + \ln x) + x^{x-1}] + x^x(1 + \ln x) + 1$;

(6) $a^{x^x} \ln a \cdot x^x (1 + \ln x) + x^{a^x}\left[a^x \ln a \cdot \ln x + \dfrac{a^x}{x}\right] + x^{x^a} x^{a-1}(1 + a \ln x)$;

(7) $100!$.

11. $a = -\dfrac{1}{2}, b = \pm\dfrac{\sqrt{3}}{2}$.

12. $\dfrac{[2\varphi'(x^2) + 4x^2 \varphi''(x^2)]\varphi(x^2) - 4x^2[\varphi'(x^2)]^2}{[\varphi(x^2)]^2}$.

13. $3x + y + 6 = 0$.

14. $\left(\dfrac{1}{2}, \dfrac{17}{4}\right)$.

15. (1) $x - 2y + 1 = 0$; (2) $\dfrac{1}{4}$.

16. $a^2 f'(a) + 2af(a)$.

17. 36.

18. 0.

21. $a = \dfrac{1}{2}, b = 1, c = 1$.

22. $f'(1)$ 存在, $f'(1) = ab$.

23. $1 + x$.

25. $16x + 8y + 65 = 0$.

习　题　3.1

13. 提示: 先用零点定理证明存在性, 再证唯一性.

14. 提示: 先改写形式再多次应用柯西中值定理.

16. (1) 2; (2) 1; (3) ∞; (4) 1/3; (5) $-1/8$; (6) 1; (7) 1; (8) 0; (9) $e^{-\frac{2}{\pi}}$; (10) 1.

17. 提示: 极限 = 0.

19. 不连续.

20. 提示: 构造函数, 再用拉格朗日中值定理.

习　题　3.2

1. $\sqrt{x} = 2 + \dfrac{1}{4}(x-4) - \dfrac{1}{64}(x-4)^2 + \dfrac{1}{512}(x-4)^3 - \dfrac{15(x-4)^4}{4!16[4+\theta(x-4)]^{7/2}}$, $0<\theta<1$.

2. $\ln x = \ln 2 + \dfrac{1}{2}(x-2) - \dfrac{1}{2^3}(x-2)^2 + \dfrac{1}{3\cdot 2^3}(x-2)^3 - \cdots + (-1)^{n-1}\dfrac{1}{n\cdot 2^n}(x-2)^n + o((x-2)^n)$.

3. $\dfrac{1}{x} = -\left[1 + (x+1) + (x+1)^2 + \cdots + (x+1)^n\right] + (-1)^{n+1}\dfrac{(x+1)^{n+1}}{[-1+\theta(x+1)]^{n+2}}$, $0<\theta<1$.

4. $xe^x = x + x^2 + \dfrac{x^3}{2!} + \cdots + \dfrac{x^n}{(n-1)!} + o(x^n)$.

5. 令 $f(x) = \sqrt{1+x}$, 再应用麦克劳林公式.

6. (1) $-1/12$; (2) $3/2$; (3) $1/3$; (4) $1/2$; (5) $1/4$.

7. $\sqrt{e} \approx 1.645$.

8. 提示: 应用泰勒公式, 将 $f(x)$ 分别在 $x=a$ 及 $x=b$ 展开成带拉格朗日型余项的一阶泰勒公式.

9. 提示:

$$f(1) = f(x) + f'(x)(1-x) + \frac{1}{2}f''(\xi)(1-x)^2$$

$$f(0) = f(x) + f'(x)(-x) + \frac{1}{2}f''(\xi)(-x)^2$$

两式相减整理出 $f'(x)$, 再分析.

习　题　3.3

1. $f(x)$ 在 $[-\infty, 0)$ 上单调减少, 在 $[0, +\infty)$ 上单调增加.

2. $f(x)$ 在 $(1,3)$ 上单调减少, 在 $(-\infty, 1)$ 及 $(3, +\infty)$ 上单调增加.

3. (1) 在 $(-\infty, 0)$, $\left(0, \dfrac{1}{2}\right]$, $[1, +\infty)$ 上单调减少, 在 $\left[\dfrac{1}{2}, 1\right]$ 上单调增加.

(2) 在 $\left[\dfrac{2}{3}a, a\right]$ 上单调减少, 在 $\left(-\infty, \dfrac{2}{3}a\right]$, $[a, +\infty)$ 上单调增加.

4. $a = \dfrac{1}{2}$, $b = \sqrt{3}$; 极大值为 2.

5. 构造函数, 利用单调性证明.

6. (1) 极大值为 60; 极小值为 -48;

(2) 当 k 为奇数时, 取得极小值 $f\left(\dfrac{\pi}{4} + k\pi\right) = -\dfrac{\sqrt{2}}{2}e^{\frac{\pi}{4}+k\pi}$;

当 k 为偶数时, 取得极大值 $f\left(\dfrac{\pi}{4} + k\pi\right) = \dfrac{\sqrt{2}}{2}e^{\frac{\pi}{4}+k\pi}$.

7. 极小值.

8. 最大值 132; 最小值 0.

9. $t = \sqrt{\dfrac{3b}{a}}$.

10. 点 $\left(\dfrac{16}{3}, \dfrac{256}{9}\right)$.

11. $0 < a < \dfrac{1}{4}\mathrm{e}^2$, 一个实根; $a = \dfrac{\mathrm{e}^2}{4}$, 两个实根; $a > \dfrac{\mathrm{e}^2}{4}$, 三个实根.

12. $h = \dfrac{\sqrt{6}}{3}d$, $b = \dfrac{\sqrt{3}}{3}d$.

13. 2.4m.

14. 提示: 构造函数 $f(x) = x^p + (1-x)^p$, 求 $f(x)$ 的最小值.

习 题 3.4

1. (1) 没有拐点, 处处是凹的.

(2) 拐点 $\left(\dfrac{1}{2}, \mathrm{e}^{\arctan\frac{1}{2}}\right)$, 在 $\left(-\infty, \dfrac{1}{2}\right]$ 内是凹的, 在 $\left[\dfrac{1}{2}, +\infty\right)$ 内凸的.

3. $a = -\dfrac{3}{2}, b = \dfrac{9}{2}$.

4. $a = -3, b = 0, c = 1$.

5. 是.

6. 提示: 利用 $f(x)$ 严格凸函数及一阶泰勒展开式证明.

7. $k = \pm\dfrac{\sqrt{2}}{8}$.

8. 拐点: $(-1, -1), \left(2 - \sqrt{3}, \dfrac{1 - \sqrt{3}}{4(2 - \sqrt{3})}\right), \left(2 + \sqrt{3}, \dfrac{1 + \sqrt{3}}{4(2 + \sqrt{3})}\right)$.

习 题 3.5

1. (1) $x = 0$ 为曲线 $y = f(x)$ 的铅直渐近线; $y = 0$ 为曲线 $y = f(x)$ 的水平渐近线.

(2) $y = \dfrac{1}{2}x + 1$ 函数 $y = f(x)$ 的斜渐近线.

(3) $y = x$ 函数 $y = f(x)$ 的斜渐近线.

总 习 题 三

一、1. B; 2. D; 3. C; 4. A; 5. A.

二、9. (1) $f(x) = f(c) + f'(c)(x-c) + \dfrac{f''(\xi)}{2}(x-c)^2$;

(2) 将 $f(0), f(1)$ 在 $x = c$ 处展开.

10. 提示: 构造 $F(x) = f(x) + x - 1$.

16. (1)2; (2) $a_1 a_2 \cdots a_n$.

17. (1) 提示: 对函数 e^x 在点 $x = 0$ 处展成带有拉格朗日型余项的泰勒公式;

(2) 提示: 反证法.

18. 提示: 先写出 $f(x+h), f(x-h)$ 关于 h 的带拉格朗日型余项的泰勒公式.

20. 提示: 先证 $f'(x_0) = 0$. 再用反证法结合罗尔中值定理.

21. (1) 提示: 利用介值定理; (2) 提示: 构造函数 $g(x) = e^{-\lambda x}[f(x) - x]$.